回转体高速入水冲击力学特性

潘光　施瑶　黄桥高　刘振鹏　著

国防工业出版社
·北京·

内 容 简 介

本书以空投鱼雷和火箭助飞鱼雷高速入水冲击动力学为问题牵引，主要论述了回转体高速入水冲击力学特性，介绍了回转体高速入水过程中空泡流场变化，阐述了刚性回转体与弹性回转体高速入水冲击载荷时频域特性差异，并分析了不同参数对入水过程中回转体结构动态响应特性的影响规律，给出了回转体高速入水缓冲降载方案，总结了缓冲头帽的降载原理与设计准则，并讨论了不同参数下缓冲头帽的降载性能，以真实案例详细说明了回转体高速入水试验测试过程及试验测试技术的运用，最后探究了波浪环境对回转体高速入水冲击载荷与弹道特性的影响规律。

本书可供兵器科学与技术、船舶与海洋工程、水中兵器总体设计及其相关领域的科研工作者及高等院校师生阅读，相关成果可为新型跨介质航行器的总体设计提供技术支撑，同时还可为其他船舶与海洋工程结构物的水面砰击问题提供参考价值。

图书在版编目(CIP)数据

回转体高速入水冲击力学特性 / 潘光等著. -- 北京 ：
国防工业出版社，2025. 8. -- ISBN 978-7-118-13842-9
Ⅰ. O313.4

中国国家版本馆 CIP 数据核字第 2025WL0432 号

※

国防工业出版社出版发行
（北京市海淀区紫竹院南路 23 号　邮政编码 100048）
三河市天利华印刷装订有限公司印刷
新华书店经售

*

开本 710×1000　1/16　**印张** 16　**字数** 322 千字
2025 年 8 月第 1 版第 1 次印刷　**印数** 1—1500 册　**定价** 98.00 元

国防书店：(010)88540777　　书店传真：(010)88540776
发行业务：(010)88540717　　发行传真：(010)88540762

序一

随着世界各国军事科技水平的不断提高,传统管装发射鱼雷难以完全满足现代立体化战场的需求,因此逐步出现了空投鱼雷、火箭助飞鱼雷等分支,大大拓展了鱼雷武器的外延,美国、俄罗斯、法国、意大利等传统海军强国均装备了空投鱼雷和火箭助飞鱼雷。我国对于空投鱼雷和火箭助飞鱼雷武器的研制起步相对较晚,但作为我国海军主战装备建设的中坚力量,经过水中兵器界科研工作者奋勇争先、攻坚克难,实现了鱼雷入水速度从低速到高速、结构尺度从小尺度到大尺度的跨越式创新发展。

鱼雷高速入水可归属为典型的回转体高速入水冲击问题,涉及入水空泡演变与流场调控、入水冲击载荷与缓冲降载等关键科学问题与工程难题,研究回转体高速入水冲击力学特性对新型跨介质鱼雷的总体设计有着直接的现实意义。本书系统地阐述了作者近年来在回转体高速入水研究中积累的实践成果与独到见解,紧密围绕回转体高速入水冲击过程中出现的力学现象与工程问题开展论述,由浅入深,结构体系完整、写作逻辑清晰,可为新型跨介质鱼雷的总体设计提供技术支撑,同时还可为其他船舶与海洋工程结构物的水面砰击问题提供良好的参考价值。

当前,空投鱼雷的研制工作已进入一个新的阶段。本书密切结合国防现代化和武器装备现代化需要,坚持理论与实践相结合,有助于进一步完善和充实水中兵器理论基础和实践知识体系,对于推动水中兵器行业自主创新发展、助力科技人才的培养有着极强的现实意义。

宋保维

2025 年 2 月

宋保维,中国工程院院士,水中兵器专家。

序二

空投鱼雷和火箭助飞鱼雷等新型跨介质鱼雷对舰艇的毁伤效能相较于传统管装发射鱼雷具有较大提高,是维护我国海洋安全的重要战略力量,同时也是新域新质作战力量的重要组成部分。

在新型跨介质鱼雷的研制过程中,高速入水是鱼雷完成其作战使命的关键环节,在该过程中由于鱼雷周围介质密度突变,壳体结构将遭遇瞬时极端载荷与复杂湍流流动的影响,出现壳体结构损坏、运动弹道失控等问题,甚至引发内部器件的共振响应,损坏仪器仪表。鱼雷高速入水冲击力学特性是新型跨介质鱼雷总体设计的重要研究内容。

本书主要作者长期从事航行器高速跨介质动力学、水下航行器总体设计等研究工作,在高速入水湍流流场数值计算、高效缓冲降载技术、冲击条件下结构动态响应等方面具有深厚的研究基础。作者从跨介质鱼雷研制工程问题中抽象出回转体高速入水冲击力学特性科学问题,详细介绍了研究回转体高速入水冲击问题的理论公式、仿真方法以及试验手段等内容,并系统地阐述了不同因素对回转体入水冲击力学特性的影响,对船舶与海洋工程、兵器科学与技术等学科及其相关从业者和高等院校师生具有重要的参考价值。

当前我国正处于建设海洋强国的关键时期,衷心希望《回转体高速入水冲击力学特性》一书能够为新型跨介质鱼雷的总体设计提供重要参考,并促进相关领域的学科建设、人才培养与技术研发。

邱志明

2025 年 2 月

邱志明,中国工程院院士,舰载武器系统与运用工程专家。

前言

随着世界各国军事科技的不断发展，传统管装发射鱼雷难以完全满足现代战场的需求，因此逐步出现了空投鱼雷、火箭助飞鱼雷等分支，大大扩展了鱼雷武器的外延。空投鱼雷和火箭助飞鱼雷与传统管装发射鱼雷相比，具有更远的投送距离、更快的突防速度以及更大的有效载荷，极大程度地提高了发射平台的安全性以及对目标的毁伤效能，但是其在由空中弹道转变为水下弹道过程中将会受到复杂湍流流动与瞬时极端载荷的影响，对自身结构安全性与弹道稳定性产生严重威胁，因此，鱼雷高速安全入水技术成为新型跨介质鱼雷总体设计的关键技术之一。

西北工业大学航海学院作为学校“航空、航天、航海”三航特色学院之一，是我国海洋技术与工程领域科学研究和人才培养的“双一流”重点建设学院之一，主要从事水中兵器、水声工程、水下航行器、海洋工程等领域的科学研究和人才培养，在国内较早地开展了水中兵器和水下航行器基础理论和核心技术攻关与工程型号研制，在航行器高速跨介质领域积累了丰富的研究经验并建立了可靠的技术体系，尤其是在航行器高速入水流场计算、缓冲降载以及试验测试等方面取得了丰硕的研究成果。同时，承担了国家自然科学基金联合基金项目、面上项目以及国家级纵向项目等多项重大科研项目，相关研究成果发表于国内外高水平期刊，获得了广泛关注与高度认可。基于此，本书作者将研究成果进行梳理，撰写了本书。

全书共 8 章，第 1 章由空投鱼雷与火箭助飞鱼雷高速入水问题引入，阐述了回转体高速入水的研究意义与研究内容；第 2 章介绍了回转体高速入水空泡流场变化，给出了入水空泡形态的经验公式求解方法与数值计算求解方法，并讨论了不同入水参数对空泡流场变化的影响；第 3 章与第 4 章介绍了刚性回转体与弹性回转体高速入水冲击载荷特性，给出了入水冲击载荷的经验公式求解方法与数值计算求解方法，阐述了不同参数对入水冲击载荷时域和频域特性的影响，并对入水过程中回转体结构动态响应特性进行了分析；第 5 章介绍了回转体高速入水缓冲降载技术，给出了缓冲头帽的降载原理、设计准则，并说明了不同参数对缓冲头帽降载性能的影响;第 6 章介绍了回转体高速入水试验测试技术,包括相似性分析、试验测试设备以及数据处理方法等内容,并详细阐述了真实高速入水试验测试案例;第 7 章介绍了波浪环境对回转体入水特性的影响,给出了数值波浪水池的建立过程,并阐述了不同波浪参数以及波浪环境下不同入水参数对入水特性的影响;第 8 章对未来研究发展方向进行了展望,阐述了未来在数值计算方法、缓冲降载技术以及复杂海洋环境等方面能够继续深入开展的相关工作。

本书第 1、2、8 章由潘光教授编写,第 3、4 章由施瑶教授编写,第 5、6 章由黄桥高教授编写,第 7 章由博士生刘振鹏编写,全书由施瑶教授统稿。本书涉及的相关内容获得了国家自然科学基金项目的资助与支持,在此深表感谢! 撰写本书过程中,闫国鑫博士、张翔鸢博士给予了帮助,在此深表感谢! 同时,借此机会向“自主水下航行器”科技创新团队的各位老师以及对本书出版作出贡献的人员表示衷心感谢。

由于作者主要从事工程设计工作,理论水平有限,书中难免存在疏漏与不妥之处,希望本书能够起到抛砖引玉的作用,敬请广大读者及相关研究人员进一步完善回转体高速入水冲击力学特性的研究体系。

作者

2025 年 2 月

目录

第1章 绪论

回转体高速入水过程是一个短暂、变化激烈而又复杂的力学过程。回转体在高速跨越空气-水交界面时将会与流体介质发生复杂的流固耦合效应，给回转体的壳体结构安全性与入水弹道稳定性带来不利影响。随着空投鱼雷与火箭助飞鱼雷等新型跨介质鱼雷技术的发展，回转体高速入水问题得到了广泛的关注，回转体高速安全入水涉及的问题在整体系统工程研究中占有非常重要的地位。

1.1 概述

海洋占据地球表面约71%的面积，是人类重要的能源与资源来源。如今，世界各国都在加强对海洋资源的开发和利用，同时也掀起了各国的领海争端。为了维护国家的领海主权和建设海洋强国，加强海军建设、配备先进可靠的海防装备是必不可少的。鱼雷是一种能够在水中自动推进，自动控制其深度和航向，并将携带的炸药送达至目标引爆，以攻击水面舰艇和潜艇的水下部分或水中目标的水中兵器。鱼雷武器是在水下爆炸的，同等数量的炸药，在水下比在空气中的爆炸威力要大得多，因为水的密度比空气的大800多倍，而水的可压缩性仅是空气的4×10^{-5}，是爆炸的良性导体，同时吸收能量小。炸药在水中爆炸的瞬间，可形成几万个大气压和几千摄氏度的高温气体，并以6000~7000m/s的高速迅猛膨胀，强大的冲击波可以迅速击穿舰船的水下部位，对摧毁和击沉敌舰具有巨大威力。在第一次世界大战开始时，鱼雷已被公认为是仅次于火炮的舰艇主要武器。第一次世界大战期间，被鱼雷击沉的运输船达1153万t，占被击沉运输船总吨位的89%；击沉舰艇162艘，占被击沉舰艇总数的49%。在第二次世界大战期间，鱼雷武器得以迅速发展，除用以攻击一般舰艇外，也有不少航空母舰被鱼雷击沉。日本的“飞鹰”号航空母舰排水量达27700t，在1944年6月20日菲律宾海战中，美国利用飞机和潜艇对其实施鱼雷攻击，各有1枚鱼雷命中了它，致使其被击沉。还有2艘航空母舰

“大凤”号、“翔鹤”号也在该次海战中被鱼雷击沉。第二次世界大战后的局部海战中,鱼雷仍是主要的水中兵器。1982 年英阿马岛海战中,英国“无敌”号潜艇发射了 2 枚鱼雷,一举击沉了阿根廷的万吨巡洋舰“贝尔拉诺将军”号,赢得了战争的胜利,并奠定了鱼雷在现代海战中的重要地位。鱼雷武器具有自动跟踪与攻击目标、隐蔽性强、爆炸威力大和使用范围广等特点,始终是各国海军的主战武器。

空投鱼雷[图 1-1(a)]是鱼雷的一个类别,它是由飞机携带投放用于攻击潜艇或水面舰艇的武器,在第一次世界大战后约 70 年的漫长岁月中,美国共研发了 14 型空投鱼雷,其中空对舰鱼雷 5 型、空对潜鱼雷 9 型,空投鱼雷的作战使命以反潜为主。由于各国军事科技的不断发展,潜艇的速度得到大幅度提高(常规潜艇为 20kn,核潜艇达到 20~40kn),给水面舰艇反潜造成了极大困难,从而使航空反潜发展成为反潜的优势力量。空投鱼雷的最大优势就是可以弥补鱼雷本身航程短和航速低的不足,同时提高反潜平台的安全性。在现代战场环境中,随着科学技术的发展和武器装备的升级,武器装备和兵力部署从水下、水面、地下、地面到空中、太空等物理空间,共同构成了高度立体化战场环境,防区外武器成为研发重点。火箭助飞鱼雷[图 1-1(b)]由火箭发动机和声自导鱼雷组成,可由防区外舰艇在水中或水面发射,经火箭运载飞行到达预定位置后入水,自动搜索、跟踪并攻击目标。火箭助飞鱼雷能够实现多平台、多模式的发射,具有更远的射程、更高的速度以及更强的突防能力,可对敌方舰艇造成巨大的威胁。

(a) 美国P-3C反潜机空投鱼雷　　(b) 美国“阿斯洛克”(ASROC) 火箭助飞鱼雷

图 1-1　空投鱼雷与火箭助飞鱼雷

空投鱼雷与火箭助飞鱼雷在打击敌方舰艇过程中,将会经历由空中弹道转变为水下弹道的过程,即高速入水过程。在高速入水过程中,鱼雷壳体与流体介质发生强烈的相互作用,可能导致鱼雷壳体损坏以及入水弹道失控等问题,研究鱼雷高速入水过程中的冲击力学特性具有十分重要的工程意义与实际价值。鱼雷的壳体结构外形一般设计为回转体外形，具有便于加工、成本低的优势，同时在容积一定的情况下表面积最小（沾湿面积小），可减小水中航行阻力，减少材料用量（减轻质量）。研究回转体高速入水问题，为提高空投鱼雷与火箭助飞鱼雷高速入水安全性奠定技术基础。

1.2　回转体高速入水的研究意义

回转体是指形状由一条或多条母线绕着一个与它们共面的轴线旋转一周所形成的立体，具有独特的几何特性和对称性。根据使用条件和完成任务的不同，回转体具有各种各样的头部线型，不同头部线型的回转体可在不同使用环境中凸显优势。较为常见的回转体头部线型为尖拱体，在回转体航行时尖拱体能够有效降低航行阻力，提高航行速度，并增大航行距离。尖拱体外形因具有良好的性能在鱼雷、导弹和水下航行器等头部线型中得到广泛应用，如图1-2所示。

(a) MU90轻型鱼雷

(b) AIM-9响尾蛇空空导弹

(c) AA-10空空导弹

(d) “海燕”号水下滑翔机

图1-2　尖拱体外形回转体

回转体在高速入水过程中与自由液面发生碰撞，激起周围流体介质的运动，同时流体介质对回转体施加强烈的反作用力，特别是在入水冲击初期毫秒内回转体将会遭受巨大的冲击载荷。回转体在冲击载荷的作用下发生结构动态响应,引起壳体结构的弹塑性变形,甚至发生断裂、破损和屈曲;或者回转体的运动轨迹与姿态受到影响,导致回转体入水过程中发生忽扑、弹跳及弹道失控等问题。如何实现回转体安全可靠的高速入水,在入水冲击研究领域中具有十分重要的意义,特别是在兵器入水冲击的相关领域。以美国的 MK13 型空投鱼雷为例(图 1-3),该型鱼雷是 1930 年试制成功的,在第二次世界大战作战使用中暴露出很多问题,主要有:空中弹道不稳;入水角度不固定;壳体强度不够;深度、航向偏差大等。1942 年进行了改装,1943 年又继续改进,结果仍不理想。据 1943 年海上实雷投放(飞机速度 150kn)试验统计:20%沉没、18%深度失败、20%跳水、36%航行途中爆炸,合格率仅为 31%(上述百分比加起来超过 100%,是因为有些故障被重复统计)。直至 1945 年 4 月 7 日,美国空袭日本最大战舰“大和”号(8 万 t),用 MK13 型空投鱼雷将其击沉,这时,MK13 型空投鱼雷才被确认为名副其实的空投鱼雷。

(a) 文图拉轰炸机投放MK13型空投鱼雷

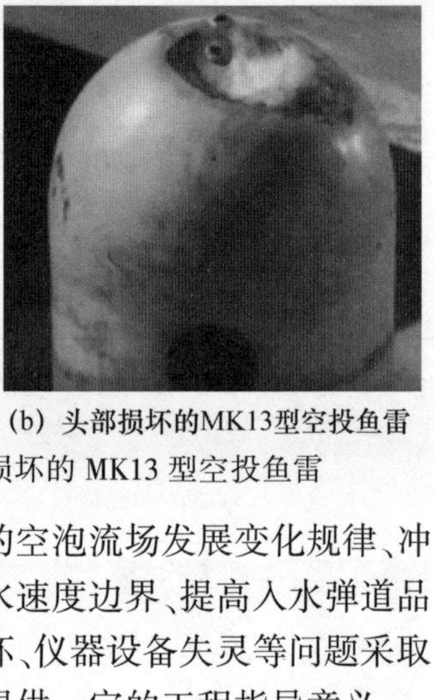

(b) 头部损坏的MK13型空投鱼雷

图 1-3 文图拉轰炸机投放 MK13 型空投鱼雷和头部损坏的 MK13 型空投鱼雷

研究回转体高速入水冲击过程,获取入水过程中的空泡流场发展变化规律、冲击载荷时域和频域特性,有助于确定回转体的安全入水速度边界、提高入水弹道品质,并针对回转体入水过程中可能出现的壳体结构损坏、仪器设备失灵等问题采取相应的缓冲降载措施,为新型跨介质武器装备的研发提供一定的工程指导意义。

1.3 回转体高速入水的研究内容

回转体的入水过程一般是指从回转体头部开始接触水面瞬间到回转体完全沾湿为止的这一时间历程。在入水冲击过程中,回转体将经历撞水、浸水、带空泡航行及全沾湿转入受控运动等阶段,气、水、回转体之间发生强烈的相互作用,伴随出现许多物理现象,且气、水、回转体各自发生一系列复杂运动,是一个瞬态、变化复杂且剧烈的力学过程。回转体高速入水的研究内容主要包括入水空泡演变特性、冲击载荷变化特性及入水缓冲降载技术等。

1.3.1 入水空泡演变特性

在回转体高速入水过程中,回转体携带大量的动能以较高的速度撞击自由液面,并将自身动能传递给周围的流体介质,周围流体介质获得动能后产生运动。随着回转体入水深度的不断增大,流体介质受到回转体的挤压作用,为回转体的运动让出路径,将会形成充满空气与水蒸气的入水空泡。入水空泡形成后,回转体被包裹在入水空泡中,仅头部前端与流体介质接触。入水空泡是回转体入水过程中一个很重要的现象,回转体高速入水过程大致可以分为水面撞击阶段、空泡敞开阶段、空泡封闭阶段及空泡溃灭阶段,伴随着入水空泡的生成、发展(扩张、收缩)及闭合(断裂、溃灭)等流动过程。与低速入水不同,回转体高速入水时通常伴随相变(空化)的发生,是一个典型的包含气、液的多相流动问题,整个入水过程涉及穿越自由液面、相变(高速入水过程的空化效应)、入水后的水下超空化运动等过程,具有强瞬时性及强非线性等特点,如图1-4所示。

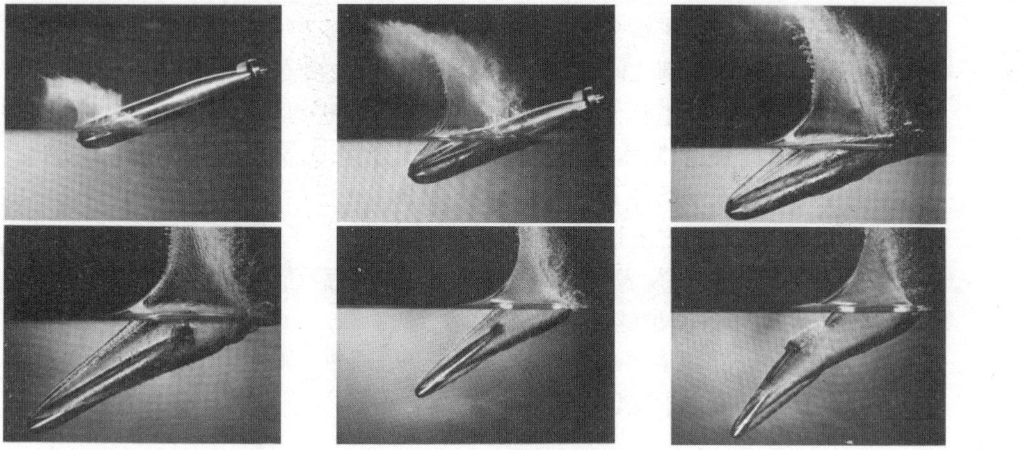

图1-4 回转体入水空泡变化过程

入水空泡的形成与发展受到回转体的物理几何形状、表面属性、入水冲击速度、入水冲击角度等多种因素的影响,表现出高度复杂性、非定常性、影响因素多变等特点。根据空泡闭合位置的不同,一般结构物入水空泡的闭合方式通常可以分为四种:深闭合、表面闭合、浅闭合和准静态闭合。深闭合是指空泡在水下闭合,且空泡的闭合位置大约在空泡的中间位置;表面闭合是指空泡在自由液面上方闭合;发生浅闭合时,空泡闭合在自由液面之下,但空泡闭合的位置接近自由液面;发生准静态闭合时,空泡同样闭合在自由液面之下,但空泡的闭合位置接近入水结构物。在回转体高速入水过程中,由于回转体的入水速度较高,空泡一般表现为深闭合。

回转体高速入水空泡的演变特性与入水冲击载荷及入水弹道姿态变化息息相关,研究回转体高速入水空泡的演变特性有利于揭示入水过程中冲击载荷的分布规律与作用机制,并为高速入水弹道稳定控制策略设计提供必要输入,因此入水空泡演变特性的研究是回转体高速入水的一大重要研究内容。

1.3.2 冲击载荷变化特性

在入水初期回转体头部端面与自由液面发生剧烈碰撞,头部周围的水介质受到挤压作用,获得动能后水介质的速度增大,自由液面逐渐隆起,出现溅水现象,如图 1-5 所示。溅水过程中将会形成薄膜状喷溅,在入水初期薄膜逐渐扩张,随着回转体的持续运动,薄膜扩张到一定程度后开始迅速收缩,并最终闭合。溅水现象是回转体入水过程中伴随着的一种重要现象,对回转体入水时的流体动力与入水空泡的形成与发展有着重要影响。溅水现象的形成主要经历以下过程:

(1) 回转体头部与自由液面发生碰撞,引起水介质的运动与分离,喷溅的液体沿着接近于头部和水面之间一半的方向被喷射到空中。

(2) 回转体持续挤压水介质,水介质向四周扩散,为回转体的运动让出路径,在自由液面与回转体头部之间出现一个高于初始自由液面的水堆。

(3) 水堆随着流动不断分离逐渐发展,形成月牙状的溅水膜,并在入水空泡的边缘处与自由液面相连,溅水膜是溅水的主要部分,影响着入水空泡后期的闭合。

(4) 在特定的入水条件下,入水后期空泡的溃灭将会形成多股射流,且其中的一股射流可在自由液面之上达到一个相当大的高度。

同时,溅水现象的规模表征着回转体入水时冲击载荷的大小,一般来说,溅水现象的规模越大,击水力也越大。

将回转体、水、气环境当成一个整体系统进行分析,如图 1-6 所示,回转体高速入水冲击所研究的力学现象可以分为三类:

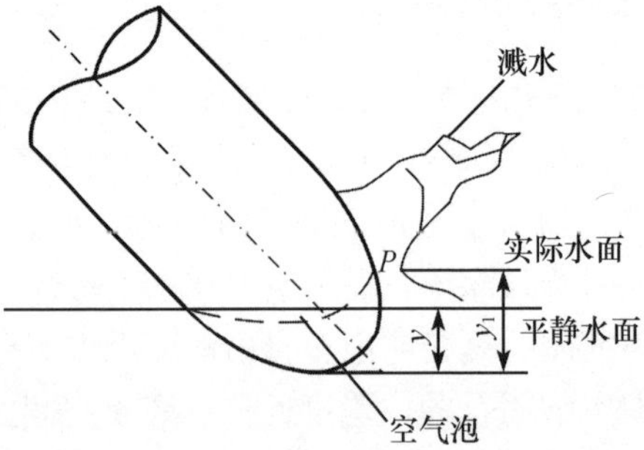

图 1-5 回转体入水溅水现象

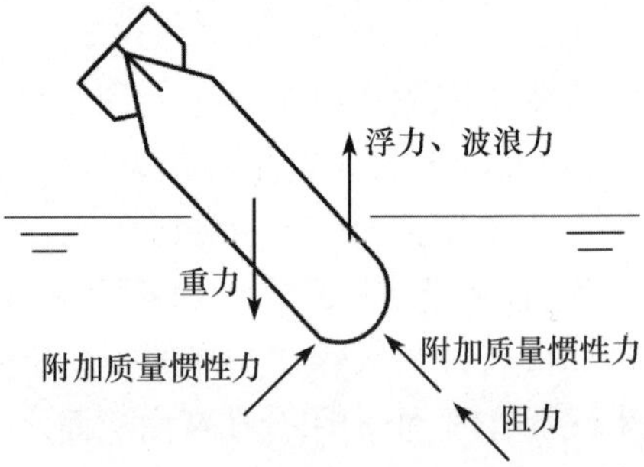

图 1-6 回转体入水受载分析

第一类现象,水、气介质流动现象。这一类现象主要是指重力场中水、气(空气或水蒸气)介质受到回转体扰动后产生的流动现象,包括水中压缩波、溅水、入水扰动流场、空化(流动分离后形成空泡、空泡闭合、空泡耗散和空泡溃灭)、射流、绕空泡流动以及伴随出现的水中压力场、噪声和气水掺混等。

第二类现象,回转体的整体运动和局部运动。整体运动是指回转体质心的运动,其轨迹就是狭义的"弹道"和回转体绕质心的运动,即姿态运动。局部运动是指回转体入水时,弹性结构件和机动部件在环境变化下产生的响应,如结构件的弹塑性变形、断裂、损坏;敏感器件、操纵机构,动力部件、翼面或其他附件的动作等。

第三类现象,回转体与流体介质的相互作用。运动的回转体激发起其周围流体介质的运动,反过来流体介质又对回转体施加各种反作用载荷力。如入水起始,回转体头部与水介质发生碰撞,水介质中形成压缩波且在回转体头部沾水面上产生一个幅值很高的冲击压力脉冲;回转体头部浸入水中,水介质形成流动,回转体头部沾水面上形成流动压力,回转体将承受很大的水质点惯性阻力;回转体穿破自由液面,水介质流动自回转体头部处分离形成入水空泡,回转体被包裹在附体的空泡中;回转体部分沾水,当尾部穿入空泡腔壁或倚靠在空泡腔壁上及空泡闭合与溃灭时,流体介质在回转体上作用着十分复杂的力系。

回转体的入水运动是其自身惯性和周围流体介质施加在其上力系综合作用的结果,运动着的回转体又是激发与驱使流体介质运动的原因,因此上述三类入水力学现象是相互关联的,只是在特定的研究问题中,它们各具不同的地位,需要分别进行处理。

如何准确地分析回转体在入水过程中承受的冲击载荷是研究入水问题的关键技术之一,掌握回转体高速入水冲击载荷的时域和频域特性,有利于探明回转体入水过程中的结构动态响应,并为缓冲降载装置的设计提供输入数据,同时,明晰入水冲击载荷的瞬态作用规律与分布趋势,能够为回转体的壳体结构加强策略提供重要的理论支撑与数据基础,因此入水冲击载荷变化特性的研究是回转体高速入水的另一大重要研究内容。

1.3.3 入水缓冲降载技术

回转体高速入水冲击问题为典型的流固耦合问题,涉及极其复杂的瞬态流固耦合作用,是一个具有强耦合、强非线性等特点的复杂物理过程。在回转体高速入水过程中,周围由密度较低的空气介质转变为密度较高的水介质。当回转体与水介质发生撞击时,不仅流体介质会对回转体结构产生很大的冲击作用力,造成回转体结构损坏以及内部仪器失灵,而且回转体的整体运动以及结构的局部变形和变形速度也会对流场产生显著影响,导致入水冲击载荷的变化特性与分布规律发生改变。

入水冲击载荷是作用在回转体上的主要动载荷,其影响主要集中在回转体入水初期阶段。在入水初期回转体头部接触到水面的一个极短时间内(微秒级)回转体与水介质发生碰撞,在回转体结构内和水介质中分别产生压缩波,水介质以波动运动形态传递和耗散能量,沾水面邻近处的水介质随机同回转体一起运动,开始形成流动。回转体沾水面上出现幅值很高的冲击压力脉冲,持续时间短,作用面积小,总的冲量相应较小,一般对回转体整体运动不会有大的影响,但对回转体结构的局部作用不可忽视。

在高速入水过程中,回转体的外壳结构将会承受巨大的冲击力,在剧烈的瞬态冲击作用下将会激起回转体壳体结构及其内部器件的动态响应,如果回转体的结构强度不足,则会发生弹塑性变形,甚至严重时材料会弯折变形或断裂。回转体壳体结构受损后则无法继续正常工作,对回转体的初始入水弹道产生影响,难以保持高速入水弹道的稳定,导致回转体容易发生忽扑、弹跳等问题,最终无法完成预定任务。

在回转体高速入水时,为保护回转体壳体结构及内部器件,需要采取一定的被动或主动的入水缓冲降载措施,如图 1-7 所示。尤其是随着回转体整体结构尺寸的不断增大与重量的不断增加,其入水冲击环境将变得更加恶劣,给壳体结构安全性与内部器件防护带来更大的挑战。研究入水缓冲降载技术的目的在于指导水中兵器的总体设计,改善其入水冲击环境与入水弹道品质,对于提高整个武器系统的可靠性,具有极其重要的工程意义,因此入水缓冲降载技术的研究是回转体高速入水的又一大重要研究内容。

图 1-7 装备缓冲头帽的美国“阿斯洛克”火箭助飞鱼雷

第2章 回转体高速入水空泡流场变化

回转体高速入水过程中,在其运动轨迹上将会形成一个由空气和汽化的水组成的空腔,称为入水空泡。随着回转体不断进入水中,入水空泡不断被拉长,其径向也将呈现先扩张、后收缩的趋势,具有强烈的瞬时性和非线性。本章介绍回转体高速入水过程中的空泡流场变化。

2.1 回转体高速入水空泡现象

回转体高速入水过程是入水空泡的形成、演变和溃灭的过程。因此,空泡现象是回转体入水过程中最重要的现象。本节将对自然空化现象和入水空泡的形成、闭合、溃灭等现象进行介绍。

2.1.1 自然空化现象

自然空化现象是生活中和工程上经常能够观察到的一种物理现象,如图 2-1 所示。例如,液体管道中横截面积变小处出现的气泡、桥墩尾流漩涡中的气泡、螺旋桨叶片升力表面出现的气泡、鱼雷高速入水时形成的大空泡,以及水坝溢洪流道中产生的大量气泡等,这些都是空化现象。空化现象的发展过程一般经历四个阶段:非空化状态、临界空化状态、局部空化状态和超空化状态。非空化状态是指运动物体附近流场中未发生空泡的状态,物体表面处于完全沾湿状态;临界空化状态有时也被称为初生空化状态,是指在物体附近流场中的最低压力降到液体的饱和蒸气压力(流场中的最低压力点通常位于物面上),物面上的该点开始出现空泡的状态;局部空化状态是指物体局部表面上和邻近液体内部已经出现成片空泡的状态,该状态下产生的空泡一般为附体空泡,又被称为局部附体空泡;超空化状态是指在整个物体表面上和物体尾端附近的液体中都出现空泡的状态,该状态下形成的空泡超过物体的尾端,能够将整个物体容纳其中,这种空泡被称为超空泡。

(a) 螺旋桨叶片升力表面空化

(b) 水坝溢洪流道空化

图 2-1 工程中常见的空化现象

液体中存在的气核(微小气泡)和压力降低是空化现象发生的两个必要条件。根据压力降低的原因,空化可分为两大类:局部速度增大导致压力降低到临界压力以下而发生的空化被称为流体动力空化;液体中波场的出现而导致压力降低发生的空化被称为声学空化。伴随有空化现象发生的流场被称为空化流场,对于空化流场,人们关心的主要问题是空化的发生、发展过程、机理及后果。空化流场可分为定常空化流场与非定常空化流场、可压缩空化流场与不可压缩空化流场。

2.1.2 入水空泡形成

回转体的入水过程经历时间短暂(毫秒级),各物理参量变化剧烈,入水空泡的形成及其形态发展是一个强非线性、瞬时性的多相流过程,如图 2-2 和图 2-3 所示。在入水过程中回转体头部前端首先沾湿,在入水瞬间打破了自由液面的连续性,形成一个由空气和汽化的水组成的空腔。随着入水空泡的产生,水介质从回转体头部分离,回转体不断向水下运动,大气中的空气不断被吸入入水空泡,空泡变得越来越大、越来越长,可达数倍回转体长度。由于此时的空泡与大气是相互连通的,因此一般将此时的空泡称为敞开空泡或开口空泡。同时,在自由液面之上,水介质由于回转体的撞击作用发生喷溅现象,形成溅水膜。通常情况下,由于液体表面张力的作用,溅水膜能够保持完整而无孔洞。在入水空泡形成过程中,回转体头部前端的流体介质由密度较小的空气介质突变为密度较大的水介质,头部前端与自由液面发生高速碰撞。流体介质密度的突变将会导致在碰撞面上形成一个很大的压力,并在回转体壳体结构和水介质中分别产生压缩波。与此同时,回转体携带的一部分动能转移至头部周围的水介质,水介质获得动能后形成向四周扩散的速度,并以波动运动形态传递和耗散能量,开始在原先处于静止状态的水中建立起表征回转体头部线型的扰动流场。

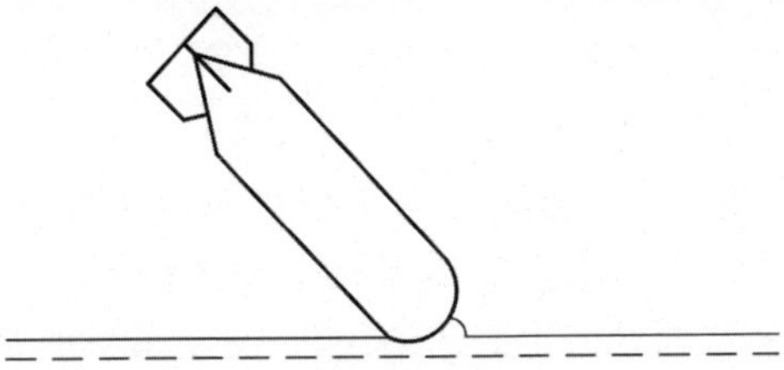

图 2-2　水面撞击阶段空泡

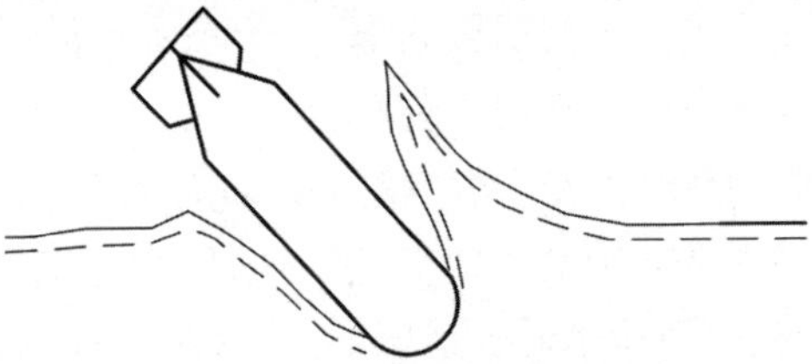

图 2-3　空泡敞开阶段空泡

2.1.3　入水空泡闭合

入水空泡初步形成后,水介质获得动能持续运动。随着回转体入水深度的增大,形成的入水空泡径向进一步扩展,轴向进一步拉长,在这一阶段中入水空泡与大气是连通的,自由液面上方的空气能够进入空泡。由于仅有头部前端处于沾湿状态,其法向载荷将对质心形成力矩,促使回转体出现姿态偏转,这可能导致回转体下部触碰空泡壁面,出现贴壁滑行现象,加快入水空泡的拉伸。当空气通过空泡壁面形成的管道进入空泡时,由于入水空泡快速扩展,而空气进入速度较慢,空泡内压力逐渐下降且低于周围水的压力,施加在空泡壁面内外的压差促使空泡壁面收缩,当空泡壁面汇聚至一个点时,即入水空泡闭合。入水空泡封闭后,阻止了空气继续进入空泡,空泡的形式由敞开空泡变为封闭空泡,这种封闭现象称为深闭合,如图 2-4 所示。

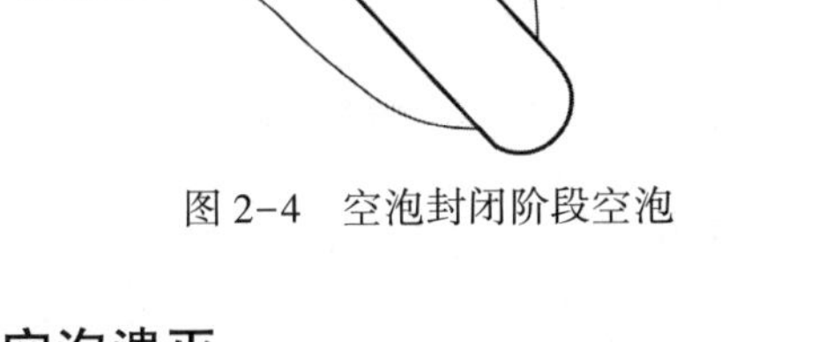

图 2-4　空泡封闭阶段空泡

2.1.4　入水空泡溃灭

在入水后期将发生入水空泡溃灭现象,上部分空泡与下部分空泡发生溃灭,体积逐渐减小,如图 2-5 所示。上部分空泡中凹陷的空气-水交界面在空气的弹性力和水介质的表面张力作用下持续向上运动,在自由液面上方形成一股沃辛顿射流。下部分空泡附着在回转体上持续运动,随着回转体入水深度的逐渐增大,回转体周围静水压力逐渐增大,下部分空泡的体积逐渐减小并发生溃灭现象,使回转体整体进入全沾湿受控状态。一般来说,影响回转体入水弹道控制效果的初始参数有初始姿态角、初始弹道角、初始流体动力角及初始速度。由于在空泡闭合时,空泡通常处于扩展中,空泡内的压力逐渐降低,水面之上的压力比空泡内部的压力高,空泡从水面上被压下。这种空泡顶部从水面处向下的运动,或空泡顶端与水面的分离,被称为拉脱现象。由于入水空泡的发展形态及喷溅特性受回转体的头部线型、初始入水条件(速度、角度等)、流体的属性及表面张力等众多因素的影响,难以建立完善的描述空泡形态的理论模型,现阶段主要通过经验公式和数值计算研究入水空泡的发展过程。

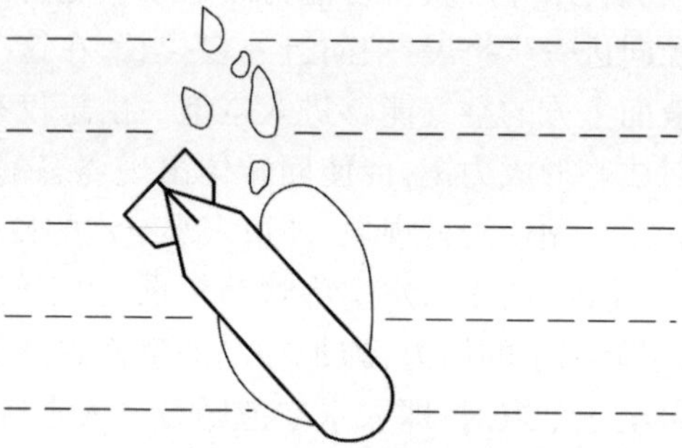

图 2-5　空泡溃灭阶段空泡

2.2　回转体高速入水空泡求解方法

回转体高速入水空泡流场可以采用经验公式与数值计算方法进行求解,本节介绍回转体高速入水空泡的形成过程、空泡形态的经验公式求解方法及数值计算方法,并基于数值计算方法建立回转体高速入水空泡流场数值计算模型,阐述不同参数对回转体高速入水空泡流场的影响。

2.2.1　回转体高速入水空泡形成过程

入水空泡是空气和水相互作用的结果,气液两相流的流动特征反映出流场结构特征。入水空泡的形成发生在回转体与自由液面接触之后,即回转体的运动引起了水介质的分离,如图 2-6 所示。自由液面下方的流体介质在回转体的运动下形成具有梯度分布的压力场,如图 2-6(a)所示,流场的速度场和压力场之间存在耦合效应,在压力梯度的作用下,流体沿压力梯度方向加速流动,并以回转体撞击水面外缘的位置为分离点形成流动分离,将流体排开,挤开的空间为低压区,空气流入该区域形成入水空泡。

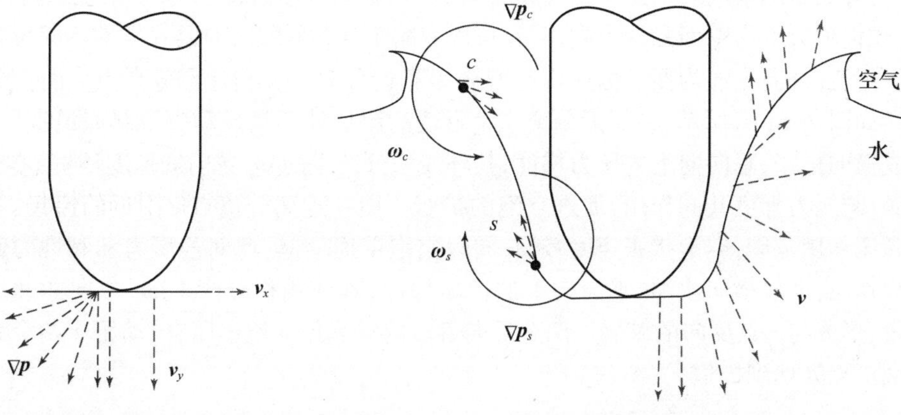

图 2-6　空泡形成机制示意图

假设流体为理想流体(无黏性、不可压缩),流体的运动可以由欧拉方程描述:

$$\frac{\partial \boldsymbol{v}}{\partial t} + \boldsymbol{v}\,\nabla \boldsymbol{v} = \boldsymbol{F}_{\mathrm{b}} - \frac{1}{\rho_{\mathrm{f}}}\nabla \boldsymbol{p} \tag{2-1}$$

式中:$\boldsymbol{v}$ 为速度矢量;t 为时间;$\boldsymbol{F}_{\mathrm{b}}$ 为体积力;ρ_{f} 为流体密度;$\nabla \boldsymbol{p}$ 为压力梯度。

依据 Logvinovich 空泡任意横截面独立膨胀原理,空泡的膨胀程度与分离点经过截面时液体获取的动能相关。根据连续性条件的假设,空泡可以看作气-液交界处流体微元连续排列的结果,空泡的流动则是连续流体微元运动的宏观体现,因此,空泡的扩张程度与其界面处流体微元的动能成正比。流体微元的动能来源于周围流体的压力场和速度场,压力场和速度场分别表征流体的势能和动能。根据能量守恒原理,回转体将其自身的动能转化为周围流体的势能,流场通过压力场与速度场耦合将流体的势能转换为动能,形成流体流动。流体的流动又导致流体周围压力的改变,使流体动能转化为流体势能,从而实现能量的传递。由此可见,通过压力场与速度场之间的相互转换实现流体的流动,当空泡界面的势能转换为动能时空泡开始扩张,空泡扩张到最大时流体动能完全转换为流体势能。空泡扩张起始于分离点,扩张程度大小与分离点处的流速成正比。

空泡生成后在空泡壁面形成压力梯度,导致在空泡壁面出现速度分量和速度环量,如图 2-6(b)所示。忽略回转体入水过程中热量的变化,流体假设为正压流体,则可以用开尔文定理(Kelvin theorem)来描述速度环流变化:

$$\frac{\mathrm{d}\boldsymbol{\Gamma}_v}{\mathrm{d}t} = -\oint_{L_1}\frac{\nabla \boldsymbol{p}}{\rho_{\mathrm{f}}}\delta r_1 + \oint_{L_1}\boldsymbol{F}_{\mathrm{b}}\delta r_1 + \oint_{L_1}\boldsymbol{v}\ \nabla^2 \boldsymbol{u}\delta r_1 \tag{2-2}$$

式中：$\boldsymbol{\Gamma}_v=\nabla\times\boldsymbol{v}$ 为速度环量，表征涡流强度的物理量，等式左侧表示速度环流的变化量，等式右侧依次表示压力梯度项、体积力项和黏性项。体积力为重力，环量为零；黏性项为空泡壁面黏性力的环量，可以忽略不计；对于压力项，在空泡不同位置处呈现相反的特点，为便于描述将空泡分为靠近分离点 s 和远离分离点 c 两个部分。如图 2-6(b)所示，在靠近分离点 s 附近的流场处于高压和空泡膨胀的范围，形成横向扩张、垂向向上的压力梯度，其环线积分产生的 $\boldsymbol{\omega}_s$ 方向的速度环量，形成漩涡，与压力梯度共同作用，促进空泡的扩张。而在远离分离点 c 附近的流场，脱落高压作用范围，空泡扩张速度减慢，同时空泡壁面增厚，此时静压力和黏性力起主导作用，形成横向收缩、垂向向下的逆压梯度，其环线积分产生 $\boldsymbol{\omega}_c$ 方向的速度环量，形成与 s 点反向的漩涡。两个反向旋转的漩涡促使空泡闭合，动压在两个漩涡交汇点处达到极值。

2.2.2 回转体高速入水空泡形态经验公式求解

回转体垂直入水时空泡的结构呈现轴对称性，在建立空泡形态经验公式计算模型时，可以将三维空泡问题简化为二维轴对称模型。回转体入水时会在入水点附近的流场区域产生扰动流场，并逐渐使入水点附近的水域在一定时期内处于高出未扰动的自由液面的状态，从而形成喷溅。喷溅的生成和发展过程经历时间非常短暂，目前还没有较为准确的数学模型能够描述其演化过程，因此在公式推导中忽略喷溅对回转体入水空泡形态的影响。

如图 2-7 所示，回转体以初始速度 $\boldsymbol{v}_0$ 垂直入水时，忽略回转体入水过程中的热量损失，由牛顿第二定律，可得

$$m\frac{\mathrm{d}^2x}{\mathrm{d}t^2}=m\frac{\mathrm{d}\boldsymbol{v}}{\mathrm{d}t}=\sum\boldsymbol{F}_{\mathrm{t}}=mg-\frac{1}{2}\rho_{\mathrm{w}}\boldsymbol{v}^2SC_{\mathrm{dv}}(\boldsymbol{v})\tag{2-3}$$

整理后得

$$\frac{\mathrm{d}\boldsymbol{v}}{\mathrm{d}t}=g-\frac{\rho_{\mathrm{w}}\boldsymbol{v}^2SC_{\mathrm{dv}}}{2m}\tag{2-4}$$

式中：m 为回转体的质量；x 为回转体的入水深度；t 为时间；$\boldsymbol{F}_{\mathrm{t}}$ 为回转体所受合力；g 为重力加速度；ρ_{w} 为水的密度；S 为回转体的最大横截面积；C_{dv} 为随速度变化的阻力系数，其数值根据经验公式 $C_{\mathrm{dv}}=C_0+\sigma$[空化数 $\sigma=2(p_\infty-p_{\mathrm{c}})/(\rho_{\mathrm{w}}\boldsymbol{v}^2)$，$p_\infty$ 为远场压力；p_{c} 为水在环境温度下的饱和蒸气压；C_0 为 $\sigma=0$ 时的阻力系数]来确定。

从而可以得到入水速度方程：

$$\dot{v}=g-\frac{\rho_{\mathrm{w}}\boldsymbol{v}^2S}{2m}\left(C_0+\frac{p_0+\rho_{\mathrm{w}}g\int_0^t\boldsymbol{v}\mathrm{d}t-p_{\mathrm{c}}}{\rho_{\mathrm{w}}\boldsymbol{v}^2/2}\right)\tag{2-5}$$

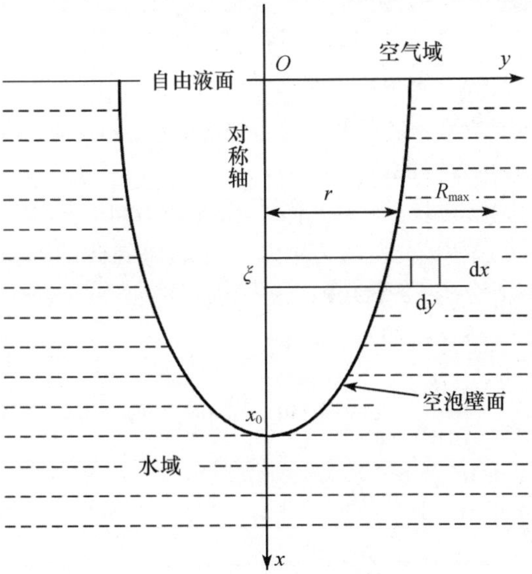

图 2-7　入水空泡模型示意图

式中：p_0 为环境大气压力。

根据式(2-5)就可以求解出回转体入水过程中速度及入水深度随时间的变化。

Lee 从能量守恒的角度给出了入水空泡半径预测公式[1]，其基本假设条件为流体不可压缩，忽略了流体黏性引起的能量损耗及重力势能，得出回转体入水过程的动能损失量等于排开水的动能及压力势能之和。依据该理论推导适用于回转体垂直入水过程空泡形态演变的经验公式。

由于回转体的入水速度较快，可以忽略重力的影响。回转体入水过程中动能的变化量可以表述为

$$\frac{\mathrm{d}E_{\mathrm{kb}}}{\mathrm{d}x} = -m\boldsymbol{v}\frac{\mathrm{d}\boldsymbol{v}}{\mathrm{d}x} = -m\boldsymbol{v}\frac{\mathrm{d}\boldsymbol{v}}{\mathrm{d}t}\cdot\frac{\mathrm{d}t}{\mathrm{d}x} = \frac{1}{2}\rho_{\mathrm{w}}\boldsymbol{v}^2 C_{\mathrm{dv}} S \tag{2-6}$$

式中：E_{kb} 为回转体的动能。

空泡壁面各位置的扩张速度可表示为

$$\boldsymbol{v}_{\mathrm{e}} = \frac{2}{y}\zeta(\xi,t) \tag{2-7}$$

式中：y 为径向距离；ζ 为源强；ξ 为浸入指数。

如图 2-7 所示，取轴向微小位移 dx，排开水的动能为

$$\mathrm{d}E_{\mathrm{k}} = \left[\pi\rho_{\mathrm{w}}\int_{r}^{R_{\max}}\boldsymbol{v}_{\mathrm{e}}^2 y\mathrm{d}y\right]\mathrm{d}x \tag{2-8}$$

将式(2-7)代入式(2-8)可得

$$dE_k = 4\pi\rho_w N\zeta^2 dx \tag{2-9}$$

式中:$N=\ln(R_{max}/r)$为一个无量纲经验系数,表示回转体入水冲击的扰动范围,其中 R_{max} 表示入水冲击的扰动最大半径,$2.7 \leqslant N \leqslant 3.4$ 为推荐取值。

空泡内所积蓄的压力势能为

$$dE_p = \pi[p_0(x) - p_c(x)]r^2 dx \tag{2-10}$$

令 $p_g = p_0(x) - p_c(x)$,空泡内部为水蒸气和低压气体的混合物,忽略饱和蒸气压随深度的变化,可得 $p_c(x) = 3540\text{Pa}$。

综上所述,根据能量守恒原理,可得

$$\left[\frac{dE_{kb}}{dx}\right]_\xi dx = 4\pi\rho_w N\zeta^2 dx + \pi p_g r^2 dx \tag{2-11}$$

令$[A(x)]^2 = \frac{1}{\pi p_g}\left[\frac{dE_{kb}}{dx}\right]_\xi$,$[B(x)]^2 = \frac{p_g}{\rho_w N}$,得

$$\zeta = \pm\frac{1}{2}B(x)\sqrt{[A(x)]^2 - [r(x)]^2} \tag{2-12}$$

由空泡壁面的速度边界条件 $u_{y=r} = \dot{r}(x)$ 得

$$\zeta = \frac{1}{2}r(x)\dot{r}(x) \tag{2-13}$$

综合式(2-12)和式(2-13),假设回转体在 t_0 时刻触碰水面,空泡半径为 $D_h/2$(D_h 为回转体头部端面直径),可以得到空泡半径的表达式:

$$r(x) = \sqrt{\frac{D_h^2}{4} + 2B(x)(t - t_0)\sqrt{[A(x)]^2 - \frac{D_h^2}{4}} - [B(x)(t - t_0)]^2} \tag{2-14}$$

当回转体为非平头头部线型时,D_h 为 0,式(2-14)可简化为

$$r(x) = \sqrt{[A(x)]^2 - [A(x) - B(x)(t - t_0)]^2}$$

由式(2-14)可知,表达式右侧的 $A(x)$ 中关键未知量为 $\boldsymbol{v}$,联合式(2-5)即可求得在给定时间 t 时各深度的空泡半径。当 dt 足够小时,根据各深度空泡半径便可描绘出空泡外形轮廓。由上述推导过程可以看出,式(2-14)通过采用合理的阻力系数在理论上适用于任何头部线型回转体的入水空泡轮廓的描述。

2.2.3 回转体高速入水空泡流场数值计算方法

公开文献显示,目前尚无完善的理论能够准确地描述回转体入水的全过程。现阶段主要基于势流理论和能量守恒定律研究入水空泡形态,并结合入水试验测

试结果,预测空泡形态的发展演变过程。随着计算机科学技术与数值计算理论的快速发展,使采用数值计算方法预测入水空泡流场成为可能。本节主要介绍采用任意拉格朗日-欧拉(arbitrary Lagrange-Euler,ALE)方法开展回转体入水冲击问题的数值分析。

2.2.3.1　拉格朗日方法、欧拉方法与 ALE 方法的关系

回转体高速入水冲击问题属于典型的流固耦合问题,在研究该问题时需要同时考虑结构在流场作用下的各种行为以及结构位移对流场的影响,因此在描述流固耦合问题的方程中需要同时包含固体域与流体域,其中未知量既包含流体的变量又包含固体的变量,单独在流体域或固体域中无法求解,同时,在回转体入水过程中涉及自由液面的大变形以及追踪问题。用于描述结构物运动的常见方法有拉格朗日方法、欧拉方法和 ALE 方法,如图 2-8 所示。

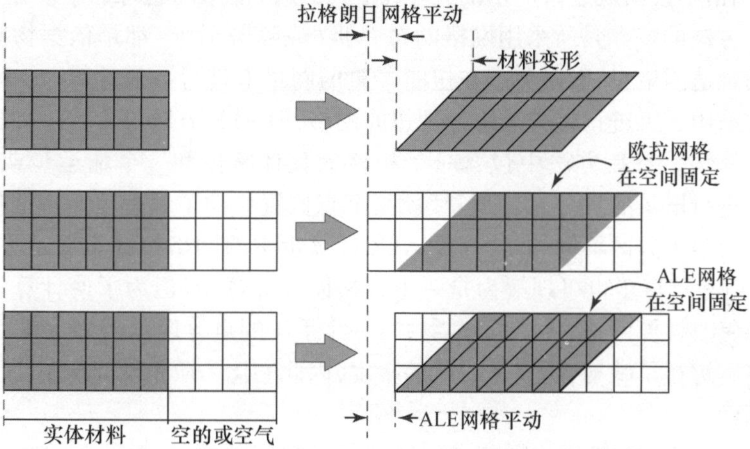

图 2-8　拉格朗日方法、欧拉方法和 ALE 方法描述

拉格朗日方法多用于固体结构的应力-应变分析,这种方法以物质坐标为基础,其对网格单元的描述是以“雕刻”的形式将网格划分在所分析的结构上,也就是说所分析的结构和拉格朗日方法所描述的网格是一体的,即物质点与有限元节点一致,所以使用拉格朗日方法时,分析结构的形状变化同有限元网格的变化是一致的,物质并不会在单元之间流动,因此拉格朗日方法非常适合于处理网格无大变形的问题。这种方法的优点主要是能够十分精确地描述结构的边界运动,但当计算处理大变形问题时,由于受算法本身的特点限制,将会出现网格发生严重畸变的现象,因此对数值计算的顺利进行不利。

欧拉方法是将空间坐标作为基础,网格使用欧拉方法划分时同所分析的结构物之间是互相独立的,所以在整个分析中网格都始终保持在最初的位置不动,即空

间点与有限元节点一致,在整个分析中其所在的空间位置始终保持不变,而物质在网格中流动,因此是解决大变形与流体动力学问题的一种非常有效的手段。显然由于此算法本身的特点,空间位置与网格的形状大小是不变的,因此在整个数值模拟过程中,各迭代步中的数值计算精度是保持不变的。但这一方法最大的缺点是很难捕捉物质边界,计算代价十分昂贵,尤其是在所分析的结构应变较小时,这种方法的缺点就会更加突出。

ALE 方法最初出现在数值模拟流体动力学问题的有限差分法中。该方法同时具有拉格朗日方法与欧拉方法两者的优势,即其在结构边界上具有拉格朗日方法的特点,能够对物质的结构边界运动进行有效跟踪;在内部网格划分上,其又具有欧拉方法的优点,可使内部的网格单元与物质的实体互相独立地存在,但它又不完全同欧拉网格相同,根据所定义参数网格可以在求解的过程中适当地调整其位置,因此网格不会出现过于严重的畸变,这在分析大变形问题时是非常有利的。

ALE 方法的特点是所采用网格的每一步(或隔若干步)都是依据物质区域边界构造的合适网格,从而避免了在扭曲严重的网格上进行数值计算。一般数值计算中通常采用手工进行重分区来处理扭曲网格,但 ALE 方法可看作一种自动进行重分区的算法。ALE 方法中包含一个拉格朗日计算步和一个输运步或映射步。输运步可进行增量的重分区,“增量”就是节点位置移动了邻近单元特征长度的一小部分。与手工分区不同的是,一个 ALE 计算步中的网格拓扑是固定不变的,所以,一个 ALE 计算步也可理解为是一个拉格朗日计算步,但为了使计算能够继续进行需要修改计算网格,计算程序需执行一个手工的重分区。因为 ALE 方法对扭曲的网格解进行了映射,所以是二阶的精度,因此它比一阶精度完成的手工重新分区更加精确。

在 ALE 方法中,物质边界节点的处理是求解问题的关键,假如物质边界节点是纯拉格朗日的,即边界上节点可始终同物质一起运动,那么因为无法维持网格边界光滑导致计算终止,进一步反映了用于维持边界网格光滑的算法与内部网格的求解算法对计算的鲁棒性是同等重要的。ALE 方法中每个单元输运步的成本都要比拉格朗日计算步成本大,大部分的输运步时间都用于计算邻近单元之间的物质运输上,只有很小一部分时间用于调整网格。

ALE 方法的求解分为三个步骤:

第一步,是显式拉格朗日计算,即只需要考虑压力梯度的分布对能量与速度改变的影响,在动量方程中所用的压力应取前一刻的值,因此这一步是显式求解格式;

第二步,是用隐式的格式求解动量方程,把第一步所求解的速度分量作为进行迭代计算的初始值;

第三步，重新进行网格划分并计算网格间的输运量。

2.2.3.2　ALE 方法的理论基础

ALE 方法作为一种成熟的流固耦合算法已经集成在许多有限元数值计算软件中，本书主要采用 LS-DYNA 软件开展回转体高速入水数值计算。

1. 基本控制方程

假设 $\boldsymbol{v}$ 表示物质速度，$\boldsymbol{u}$ 表示网格速度。引入相对速度 $\boldsymbol{w}$，$\boldsymbol{w}=\boldsymbol{v}-\boldsymbol{u}$。ALE 方法的控制方程由以下守恒方程给定。

（1）质量的守恒方程：

$$\frac{\partial \rho}{\partial t} = -\rho \frac{\partial \boldsymbol{v}_i}{\partial x_i} - w_i \frac{\partial \rho}{\partial x_i} \tag{2-15}$$

（2）动量的守恒方程：

$$\boldsymbol{v} \frac{\partial \boldsymbol{v}_i}{\partial t} = \boldsymbol{\sigma}_{ij,j} + \rho b_i - \rho w_i \frac{\partial \boldsymbol{v}_i}{\partial x_j} \tag{2-16}$$

应力张量 $\boldsymbol{\sigma}_{ij}$ 可表述成下列方程：

$$\boldsymbol{\sigma}_{ij} = -p\delta_{ij} + \mu(\boldsymbol{v}_{i,j} + \boldsymbol{v}_{j,i}) \tag{2-17}$$

该方程可同下面的初始条件和边界条件进行联立求解：

在 Γ_1 域上：

$$\boldsymbol{v}_i = U_i^0 \tag{2-18}$$

在 Γ_2 域上：

$$\boldsymbol{\sigma}_{ij}\boldsymbol{n}_j = 0 \tag{2-19}$$

其中：

$$\begin{cases} \Gamma_1 \cup \Gamma_2 = \Gamma \\ \Gamma_1 \cap \Gamma_2 = 0 \end{cases} \tag{2-20}$$

式中：Γ 为计算域上的完整的边界，而 Γ_1 和 Γ_2 表示 Γ 的部分边界；上标则为这一参数是初始定值；$\boldsymbol{n}_j$ 为边界上的外法线的单位矢量；δ_{ij} 为 Kronecker 函数。

假设计算域的初始速度在 $t=0$ 时刻已知，即

$$\boldsymbol{v}_i(x_i, 0) = 0 \tag{2-21}$$

（3）能量守恒方程：

$$\rho \frac{\partial E}{\partial t} = \boldsymbol{\sigma}_{ij}\boldsymbol{v}_{i,j} + \rho b_i \boldsymbol{v}_i - \rho w_j \frac{\partial E}{\partial x_j} \tag{2-22}$$

欧拉方程的推导是基于这种假设：参照构型速度为零并且物质与参照构型的相对速度为物质速度。式(2-16)和式(2-18)中相对速度通常被称为对流项，并用于计算物质通过网格的输运量，正是因为方程中的附加项导致对 ALE 方程进行求解时要比对拉格朗日方程求解时困难得多，这是由于相对速度在拉格朗日方程中为零。

求解 ALE 方程有两个途径，相当于流体力学中实现欧拉观点的两种不同方法：方法一为求解计算流体力学的全耦合方程，该方法只能控制单个单元中的单一物质；方法二被称为算子分离算法，其每一时间步的数值计算都被划分成两个阶段。首先是执行拉格朗日过程，此时网格是随着物质运动的。在这一过程中，计算了由内外力所引起的内能变化量及速度变化量，其平衡方程为

$$\rho \frac{\partial \boldsymbol{v}_i}{\partial t} = \boldsymbol{\sigma}_{ij,j} + \rho b_i \tag{2-23}$$

$$\rho \frac{\partial E}{\partial t} = \boldsymbol{\sigma}_{ij} \boldsymbol{v}_{i,j} + \rho b_i \boldsymbol{v}_i \tag{2-24}$$

在执行拉格朗日过程中，因为不存在物质流经单元的边界，所以自动保持质量守恒。在计算第二阶段，即对流相，计算穿过单元边界的内能、质量输运和动量，这可认为是将拉格朗日过程中的移位网格重新映射回任意位置或初始位置。

对于式(2-23)和式(2-24)的离散化，采用单点积分就足够了，沙漏黏度用于对网格零能模式控制，带线性与二次项的入水冲击黏度用于对冲击波求解，在式(2-24)能量方程中增加了压力项。中心差分法按照时间的递增进行数值求解，中心差分法采用的是二阶精度的时间显式法。

对于每个节点，速度和位移按以下等式进行更新：

$$\boldsymbol{u}^{n+1/2} = \boldsymbol{u}^{n-1/2} + \Delta t \boldsymbol{M}^{-1}(\boldsymbol{F}_{\mathrm{ext}}^{n} + \boldsymbol{F}_{\mathrm{int}}^{n}) \tag{2-25}$$

$$\boldsymbol{x}^{n+1} = \boldsymbol{x}^{n-1} + \Delta t \boldsymbol{u}^{n+1/2} \tag{2-26}$$

式中：$\boldsymbol{F}_{\mathrm{int}}^{n}$ 为内力矢量，$\boldsymbol{F}_{\mathrm{ext}}^{n}$ 为外力矢量，它们同外界条件和体力相关联；$\boldsymbol{M}$ 为质量的对角矩阵。

2. 时间积分算法

时间步长是材料声速 c、质点速度 $\boldsymbol{u}$ 和单元特征长度 Δl 的函数：

$$\Delta t < \frac{\Delta l}{c + \boldsymbol{u}} \tag{2-27}$$

时间步长 Δt 需满足下述 Courant 稳定条件：

$$\Delta t < \frac{\Delta l}{Q + (Q^2 + c^2)^{1/2}} \tag{2-28}$$

$$Q = C_1 c + C_2 |\operatorname{div}(\boldsymbol{u})| \quad (\operatorname{div}(\boldsymbol{u}) < 0) \tag{2-29}$$

$$Q = 0(\operatorname{div}(\boldsymbol{u}) \geqslant 0) \tag{2-30}$$

式中：Q 为冲击波的黏度导出项；C_1 和 C_2 为冲击波的黏度线性与二次项的系数。物质变形为压缩的情况下，方程中所引入的 Q 项取为正值；物质变形为拉伸的情况下，$Q=0$。

对于固体物质,材料的声速可表示为

$$c_s = \frac{0.75G + K}{\rho_s} \tag{2-31}$$

$$K = \rho_s \frac{\partial p}{\partial \rho} + \frac{p}{\rho_s}\frac{\partial p}{\partial E_i} \tag{2-32}$$

式中:ρ_s 为材料的密度;G 为其剪切模量;p 为状态方程的压力。

式(2-32)等号右侧第二项的作用是求解材料受压所致的内能增量而引起的硬化效应。

对流体物质而言:

$$K = \rho_f c_f^2 \tag{2-33}$$

式中:ρ_f 为材料的密度;c_f 为材料声速,在声速计算时忽略流体物质黏度。

位移 $\boldsymbol{x}$ 和速度矢量 $\boldsymbol{u}$ 以时间步长更替,对第 n 次迭代步所提供的时间二阶精度有

$$\boldsymbol{x}^{n+1} = \boldsymbol{x}^n + \boldsymbol{u}^{n+1/2}\Delta t^n \tag{2-34}$$

$$\boldsymbol{u}^{n+1/2} = \boldsymbol{u}^{n-1/2} + \frac{1}{2}\boldsymbol{a}^n(\Delta t^n + \Delta t^{n+1}) \tag{2-35}$$

式中:加速度矢量 $\boldsymbol{a}^n = \boldsymbol{F}^n/\boldsymbol{M}$,$\boldsymbol{F}^n$ 和 $\boldsymbol{M}$ 分别为节点的合力矢量和对角的质量矩阵。将式(2-35)中的加速度项替换,则有

$$\boldsymbol{u}^{n+1/2} = \boldsymbol{u}^{n-1/2} + \frac{\boldsymbol{F}^n}{2\boldsymbol{M}}(\Delta t^n + \Delta t^{n+1}) \tag{2-36}$$

节点的合力矢量包括节点外力矢量 $\boldsymbol{F}_{ext}^n$ 和节点内力矢量 $\boldsymbol{F}_{int}^n$,即

$$\boldsymbol{F}^n = \boldsymbol{F}_{int}^n + \boldsymbol{F}_{ext}^n \tag{2-37}$$

节点的内力是应力 $\boldsymbol{\sigma}^n$ 的函数,该应力包括材料强度矢量 $\boldsymbol{\sigma}_d^n$ 和状态方程的压力$-p^n\boldsymbol{I}_d$ 的偏应力项:

$$\boldsymbol{F}_{int}^n = \int_V \boldsymbol{x}\boldsymbol{B}^t\boldsymbol{\sigma}^n \mathrm{d} \tag{2-38}$$

$$\boldsymbol{\sigma}^n = -p^n\boldsymbol{I}_d + \boldsymbol{\sigma}_d^n \tag{2-39}$$

式中:$\boldsymbol{B}^t$ 为应变-位移矩阵;$\boldsymbol{I}_d$ 为应变张量的第一不变量;$\boldsymbol{F}_{ext}^n$ 为节点外力矢量,包括边界力、体力、接触力和非反射边界条件。

2.2.3.3　流体状态方程的描述

流体的表征特性——压缩性,可采用体积压缩系数 Ψ 来表示,记作

$$\Psi = \frac{1}{\rho_f}\frac{\mathrm{d}\rho_f}{\mathrm{d}p} \tag{2-40}$$

工程上常用体积弹性模量 E_V 来衡量流体压缩性的大小,体积模量越大,流体

越不易被压缩。体积弹性模量是体积压缩系数的倒数，即

$$E_V = \frac{1}{\Psi} = \rho_f \frac{dp}{d\rho_f} \tag{2-41}$$

黏性是流体的重要属性，反映出抵抗剪切变形的能力。在研究流体运动时，常用动力黏性系数或运动黏性系数表示流体黏性。

采用空材料模型来描述流体材料，综合运用本构模型和状态方程同时确定流体的属性，水和空气均采用线性状态方程来描述：

$$p = c_0 + c_1\mu_f + c_2\mu_f^2 + c_3\mu_f^3 + (c_4 + c_5\mu_f + c_6\mu_f^2)E_{i0} \tag{2-42}$$

$$\mu_f = \frac{1}{V_0} - 1 \tag{2-43}$$

式中：p 为压力；V_0 为初始相对体积；E_{i0} 为单位体积初始内能，通过初始压力换算；c_0、c_1、c_2、c_3、c_4、c_5、c_6 为状态方程系数。

在数值计算中采用罚函数耦合算法（penalty method coupling algorithm）实现流体与固体的相互作用，该算法的原理是：每一时间步先检查各从节点（一般为结构）是否穿透主表面（一般为流体），若未穿透，则不对节点进行任何处理；若穿透，则在该从节点与主表面间引入一个界面接触力，其大小与穿透深度和接触刚度成正比，界面接触力大小称为罚函数值。罚函数的物理意义相当于在从节点和主表面之间放置一系列弹簧，限制穿透，如图 2-9 所示。

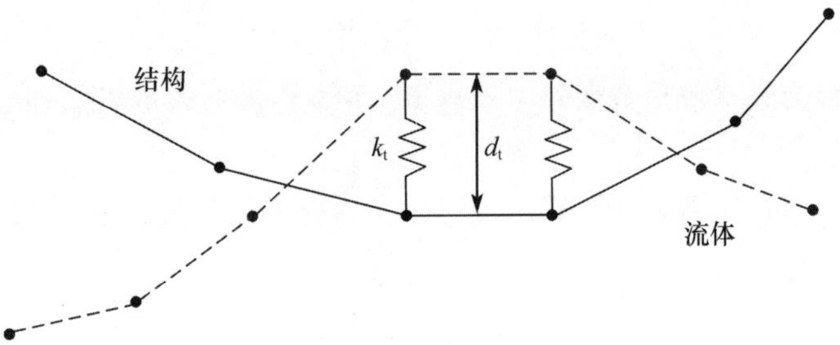

图 2-9　罚函数流固耦合算法示意图

接触力的大小按下式进行计算：

$$F = -k_t d_t \tag{2-44}$$

式中：d_t 为穿透量；k_t 为接触刚度（由单元尺寸和材料特性确定）。

2.2.4　回转体高速入水数值仿真模型

2.2.4.1　回转体头部线型

根据使用条件和任务的不同，回转体具有各式各样的头部线型。本书以 MK46 鱼雷外形为基础，对五种“半球形-尖拱体”组合的头部线型进行介绍，头部

线型定义如图 2-10 所示。

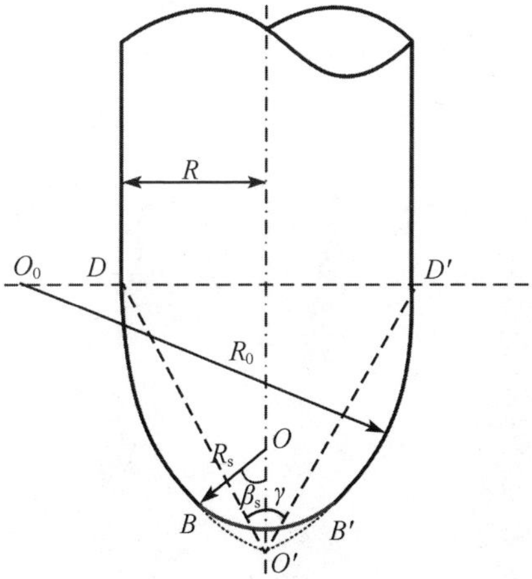

图 2-10 回转体头部线型及其参数定义

图 2-10 中,R 为回转体半径,R_0 为头部尖拱体半径,R_s 为头部半球形半径,O_0 点为尖拱体圆弧段 $O'D'$ 的圆心,O 点为头部半球形 BB' 的圆心,B 点和 B' 点为头部半球形与尖拱体的连接点,D 和 D' 为尖拱体与回转体平行段的连接点。γ 为 $O'D'$ 与 $O'D$ 之间的夹角,定义为头部尖拱体锥顶角。β_s 为半球角,即 OB 与回转体轴线 OO' 之间的夹角。它们之间存在如下几何关系:

$$R = R_0(1 - \cos\gamma_s) \tag{2-45}$$

此外,还需定义一个参数 λ 用于描述半球形圆弧占头部线型的比例:

$$\lambda_s = R_s/R \tag{2-46}$$

理想的入水过程是在空泡充分发展的条件下进行的,并且空泡的分离势必影响回转体的性能。当球面部分在尖拱体中占比较大时,入水空泡分离发生在球面上,空泡的增长受球的大小控制;当球面部分在尖拱体中占比较小时,空泡分离发生在尖拱体部分,其增长与球的大小无关。

当半球角约为 66°时,空泡将在球面部分与尖拱体交界处分离,该半球角称为临界半球角。因此,在头部线型设计中,分别选择了低于(57°)和高于(70°)临界值的半球角,以比较球面空泡分离和尖拱体空泡分离均存在时的情形。同时,选择了半球角为 0°和 90°两种边界条件下的半球角,以研究回转体入水特性。此外,平头结构作为一种特殊线型也常常用于回转体结构设计中,对于平头模型可以认为其半球角 β_s 为 180°。

为系统研究头部线型对回转体入水性能的影响,本书对半球角分别为 0°、57°、70°、90°和 180°的头部线型回转体入水性能进行研究。5 种回转体模型具有相同的长度和最大外径，长度 $L=1722\text{mm}$，最大直径 $D=200\text{mm}$，即 $R=100\text{mm}$；$\beta_s=0°$时，$\lambda_s=0$；$\beta_s=57°$时，$\lambda_s=0.615$；$\beta_s=70°$时，$\lambda_s=0.872$；$\beta_s=90°$时，$\lambda_s=1$；$\beta_s=180°$时，$\lambda_s=\infty$（即认为平头结构的半径为无穷大）。所设计的回转体如图 2-11 所示。

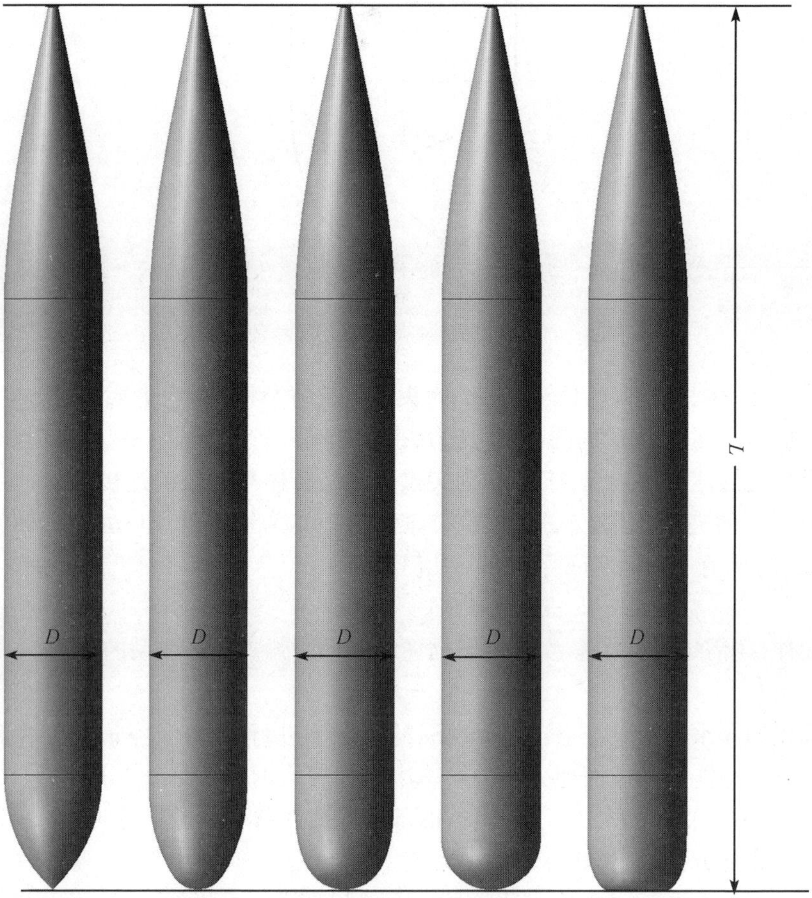

图 2-11　设计的 5 种回转体外形结构

此外，为研究壳体厚度对回转体入水性能的影响，本书中以模型 a 和模型 e 为例研究了其壳体厚度分别为 4mm、6mm 和 8mm 时的入水性能，在后文中如果对壳体厚度没有特别说明的话，则壳体厚度均为 4mm。本书所研究的回转体计算模型的属性及其结构参数见表 2-1。

表 2-1　计算模型的属性及其结构参数

模型	壁厚/mm	质量/kg	长度/mm	直径/mm
模型 a	4	9. 67	1722	200
	6	14. 32	1722	200
	8	18. 85	1722	200
模型 b	4	9. 86	1722	200
模型 c	4	9. 97	1722	200
模型 d	4	10. 06	1722	200
模型 e	4	10. 19	1722	200
	6	15. 09	1722	200
	8	19. 86	1722	200

2. 2. 4. 2　坐标系定义

为了描述和分析回转体入水过程的力学特性，需要选取适当的坐标系用于研究，常用的直角坐标系有地面坐标系、体坐标系和速度坐标系，如图 2-12 所示，具体定义如下：

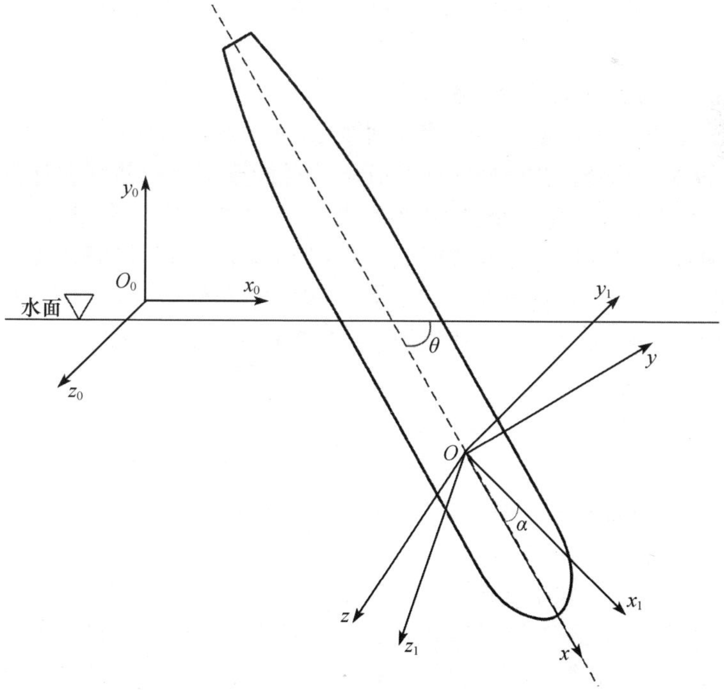

图 2-12　坐标系定义

1. 地面坐标系 $O_0-x_0y_0z_0$

地面坐标系(简称地面系)又称全局坐标系,它与地球表面固连在一起。地面系的原点 O_0 可选在地面上任一点,O_0x_0 轴在水平面内,O_0y_0 轴在铅垂面内,并定义向上为正,O_0z_0 满足右手法则。

2. 体坐标系 $O-xyz$

体坐标系(简称体系)又称局部坐标系,属于动坐标系的一种。该坐标系各轴与回转体固连,原点选在回转体的质心 O 处;Ox 轴沿回转体纵轴,指向回转体头部为正;Oy 轴位于回转体纵对称面内,并垂直于 Ox 轴,指向上为正;Oz 轴满足右手法则。Ox 轴称为纵轴,Oy 轴称为立轴,Oz 轴称为横轴。

3. 速度坐标系 $O-x_1y_1z_1$

除上述地面系与体系外,涉及回转体流体动力时,常用的坐标系还有速度坐标系(简称速度系)。其原点与体系原点重合,Ox_1 轴与原点处回转体的速度矢量重合;Oy_1 轴位于回转体纵对称面内,并垂直于 Ox_1 轴,指向上方;Oz_1 满足右手法则。

定义 Ox 轴与水平面之间的夹角为回转体的入水角度 θ;Ox 与 Ox_1 之间的夹角为入水攻角 α,从尾部来看,回转体头部向上为正攻角;质心速度矢量与回转体垂直对称平面之间的夹角为侧滑角,从尾部来看,质心速度矢量位于垂直对称平面右侧为正。

2.2.4.3 计算域选取及网格划分

本书运用 LS-DYNA 进行回转体入水冲击过程的数值仿真,仿真模型包含回转体、空气和水三部分。合理选取计算域尺寸对计算结果的精度和计算效率具有重要影响。若计算域选取过小,则边界会对计算结果产生影响;若计算域选取过大,则需要耗费大量的计算资源和时间。根据 Chuang 的观点,回转体在入水过程中会产生冲击波[2],为保证冲击波可以在流场中顺利传播,而不至于被边界反射回来影响流场的冲击区域,一般选取的水域尺度应满足以下条件:

$$W_{\text{water}} \geqslant 12D \tag{2-47}$$

式中:W_{water} 为流场宽度;D 为回转体的直径。

经过多次试算,最终确定空气域的尺寸为 3m×2.4m×0.5m,水域的尺寸为 3m×2.4m×3m。数值计算模型中空气、水和回转体均采用 Solid 164 三维实体单元建模,其中回转体采用拉格朗日网格,水和空气均采用欧拉网格,并采用多物质 ALE 方法,回转体与水和空气之间的相互作用采用罚函数耦合算法。

网格大小和形状影响分析结果的正确性和计算过程的经济性,若网格划分过细,则会占用大量的计算资源和存储空间;若网格划分过粗,则计算结果可信度较低。同时应尽量采用六面体单元以提高计算精度和效率。

为确定最佳网格尺寸,捕捉流场中最大应力梯度变化,定义一个描述网格尺寸比的无量纲参数:

$$EL = L_{\mathrm{Euler}}/L_{\mathrm{Lagrange}} \tag{2-48}$$

式中:L_{Euler} 为欧拉单元网格特征尺寸;L_{Lagrange} 为拉格朗日单元网格特征尺寸。

由流固耦合算法的基本原理可知,拉格朗日单元(结构)网格尺寸应小于欧拉单元(流体)网格尺寸。在网格无关性验证中,首先根据结构的尺寸确定合适的拉格朗日单元尺寸,其次通过改变流体单元的网格大小来分析网格尺寸比例对计算结果的影响。在该过程中除改变流体网格尺寸外,其他计算参数设置均保持一致。

为方便对计算结果进行对比分析,本书采用以下公式对回转体入水冲击载荷进行无量纲化处理:

$$C_{\mathrm{d}} = \frac{2F_{\mathrm{impact}}}{\pi R^2 v_0^2 \rho_{\mathrm{w}}} \tag{2-49}$$

式中:C_{d} 为加速度系数;F_{impact} 为入水冲击载荷; ρ_{w} 为水的密度;R 为回转体的最大外径,$R=D/2$;v_0 为回转体的初始入水速度。

以模型 e 以 50m/s 垂直入水为例,模型设置为刚体,对 EL=2,3,4,5 进行数值分析,本书冲击载荷均按式(2-49)进行无量纲化处理,计算结果如图 2-13 所示。

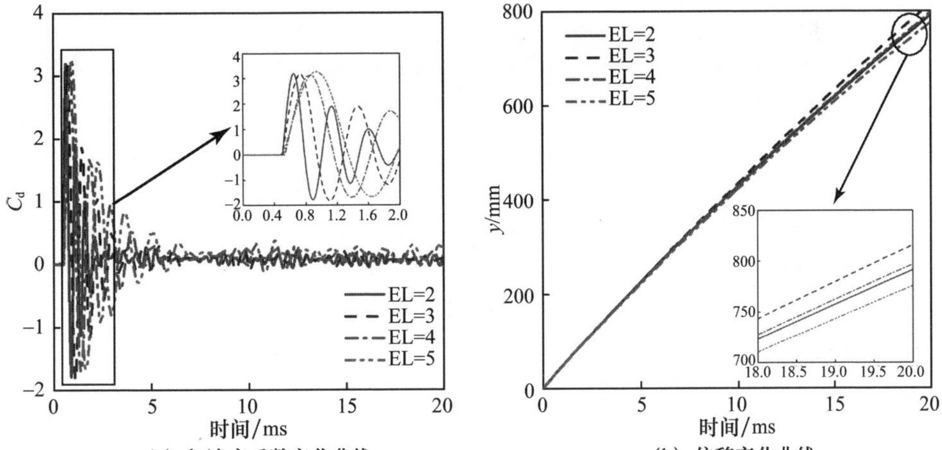

(a) 加速度系数变化曲线　　(b) 位移变化曲线

图 2-13　不同网格尺寸比例的计算结果

从图 2-13 中可以看出,不同 EL 值得到的加速度系数及位移的变化规律及波动趋势一致。EL=2 时,加速度峰值系数为 3. 19,最大位移为 791mm,计算耗时为

17h;EL=3 时,加速度峰值系数为 3.18,最大位移为 816mm,计算耗时为 4h;EL=4 时,加速度峰值系数为 3.15,最大位移为 797mm,计算耗时为 2h;EL=5 时,加速度峰值系数为 3.28,最大位移为 776mm,计算耗时为 0.5h。对比加速度峰值系数和最大位移可知,EL 取 2~4 时所得结果相对误差较小;当 EL=5 时,加速度峰值系数和最大位移均有较大的差异,表明此时计算结果可信度较低。本书综合考虑计算精度和计算效率,采用 EL=4 对流体和固体网格进行划分,最终回转体划分为 35840 个单元,流体域共划分为 1800000 个单元,如图 2-14 所示。

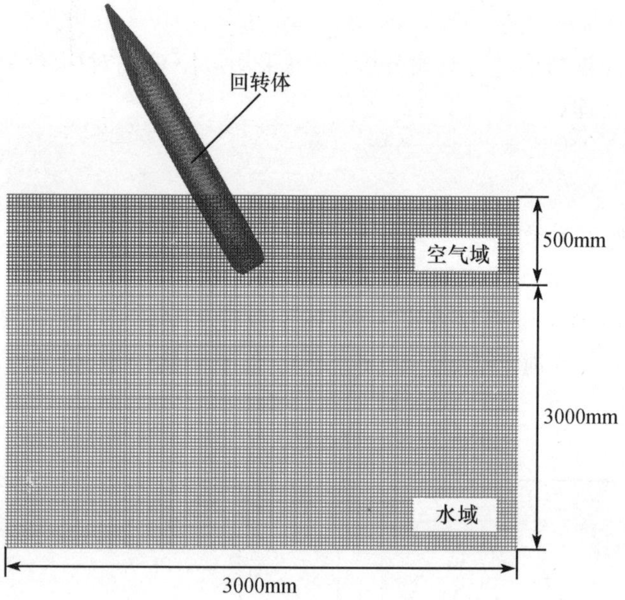

图 2-14　计算域网格划分

2.2.4.4　数值计算方法验证

以 Aristoff[3] 的小球入水的试验数据对本书数值计算模型和方法的准确性进行验证。小球的直径为 25.4mm,密度为 $7860kg/m^3$,入水速度为 2.17m/s。以小球触水瞬间为 0ms 时刻,图 2-15 和图 2-16 分别为小球入水后 54.9ms 和 61.9ms 时空泡形态的数值计算结果与试验测试结果对比,图 2-17 为小球入水深度的数值计算结果和试验测试结果对比。

从图 2-15 和图 2-16 中可以看出,本书所采用的数值计算方法很好地模拟了小球入水过程中液面的飞溅、空泡扩张与颈缩等过程。同时结合图 2-17 分析可知,计算所得小球入水深度随时间变化与试验测试结果非常接近。由此可以说明,依据本书所建立的数值模型开展回转体入水空泡形态仿真是可信的。

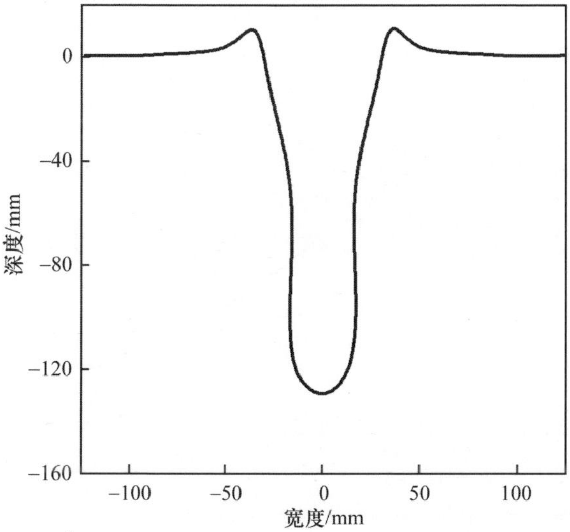

(a) 数值计算

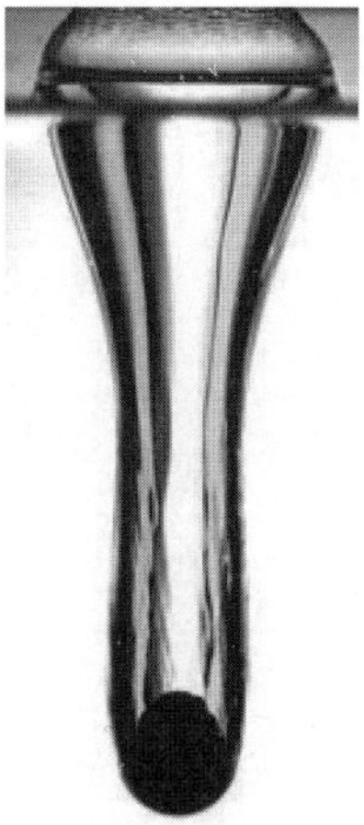

(b) 试验测试

图 2-15　$t=54.9$ms 时空泡形态对比

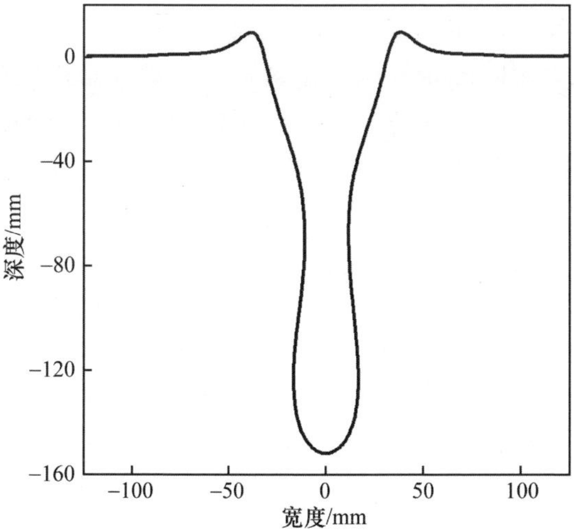

(a) 数值计算

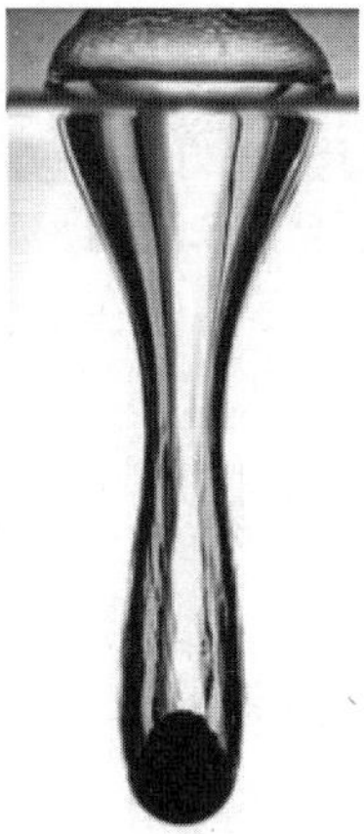

(b) 试验测试

图 2-16　$t=61.9$ms 时空泡形态对比

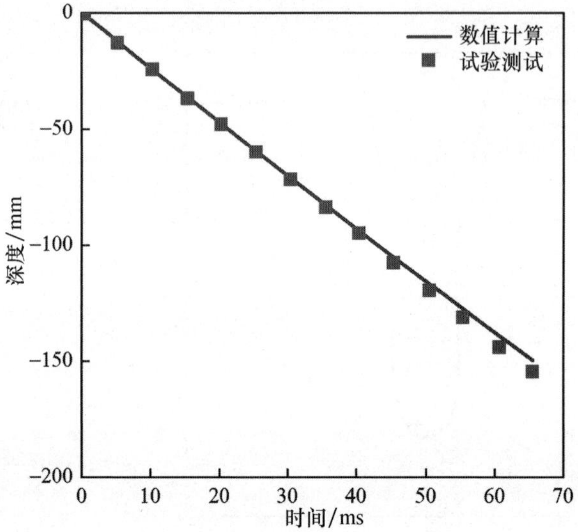

图 2-17　小球入水深度的数值计算结果与试验测试结果对比

2.3　回转体高速入水流场结构特性

回转体的头部线型、初始入水角度及入水攻角均会对回转体入水的流场结构、压力分布及入水弹道产生较大的影响，设计合理的头部线型不仅能推迟入水空泡流动的分离，还能减小回转体入水瞬间承受的冲击载荷。为进一步说明回转体入水空泡形成和演变的过程，本节分别介绍上述因素对回转体入水流场结构的影响。在本节中，流场结构仅限于空泡发生闭合之前，且不考虑回转体的弹性变形。

2.3.1　回转体头部线型对流场特性的影响

图 2-18～图 2-22 分别为 5 种模型以 50m/s 初始速度垂直入水时不同时刻的流场速度矢量图，其中左侧为入水 10ms 时刻的矢量图，右侧为入水 20ms 时刻的矢量图。从图中可以看出，5 种不同头部线型回转体入水流场具有相似的流场结构。在 t = 10ms 时，空气经过开空泡通道进入空泡内部的速度远大于回转体和水的速度。同时，在回转体入水处产生的喷溅使流体运动方向被突然改变，并产生了涡流；另外，空泡外壁在水域的惯性力作用下向径向扩张。随着时间的推移，在 t = 20ms 时，空泡开口处截面的面积逐渐减小，流入空泡内部空气的速度逐渐增加，并形成一股流向空泡内部的高速射流，部分气体在空泡侧壁形成漩涡；

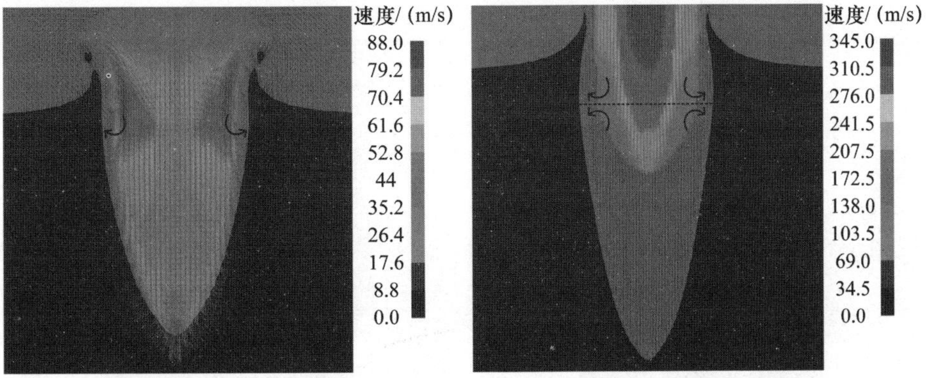

(a) t=10ms　　(b) t=20ms

图 2-18　模型 a 垂直入水时不同时刻流场速度矢量图

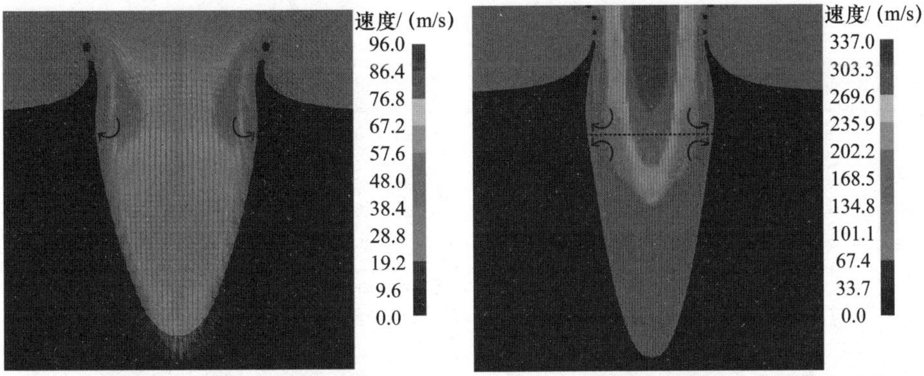

(a) t=10ms　　(b) t=20ms

图 2-19　模型 b 垂直入水时不同时刻流场速度矢量图

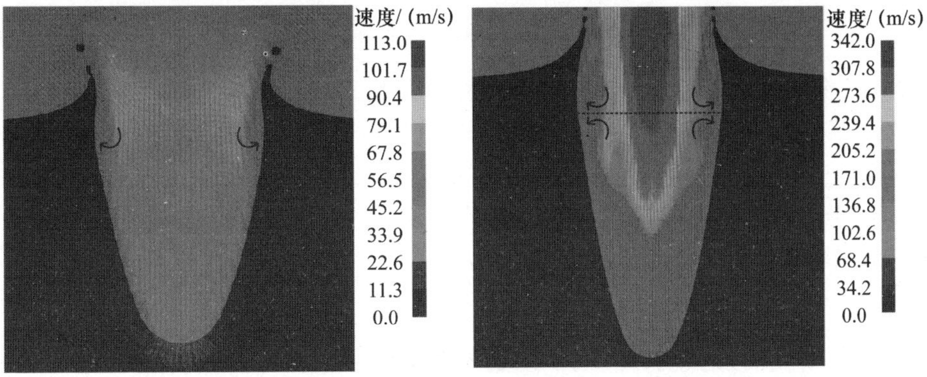

(a) t=10ms　　(b) t=20ms

图 2-20　模型 c 垂直入水时不同时刻流场速度矢量图

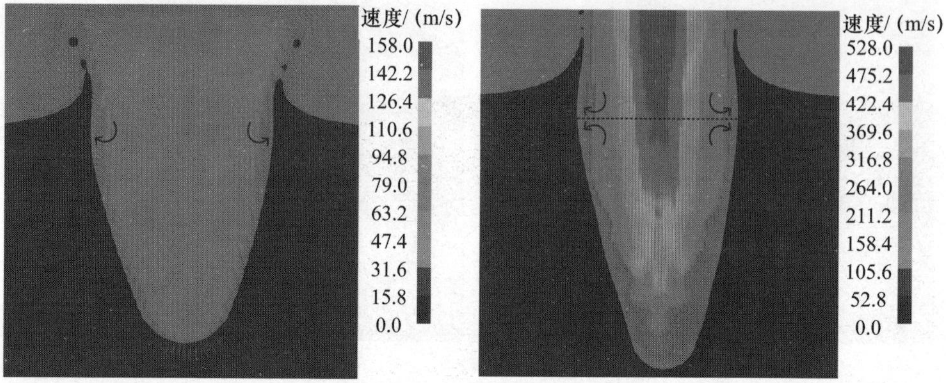

(a) t=10ms　　(b) t=20ms

图 2-21　模型 d 垂直入水时不同时刻流场速度矢量图

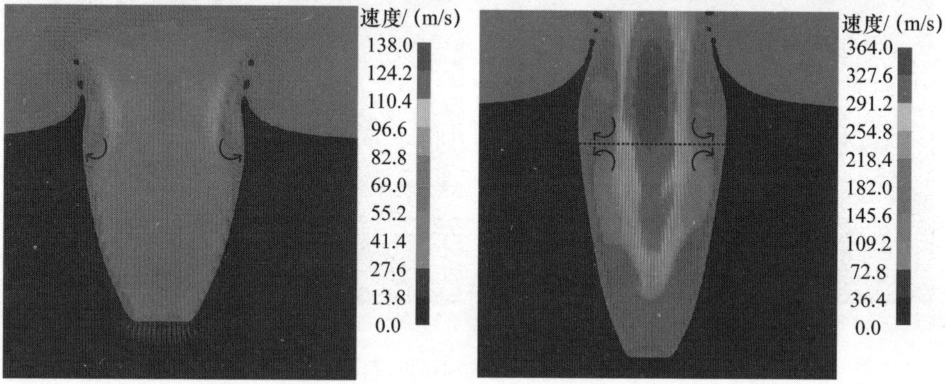

(a) t=10ms　　(b) t=20ms

图 2-22　模型 e 垂直入水时不同时刻流场速度矢量图

在空泡半径最大位置处形成一对反向的漩涡，最大位置上侧的涡流使空泡发生闭合，下侧的涡流促进空泡继续沿径向扩张，如图中箭头所示。同时，从 t=20ms 的矢量图中还可看出，部分空气进入空泡的速度达到或超过空气中的声速。对比分析同一时刻、不同头部线型的入水流场速度矢量图可知，头部线型主要影响入水空泡的径向大小，而空泡的形态基本相同，具体的差别将在 2.4 节进行介绍。

2.3.2　初始入水角度对流场特性的影响

图 2-23 为模型 e 以 50m/s 的初始速度、不同初始入水角度（60°、70°、80°和 90°）入水 20ms 时刻的流场速度矢量图。

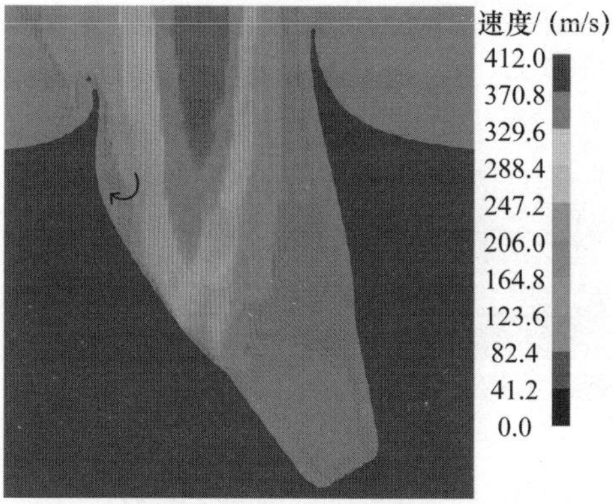

(a) 初始入水角度为60°

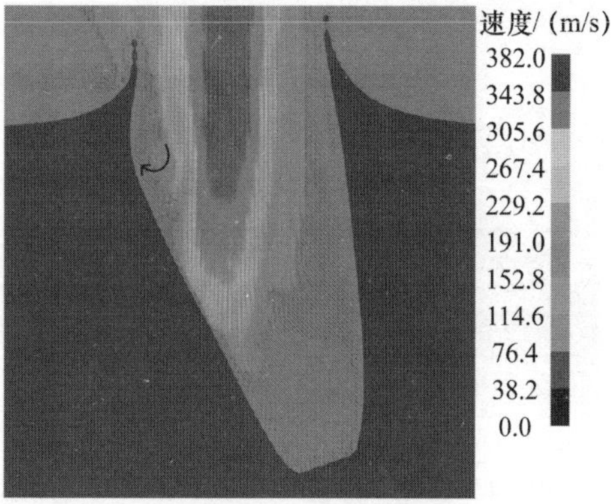

(b) 初始入水角度为70°

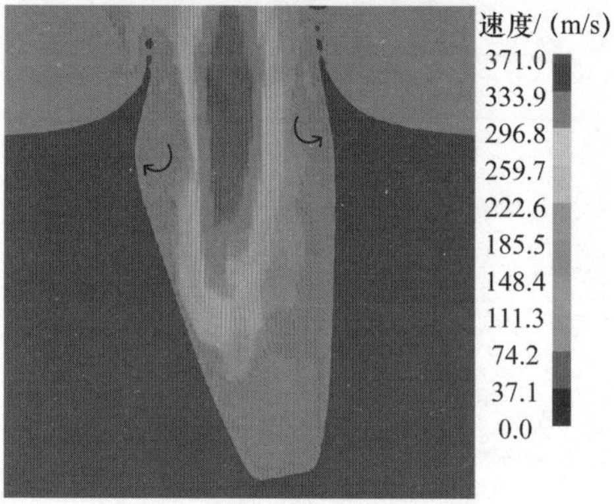

(c) 初始入水角度为80°

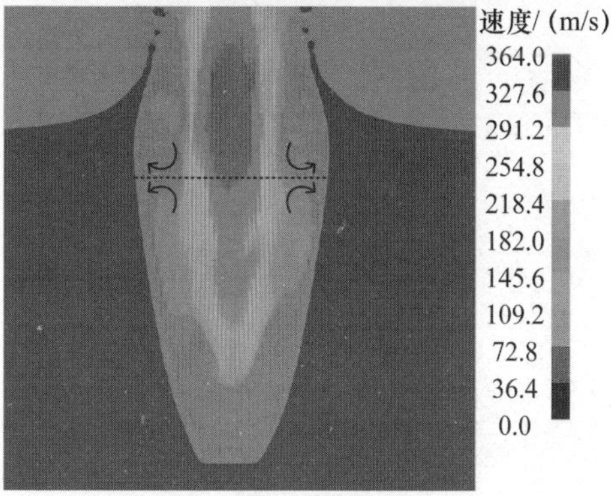

(d) 初始入水角度为90°

图2-23　模型e以不同初始入水角度入水时流场速度矢量图($t=20$ms)

从图2-23中可以看出，回转体垂直入水时，空泡的结构关于回转体的轴线对称；斜入水时，空泡呈现明显的非对称性，而且初始入水角度越小，回转体下侧的低压区域越大，形成空泡的最大直径也越大。

2.3.3　初始入水攻角对流场特性的影响

图2-24~图2-28分别为模型e以50m/s初始速度、60°初始入水角度、不同攻角(-10°、-5°、0°、5°和10°)入水时不同时刻的流场速度矢量图。当回转体带负攻角入水时，回转体产生了顺时针旋转的趋势，加剧了回转体迎流面侧空泡的扩张趋势；反之，当回转体带正攻角入水时，减小了回转体背流面下侧低压区的尺度，增加了背流面侧空泡的扩张趋势。

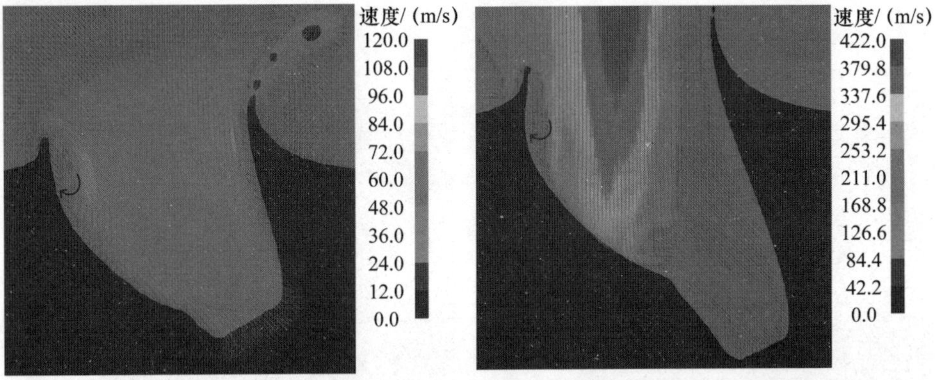

(a) t =10ms (b) t =20ms

图 2-24 模型 e 在初始入水角度 60°、初始速度 50m/s、-10°攻角入水时空泡流场速度矢量图

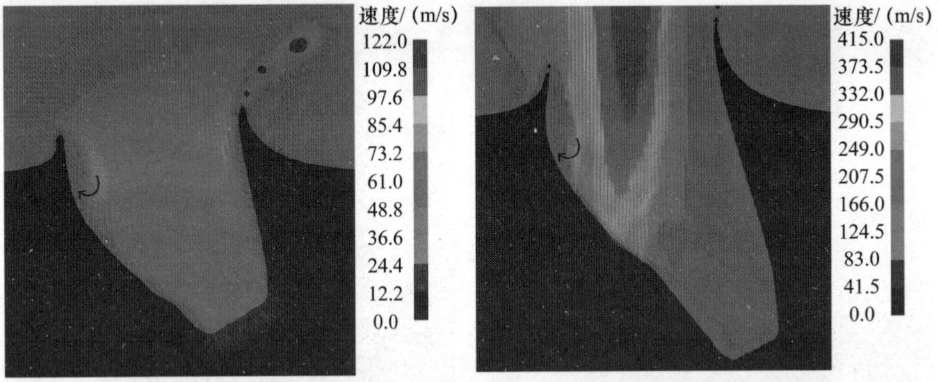

(a) t =10ms (b) t =20ms

图 2-25 模型 e 在初始入水角度 60°、初始速度 50m/s、-5°攻角入水时空泡流场速度矢量图

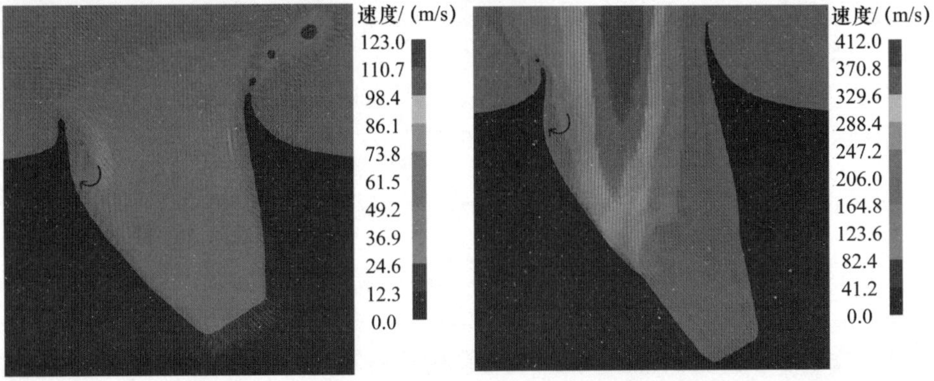

(a) t =10ms (b) t =20ms

图 2-26 模型 e 在初始入水角度 60°、初始速度 50m/s、0°攻角入水时空泡流场速度矢量图

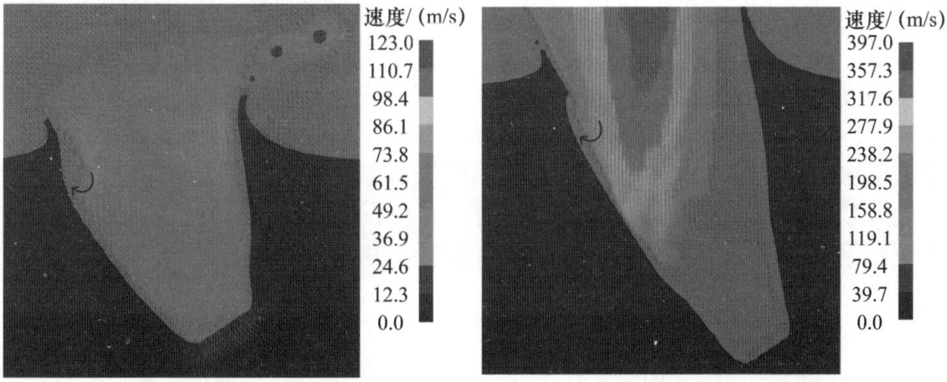

(a) t=10ms (b) t=20ms

图 2-27 模型 e 在初始入水角度 60°、初始速度 50m/s、5°攻角入水时空泡流场速度矢量图

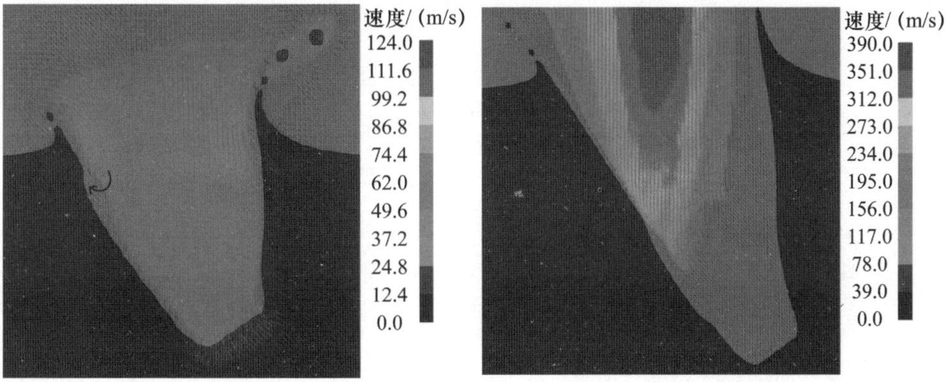

(a) t=10ms (b) t=20ms

图 2-28 模型 e 在初始入水角度 60°、初始速度 50m/s、10°攻角入水时空泡流场速度矢量图

2.4 回转体入水空泡形态的数值求解

在 2.3 节详细介绍了不同初始条件下回转体入水的流场结构特性,同时在 2.2 节推导了回转体垂直入水时空泡形态的经验公式。本节首先将回转体垂直入水空泡形态的仿真结果与经验公式计算结果进行对比分析,进一步验证数值计算模型;其次对不同入水条件下的入水空泡形态进行定量分析,获取初始条件对回转体入水空泡形态的影响规律。

2.4.1 垂直入水空泡的数值计算解与经验公式解对比

在研究不同初始条件对回转体入水空泡形态的影响规律之前，首先需要对数值计算的结果进行验证。图 2-29~图 2-33 分别为 5 种模型以 50m/s 速度垂直入水时回转体速度、无量纲空泡长度及空泡形态的数值计算解与经验公式解的对比，其中左侧为回转体入水速度及无量纲空泡长度随时间变化曲线，右侧为 20ms 时的空泡形态。在分析空泡形态时，以回转体直径 D 为特征尺度对空泡长度 H 和空泡半径 r 进行无量纲化，即无量纲空泡长度为 H/D，无量纲空泡半径为 r/D。

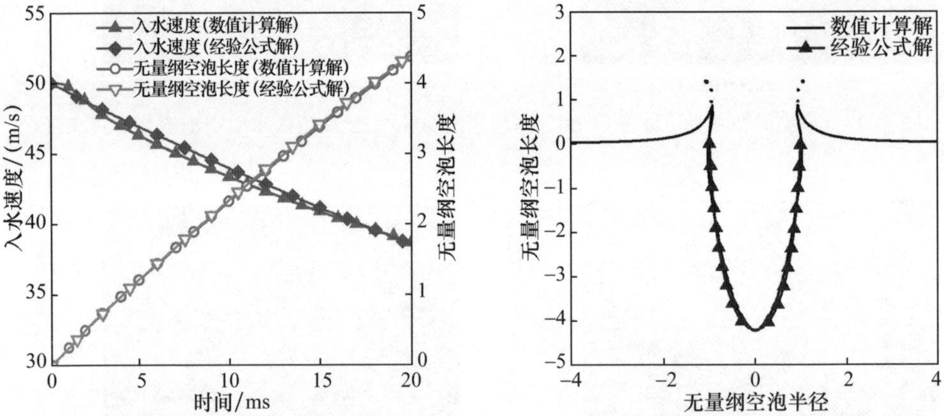

(a) 入水速度及无量纲空泡长度　　(b) 20ms时入水空泡形态

图 2-29　模型 a 以初始速度 50m/s 垂直入水时数值计算解与经验公式解对比

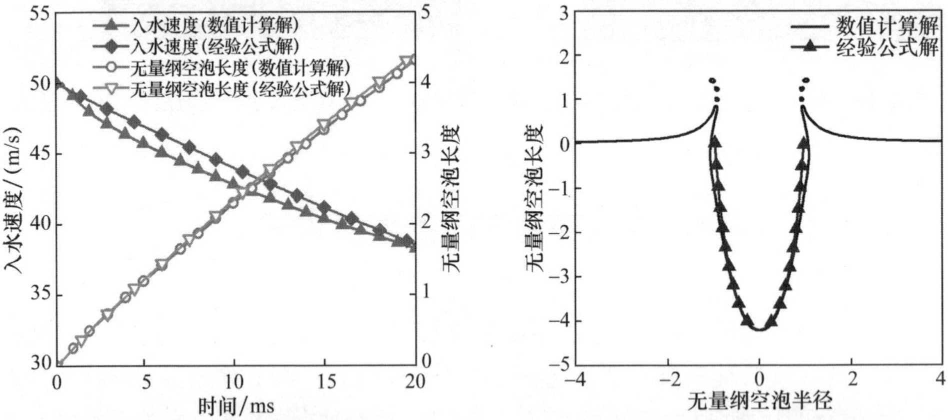

(a) 入水速度及无量纲空泡长度　　(b) 20ms时入水空泡形态

图 2-30　模型 b 以初始速度 50m/s 垂直入水时数值计算解与经验公式解对比

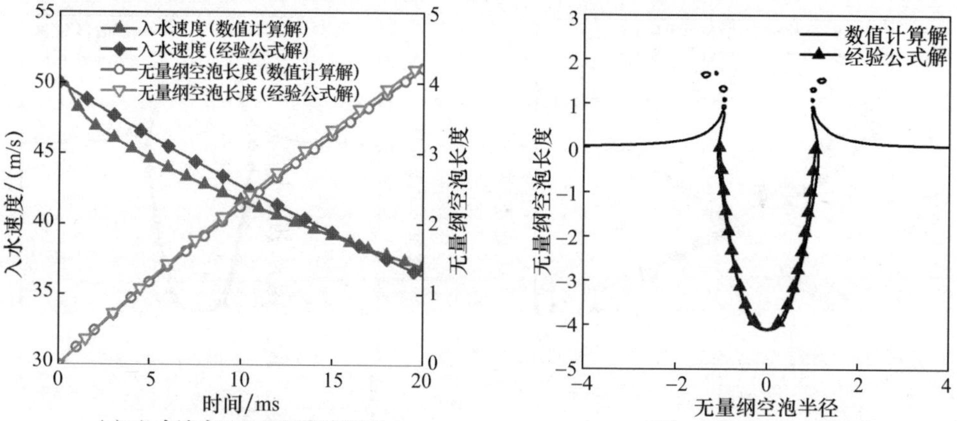

(a) 入水速度及无量纲空泡长度　　(b) 20ms时入水空泡形态

图 2-31　模型 c 以初始速度 50m/s 垂直入水时数值计算解与经验公式解对比

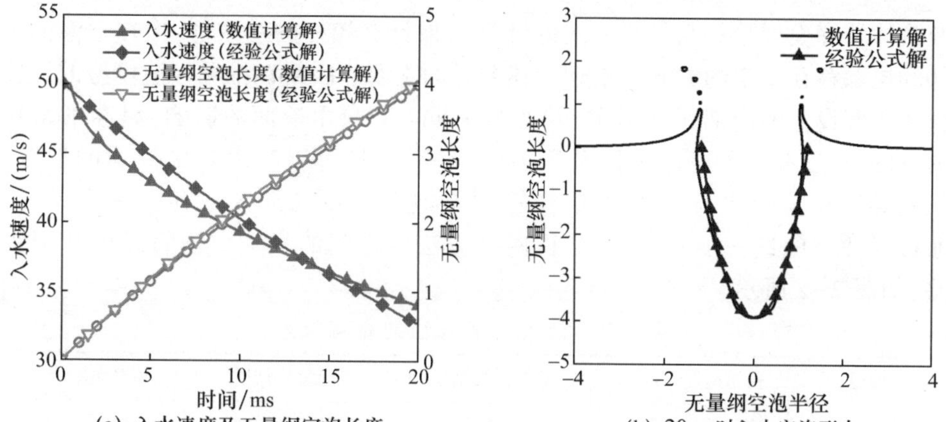

(a) 入水速度及无量纲空泡长度　　(b) 20ms时入水空泡形态

图 2-32　模型 d 以初始速度 50m/s 垂直入水时数值计算解与经验公式解对比

从上述回转体入水速度及入水深度的对比结果中可以看出,5 种模型的数值计算结果与经验公式计算结果存在较小差异,这主要是因为回转体入水过程中受到的阻力系数与速度变化有关,在经验公式推导过程中采用了简化的阻力计算模型,并忽略了饱和蒸气压随入水深度的变化,但是两者的总体变化趋势及数值具有较高的一致性。此外,从入水速度随时间的变化曲线可以看到,模型 e 在入水瞬间表现出与其他 4 种模型不同的特性。模型 e 在入水瞬间速度曲线有一个短暂的巨变,这表明模型 e 在入水瞬间承受的载荷远大于其他 4 种模型所承受的载荷,具体结果及分析见第 3 章。

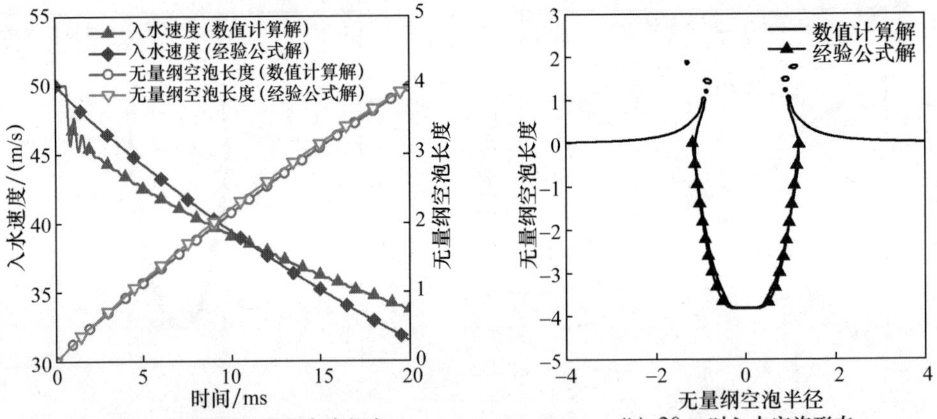

(a) 入水速度及无量纲空泡长度　　(b) 20ms时入水空泡形态

图 2-33　模型 e 以初始速度 50m/s 垂直入水时数值计算解与经验公式解对比

从垂直入水空泡形态的对比图中可以看到,5 种模型数值计算的空泡外形及整体轮廓发展趋势与经验公式的计算结果具有较好的一致性,但在空泡的头部和尾部存在一定的差异。出现上述差异的主要原因是在推导空泡模型的经验公式中假设空泡内部压强恒定,并忽略了重力和自由液面的影响,而本书采用的 ALE 方法考虑了流体黏性及重力的影响,而且可以实现自由液面的追踪,从而导致经验公式与 ALE 方法计算的空泡形态在局部区域存在一定差异。通过对数据的进一步分析,可获得两种方法所得到的最大空泡直径的相对误差,如表 2-2 所示。

表 2-2　最大空泡直径的相对误差

模型	初始速度/(m/s)	数值计算结果	经验公式结果	相对误差/%
a		1.968D	1.986D	0.91
b		2.131D	1.944D	9.62
c	50	2.187D	2.112D	3.55
d		2.301D	2.390D	3.72
e		2.323D	2.390D	2.80

注:相对误差=|数值计算结果-经验公式结果|/经验公式结果×100%。

从表 2-2 中也可看出,不同工况下两种方法计算的最大空泡直径相对误差均小于 10%。通过上述对比分析表明,本书所采用的数值计算模型能较好地模拟回转体入水空泡的发展过程及形态,可采用该模型开展不同初始条件下回转体入水空泡的数值模拟研究。

2.4.2　头部线型对入水空泡形态的影响

图 2-34 为 5 种模型以初始入水角度 90°、初始速度 50m/s 入水时的空泡形态,图 2-35 为 5 种模型以初始入水角度 60°、初始速度 50m/s 入水时的空泡形态。

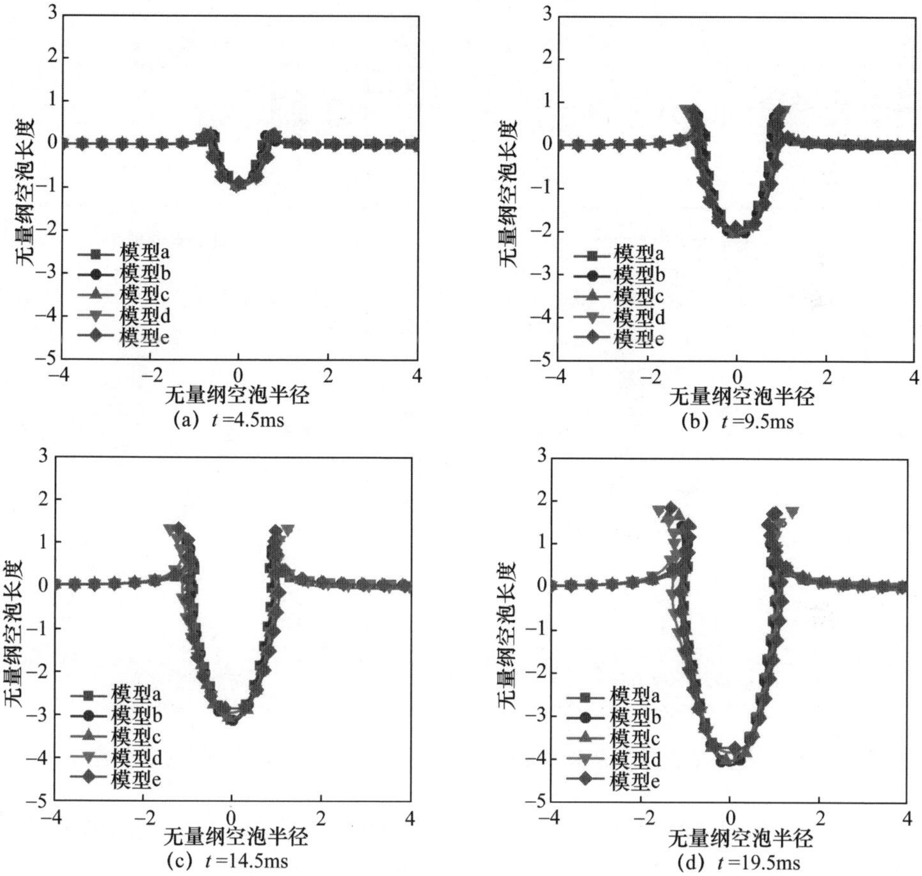

图 2-34　5 种模型以初始入水角度 90°、初始速度 50m/s 入水时不同时刻空泡形态

从图 2-34 和图 2-35 中可以看出,5 种不同头部线型回转体在垂直和斜入水时均导致自由液面隆起并产生喷溅现象,而且头部半球角越大,液滴喷溅现象越明显,模型 a 的液滴喷溅现象远小于模型 e 所产生的液滴喷溅现象。同时,由于 5 种模型的阻力系数不同,相同时刻下回转体的入水深度也存在较大的差异,从而在回转体头部区域附近的空泡形态发生交叉。上述不同时刻的入水空泡形态计算结果表明,头部半球角越大,空泡外形半径越大,但是不同头部线型产生的空泡外形轮廓整体发展趋势一致。

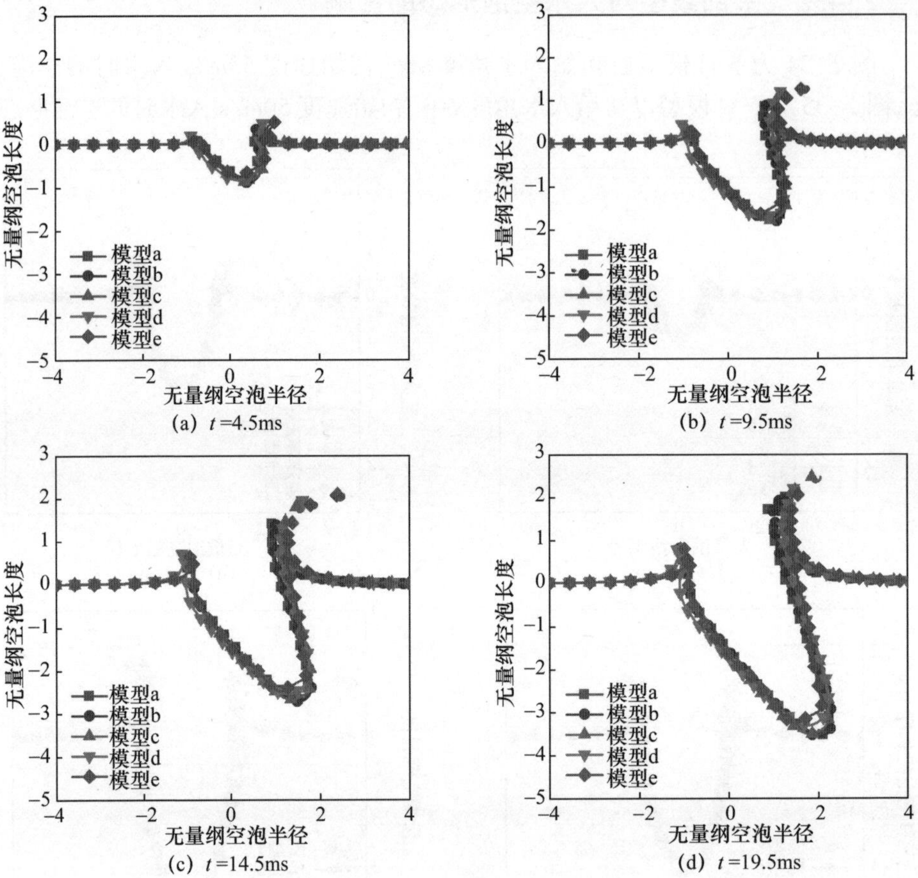

图2-35 5种模型以初始入水角度60°、初始速度50m/s入水时不同时刻空泡形态

对比回转体同一时刻垂直入水与斜入水时的空泡形态可以发现,回转体斜入水时,空泡形态呈现明显的非对称性,入水初期,迎水面一侧自由液面附近产生较强的喷溅。随着回转体入水深度的增加,迎水面一侧空泡不断向外扩张,在背水面产生下侧空泡。由上述分析可知,回转体头部线型对回转体的入水空泡具有较大的影响,在实际使用中需要根据需求设计合理的头部线型。

表2-3为5种不同头部线型回转体在上述4个时刻最大空泡直径的计算结果。

从表2-3中可以看出,在同一时刻,最大空泡直径随回转体半球角的增加而增大,且对同一模型而言,相同入水时刻时斜入水的空泡尺度大于垂直入水时。

进一步分析可以发现,最大空泡直径的相对增长率[$(r_{i+1}-r_i)/r_i$]随着时间的推移而减小,在 9.5ms 时相对增长率达 30%以上,而在 19.5ms 时相对增长率为 11%左右。这主要是因为随着入水深度的增加,回转体的动能逐渐衰减,传递给周围流体介质的能量也不断减小,从而使空泡直径的扩张速率不断下降。

表 2-3　5 种模型以 50m/s 入水时不同时刻的最大空泡直径

初始条件	模型	t=4.5ms	t=9.5ms	t=14.5ms	t=19.5ms
入水角度 90° 入水速度 50m/s	a	1.062D	1.472D	1.776D	1.968D
	b	1.146D	1.577D	1.881D	2.131D
	c	1.236D	1.663D	1.959D	2.187D
	d	1.347D	1.791D	2.074D	2.301D
	e	1.349D	1.801D	2.083D	2.323D
入水角度 60° 入水速度 50m/s	a	1.186D	1.636D	1.971D	2.218D
	b	1.268D	1.713D	2.019D	2.271D
	c	1.381D	1.829D	2.136D	2.385D
	d	1.383D	1.868D	2.203D	2.472D
	e	1.386D	1.871D	2.208D	2.473D

2.4.3　初始入水速度对空泡形态的影响

图 2-36 和图 2-37 给出了模型 a 和模型 e 在不同初始入水速度(30m/s、50m/s 和 70m/s)下的入水空泡形态。从图中可以看出,对模型 a 和模型 e 而言,不同速

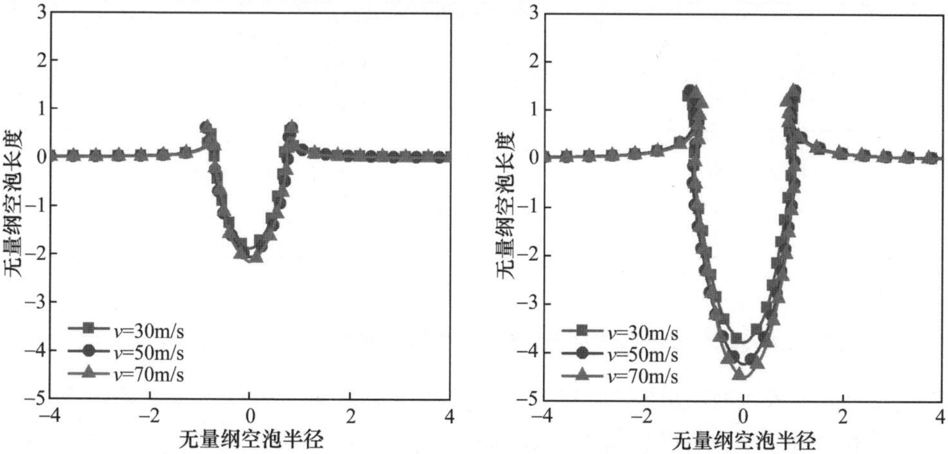

(a) H=2D　　(b) H=4D

图 2-36　模型 a 以 90°入水角度、不同初始速度入水时不同深度的空泡形态

度下空泡形态的扩张运动规律基本相同，这主要是因为空泡壁面主要承受惯性力和环境压力的作用。同时，初始入水速度越大，空泡最大直径越大，而且空泡直径的扩张速度越大。可从能量守恒原理对这一现象进行解释，回转体初始速度越大，入水时传递给周围流体介质的动能越大，流体扩张速度越快同时空泡半径也越大。

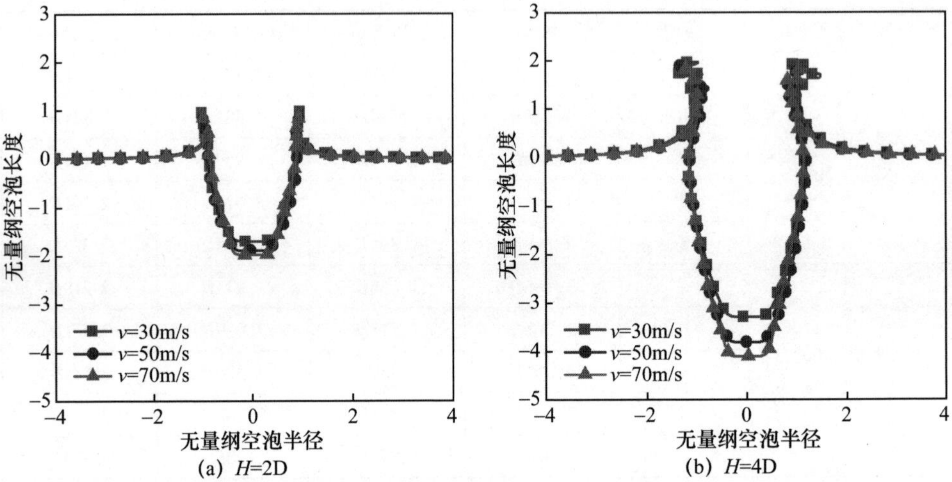

图 2-37　模型 e 以 90°入水角度、不同初始速度入水时不同深度的空泡形态

最大空泡直径的计算结果具体见表 2-4。

表 2-4　模型 a 和模型 e 以不同速度垂直入水时最大空泡直径

模型	初始速度/(m/s)	$H=2D$	$H=4D$
a	30	1.456D	1.958D
	50	1.472D	1.968D
	70	1.489D	1.979D
e	30	1.749D	2.312D
	50	1.801D	2.323D
	70	1.839D	2.335D

2.4.4　初始入水角度对空泡形态的影响

回转体斜入水时，法向载荷和由它产生的力矩使回转体在入水过程中产生一个绕横轴的角速度，对回转体的入水弹道及后续行为具有较大影响。

图 2-38 和图 2-39 为模型 a 和模型 e 在初始速度 50m/s 时不同初始入水角度(60°、70°、80°和 90°)下入水空泡形态随时间的发展过程。

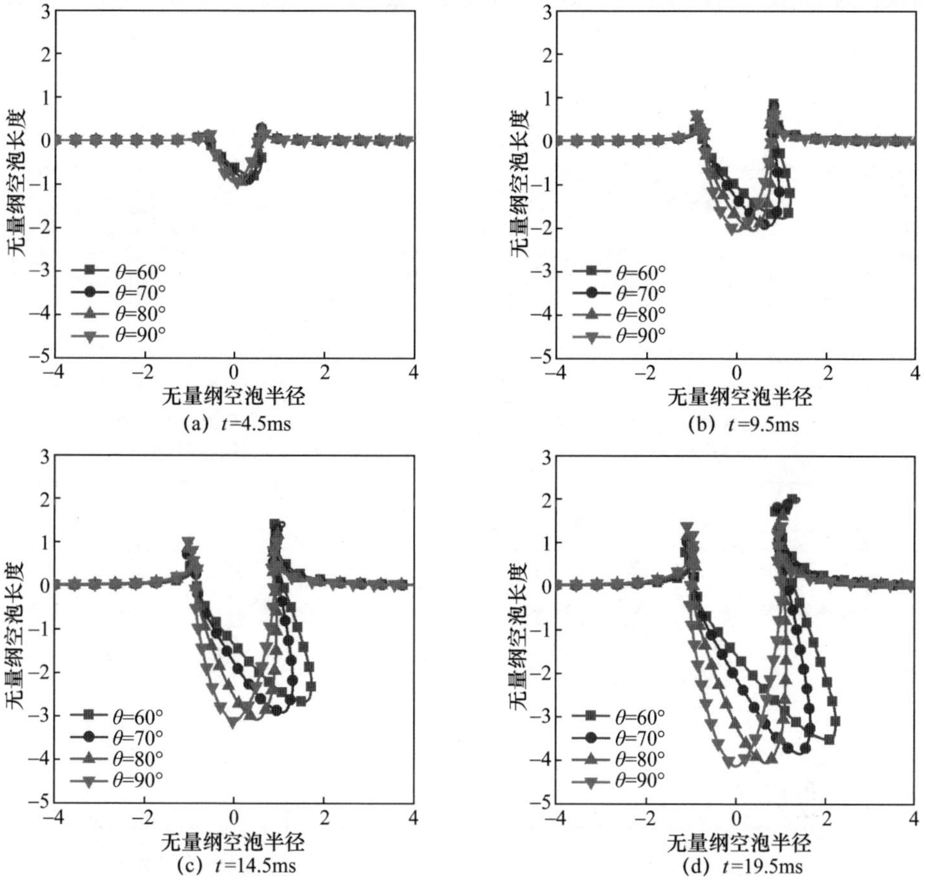

图 2-38　模型 a 以初始速度 50m/s、不同入水角度入水时不同时刻的空泡形态

从图 2-38 和图 2-39 中可以看出，对模型 a 和模型 e 而言，模型斜入水时入水空泡在模型的迎水面和背水面均呈现非对称性；并且初始入水角度越小，模型迎水面和背水面的空泡不对称性越显著。当初始入水角度为 60°时，回转体在迎水面产生较大的液滴喷溅且附着的空泡较多，而在背水面附着的空泡较少。背水面水动压力与迎水面空泡内压力差异较大使回转体产生反向俯仰力矩。同时，随着回转体入水深度的增加，回转体背水面的下侧空泡逐渐增大。随着初始入水角度的增加，空泡的不对称性减小，降低了回转体迎水面和背水面的压力差，从而使回转体的下侧空泡尺度减小。

表 2-5 为回转体以不同初始入水角度入水时最大空泡直径的计算结果。从表中可知，在相同入水时刻下，回转体初始入水角度越小，所产生的最大空泡直径越大。这主要是因为回转体斜入水时，法向载荷及其产生的力矩会使回转体产生一个绕横

轴旋转的角速度,初始入水角度越小,角速度越大,增加了回转体迎流面空泡尺度。

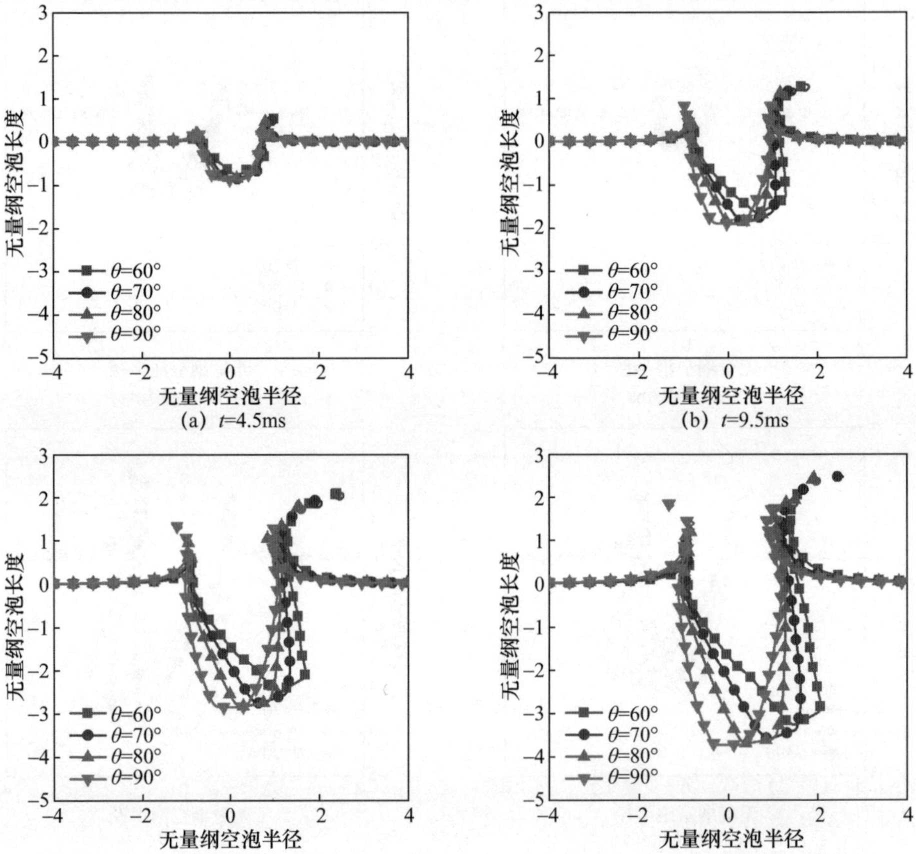

(a) t=4.5ms (b) t=9.5ms (c) t=14.5ms (d) t=19.5ms

图 2-39 模型 e 以初始速度 50m/s、不同入水角度入水时不同时刻的空泡形态

表 2-5 不同初始入水角度入水时最大空泡直径

模型	入水角度	t=4.5ms	t=9.5ms	t=14.5ms	t=19.5ms
a	60°	1.186D	1.636D	1.971D	2.218D
	70°	1.112D	1.514D	1.852D	2.101D
	80°	1.070D	1.474D	1.777D	2.008D
	90°	1.062D	1.472D	1.776D	1.968D
e	60°	1.386D	1.871D	2.208D	2.473D
	70°	1.366D	1.849D	2.159D	2.429D
	80°	1.358D	1.823D	2.105D	2.373D
	90°	1.349D	1.801D	2.083D	2.323D

2.4.5　初始入水攻角对空泡形态的影响

回转体带攻角入水时会改变回转体入水空泡形态和入水姿态。图 2-40 和图 2-41 分别为模型 a 和模型 e 以初始入水角度 60°、初始速度 50m/s 在初始入水攻角(angle of attack, AOA)为-10°、-5°、0°、5°和 10°时的入水空泡形态发展过程。

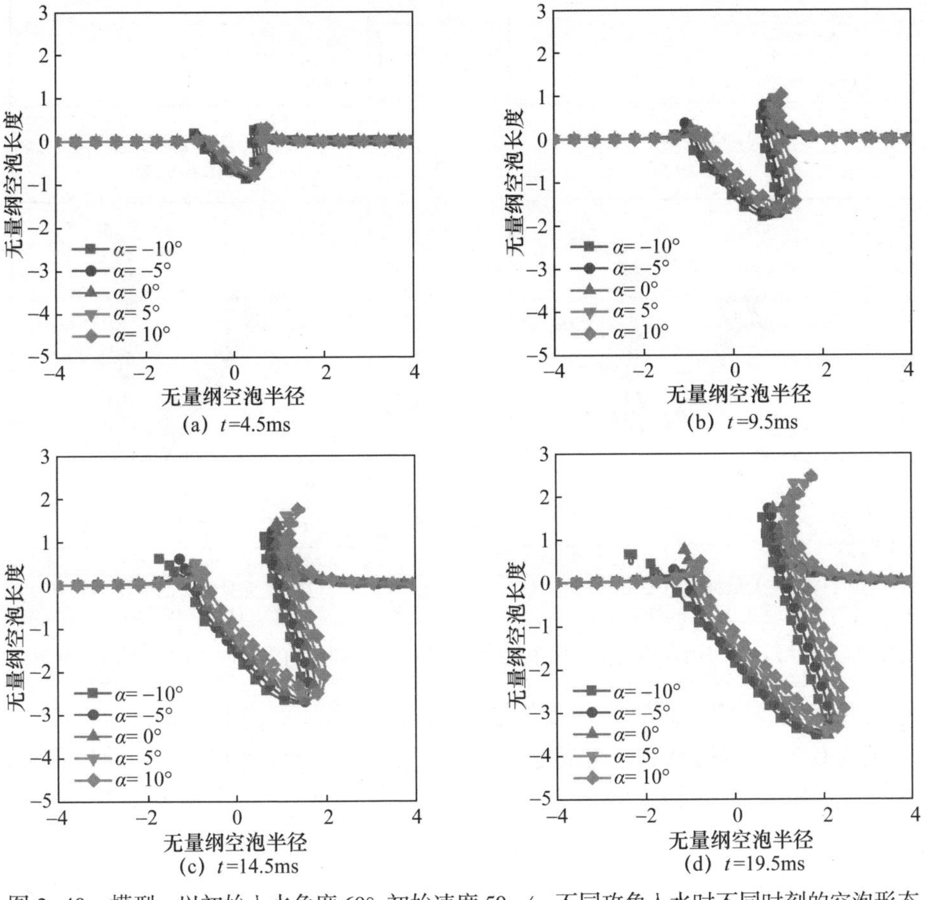

图 2-40　模型 a 以初始入水角度 60°、初始速度 50m/s、不同攻角入水时不同时刻的空泡形态

从图 2-40 和图 2-41 中可以看出,回转体带初始攻角入水时进一步加剧了回转体入水空泡的不对称性。模型带负攻角时,即回转体的速度方向沿着迎水面时,法向载荷及其产生的力矩使回转体迎水面空泡尺度随入水深度的增加而增加;同时,回转体背水面空泡尺度与 0°攻角时基本保持一致。模型带正攻角时,即回转体的速度方向沿着背水面时,法向载荷及其产生的力矩使回转体产生一个绕横轴

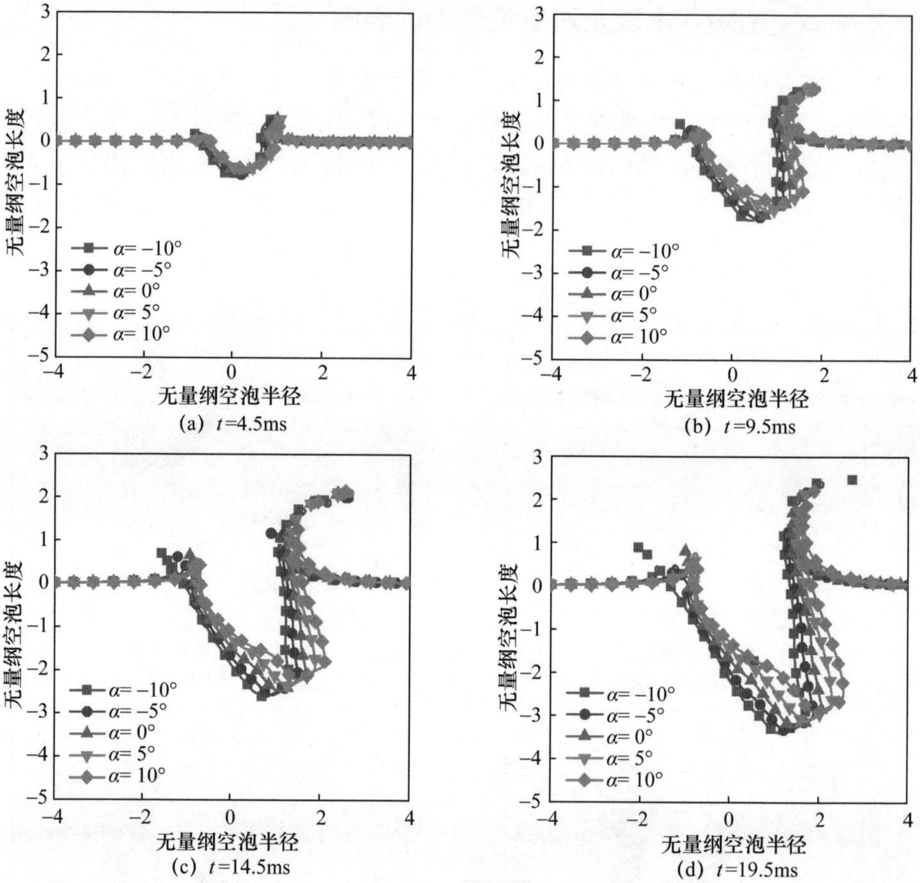

图 2-41　模型 e 以初始入水角度 60°、初始速度 50m/s、不同攻角入水时不同时刻的空泡形态

正向的角速度，使背水面的空泡尺度随入水深度的增加而增加；同时，迎水面的空泡尺度与 0°攻角时的空泡尺度基本一致。由此可知，正攻角和负攻角使空泡形态发生变化的原因是不同的。不同入水攻角下的最大空泡直径的计算结果见表 2-6。

表 2-6　不同入水攻角下的最大空泡直径的计算结果

模型	入水攻角	$t=4.5$ms	$t=9.5$ms	$t=14.5$ms	$t=19.5$ms
a	−10°	1.201D	1.691D	2.046D	2.301D
	−5°	1.192D	1.662D	2.012D	2.256D
	0°	1.186D	1.636D	1.971D	2.218D
	5°	1.188D	1.654D	1.986D	2.320D
	10°	1.195D	1.676D	2.004D	2.443D

续表

模型	入水攻角	t=4. 5ms	t=9. 5ms	t=14. 5ms	t=19. 5ms
e	-10°	1. 406D	1. 936D	2. 302D	2. 601D
	-5°	1. 393D	1. 877D	2. 225D	2. 503D
	0°	1. 386D	1. 871D	2. 208D	2. 473D
	5°	1. 388D	1. 886D	2. 216D	2. 537D
	10°	1. 396D	1. 894D	2. 256D	2. 653D

从表 2-6 中可以看出，回转体带攻角入水时产生的空泡尺度均大于 0°攻角时的空泡尺度，且攻角方向相同时攻角越大，所产生的空泡尺度越大；攻角的大小相同但是方向不同时，产生的空泡尺度也不同。

第3章 刚性回转体高速入水冲击载荷特性

回转体入水过程中高速撞击自由液面会承受强烈的入水冲击载荷，而且回转体的头部线型、壳体厚度、入水速度、入水角度及入水攻角等初始条件不同，这将会导致冲击载荷的量值和特征也不同。本章以刚性回转体为研究对象，首先，分别基于不可压缩计算流体动力学（incomprehensible computation fluid dynamic，ICFD）方法和ALE法介绍流体压缩性对冲击载荷的影响；其次，在考虑流体压缩性的基础上，系统阐述上述因素对回转体入水冲击载荷时域特性的影响；最后，引入模态分析与冲击响应谱分析对回转体结构响应与入水冲击载荷的频域特性进行分析。

3.1 回转体高速入水冲击载荷实用计算方法

回转体高速入水冲击属于典型的流固耦合问题，在研究该问题时需要同时考虑结构在流场作用下的各种行为以及结构位移对流场的影响，采用数值计算方法求解入水冲击载荷时需要耗费较多的计算机资源与计算时间，因此可采用经验公式对入水冲击载荷的量级进行初步估计，本节介绍撞水载荷与浸水载荷的经验公式计算方法。

3.1.1 撞水载荷经验计算公式

在水面撞击阶段，对于垂直入水而言，在回转体头部接触到水面的一个极短时间内（微秒级）与水介质发生碰撞，头部沾水面上出现幅值很高的冲击压力脉冲，作用时间短，一般对回转体整体运动不会有大的影响，但对回转体局部结构的作用不可忽视。

撞水瞬间归结为一种碰撞现象，可将回转体看作质量完全集中于头部的一个平板，基于von Karman一元弹性碰撞理论，不考虑平板和回转体的质量区别，回转体头部端面撞击可压缩水面的冲击压力峰值，可按下式估算：

$$p_{max} = \rho_w c_w v_0 \tag{3-1}$$

式中:ρ_w 为水的密度;c_w 为水中声速;v_0 为初始入水速度。

考虑到在入水初始阶段,水介质和回转体结构均呈现弹性,两者介质内部分别会出现压缩波和压力波,在回转体头部沾水面上的冲击压力峰值修正为

$$p_{max} = \frac{\Omega_w \rho_w c_w v_0}{x \frac{\rho_w c_w}{\rho_b c_b}} \tag{3-2}$$

式中:$\rho_b c_b$ 为回转体头部结构的声阻抗率,常用材料的声阻抗率见表 3-1[4],一般回转体材料为铝合金,声阻抗率取 1.7×10^7 kg/(m^2 · s);x 为入水深度;Ω_w 为考虑到水面状况的修正因子,工程研究时一般取 0.85。

表 3-1　常用材料的声阻抗率

序号	材料	声阻抗率/[10^6 kg/(m^2 · s)]
1	空气	0.0004
2	水	1.48
3	聚乙烯	1.7
4	聚氨酯	1.9
5	丁基合成橡胶	2
6	橡胶	2.1
7	甘油	2.42
8	聚苯乙烯	2.5
9	尼龙 6-6	2.9
10	聚四氟乙烯	3
11	树脂玻璃	3.1
12	镁	10
13	石英	15.2
14	铝合金	17
15	玻璃	18.9
16	钛	27.3
17	铸铁	33.2
18	黄铜	36.7
19	不锈钢	45.4
20	钢	46

在工程中,对于攻角为零、入水角度为 θ 的斜入水状态,该估算方法变为

$$p_{\max} = \rho_{w} c_{w} v_{0} / (1 + \rho_{w} c_{w} / \rho_{b} c_{b}) \sin\theta \tag{3-3}$$

撞水时压缩波的变化过程为初始阶段在沾水面相邻的区域内形成并扩展,当物-水界面的扩展速度小于水中声速时,压缩波在气-水界面上反射形成稀疏波反向传播,不断蚕食沾水面附近的压缩波区域进行卸载,直到沾水面中心,水中压缩波区同撞水物脱离,此后沾水面附近的水介质不再呈现弹性,并开始流动。撞水峰值压力的持续时间按水中压缩波从沾水面上产生、在水中扩展直至与撞水物脱开所经历的时间来估计。

对圆平板垂直撞水而言,持续时间可只考虑反向传播所经历的时间,即

$$T_{i} = T_{i2} = \frac{D_{p}}{2c_{w}} = \frac{R_{p}}{c_{w}} \tag{3-4}$$

式中:D_{p}、R_{p} 分别为圆平板的直径和半径。

对于球体撞水,峰值压力作用时沾水面的最大半径为

$$r_{\max} = \frac{v_{0}}{c_{w}} \frac{R_{s}}{\sqrt{1 + (v_{0}/c_{w})^{2}}} \tag{3-5}$$

持续时间为

$$T_{i} = T_{i1} + T_{i2} = \frac{R_{s}}{v_{0}} \left[1 - \frac{1 - (v_{0}/c_{w})^{2}}{1 + (v_{0}/c_{w})^{2}} \right] \tag{3-6}$$

式中:R_{s} 为球体半径。

3.1.2 浸水载荷经验计算公式

浸水载荷不是一个单纯的力,而是分布在沾水面上不定常流动产生的压力,随时间和空间急剧变化。在工程研究中,浸水载荷就是将作用于沾水面上的压力在空间上积分形成合力,此合力可分解为轴向力和法向力:轴向力作用使回转体产生很大的轴向加速度,引起回转体壳体及内部器件的振动响应,可能导致回转体结构或内部器件损坏、失灵;法向力则使回转体产生横向角加速度,引起回转体姿态剧变。

预测各种头部线型回转体所受浸水载荷随时间和运动变化的规律是非常困难的,至今也没有十分可靠的定量分析方法,基本的理论分析都是基于 von Karman 提出的基本思想,即浸水过程“固-水”系统动量守恒,回转体减速损失的动量,转移为浸水时形成流场的动量增加量。表达式为

$$m v_{0} = (m + m_{w}) v \tag{3-7}$$

式中:v_{0} 为初始入水速度;v 为入水过程瞬时速度;m 为回转体质量;m_{w} 为流体附加质量。

回转体在入水过程中所受到产生加速度的力，除由被扰动的流体附加质量的变化引起的力以外，还存在稳态扰流产生的阻力、重力、浮力及表面摩擦力，但是在入水初期的冲击阶段稳态阻力、浮力及表面摩擦力均为小量，对于质量为 m、最大半径为 R，并以一定的初始速度 v_0 垂直入水的回转体，忽略表面摩擦力，则入水过程的动量守恒方程为

$$mv_0 - (m + m_w)v = \int_0^t B\mathrm{d}t - mgt + \frac{\rho_w}{2}\int_0^t v^2 SC_s \mathrm{d}t \tag{3-8}$$

运动学方程为

$$-(m + m_w)\frac{\mathrm{d}v}{\mathrm{d}t} - v\frac{\mathrm{d}m_w}{\mathrm{d}t} = B - mg + \frac{\rho_w}{2}v^2 SC_s \tag{3-9}$$

取过载定义，$n_1 = 1 - \frac{\mathrm{d}v}{\mathrm{d}t}/g$，用 $v\frac{\mathrm{d}m_w}{\mathrm{d}x}$代替$\frac{\mathrm{d}m_w}{\mathrm{d}t}$，则运动学方程为

$$(m + m_w)n_1 g = v^2\frac{\mathrm{d}m_w}{\mathrm{d}x} + m_w g + B + \frac{\rho_w}{2}v^2 SC_s \tag{3-10}$$

式中：t 为浸水开始后的计算时间；B 为浮力；g 为重力加速度；C_s 为稳态阻力系数；x 为回转体浸水深度；R 为回转体半径；S 为回转体横截面积。

以上方程中存在 C_s 和 m_w 两个未知量，在入水初期，这两个未知量都是时间 t 的函数，即入水深度 x 的函数。对阻力系数 C_s，只有冲击过程结束，流动分离已经形成，阻力系数才趋于稳定。在工程分析和试验研究中，总阻力系数 $C_d(x)$ 的表达式为

$$C_d(x) = \frac{2}{\rho_w S}\cdot\frac{\mathrm{d}m_w}{\mathrm{d}x} + C_s \tag{3-11}$$

将式(3-11)代入式(3-10)，可得

$$(m + m_w)n_1 g = \frac{\rho_w}{2}v^2 SC_d(x) + m_w g + B \tag{3-12}$$

只要求出浸水过程相应的 $C_d(x)$，就可根据各种初始入水参数得出过载值。这种方法能全过程反映入水载荷的流体动力变化趋势，包括冲击结束后的过程，但通常只有通过大量的试验后采用拟合方法才可求解。

另一种方法是根据入水冲击过程中回转体的受力特性，只考虑冲击载荷部分，忽略稳态扰流的影响，也就是忽略相对小量的稳态阻力系数 C_s 和浮力 B，式(3-10)中 $v^2\frac{\mathrm{d}m_w}{\mathrm{d}x}+m_w g$ 即为回转体的入水冲击载荷。C_D 为浸水过程的冲击阻力系数，用回转体的特征半径 $b=\frac{x}{R}$表示无量纲浸深，设

$$(m+m_w)n_1g=v^2\frac{\mathrm{d}m_w}{\mathrm{d}x}+m_wg=\frac{\rho_w}{2}v_0^2SC_D \tag{3-13}$$

于是

$$n_1=\frac{v^2}{(m+m_w)g}\cdot\frac{\mathrm{d}m_w}{\mathrm{d}x}+\frac{m_w}{m+m_w} \tag{3-14}$$

根据式(3-7)获得 $v=mv_0/(m+m_w)$,定义回转体质量系数 $q_m=m/\left(\frac{3}{4}\rho_wv_0^2\pi R^3\right)$,附加质量系数 $\lambda_w=m_w/\left(\frac{1}{2}\rho_w\pi R^3\right)$,弗劳德数 $Fr=v_0^2/2Rg$,可得无量纲过载方程和阻力系数的一般表达式,即

$$n_1=\left[\frac{\mathrm{d}\lambda_w/\mathrm{d}b}{(1+3\lambda_w/8q_m)^3}+\frac{\lambda_w}{2F_r(1+3\lambda_w/8q_m)}\right]\cdot\frac{3Fr}{4q_m} \tag{3-15}$$

$$C_D=\frac{\mathrm{d}\lambda_w/\mathrm{d}b}{(1+3\lambda_w/8q_m)^3}+\frac{\lambda_w}{2F_r(1+3\lambda_w/8q_m)} \tag{3-16}$$

入水过程的瞬时速度可用式(3-14)与式(3-16)变换求得

$$v=v_0\sqrt{\frac{1}{(1+3\lambda_w/8q_m)^3}+\frac{3\lambda_w^2}{16Frq_m(1+3\lambda_w/8q_m)(\mathrm{d}\lambda_w/\mathrm{d}b)}} \tag{3-17}$$

在工程应用中,因为入水时弗劳德数较大,一般模型试验获得的 Fr 都不小于10,所以式(3-15)及式(3-16)中的第二项为小量,在实际载荷计算中一般略去,入水过载及阻力系数简化为

$$n_1=\frac{3C_DFr}{4q_m} \tag{3-18}$$

$$C_D=\frac{\mathrm{d}\lambda_w/\mathrm{d}b}{(1+3\lambda_w/8q_m)^3} \tag{3-19}$$

根据以上方程推导过程可以看出,对载荷方程和载荷系数的求解实质上归结为对附加质量 m_w(或 λ_w)及其变化量 $\mathrm{d}\lambda_w/\mathrm{d}x$ 的求解。其方法是输入初始参数 m、v_0 及 R,并通过试验获得加速度 $\mathrm{d}v/\mathrm{d}t$ 的时间函数,代入式(3-9)变换获得以下方程:

$$-(m+m_w)\frac{\mathrm{d}v}{\mathrm{d}t}-B+mg=\frac{\rho_w}{2}v^2SC_d(x) \tag{3-20}$$

式中:

$$C_d(x)=\frac{2}{\rho_w S}\frac{dm_w}{dx}+C_s \tag{3-21}$$

对 dv/dt 进行积分获得瞬时速度 v，再对速度积分可获得入水深度 x，浮力 B 可根据模型在初始水面下排开水的质量得到，代入式(3-20)可获得总的阻力系数 $C_d(x)$，如此反复迭代可获得附加质量 m_w（或质量系数 λ_w）随入水深度 x 变化的拟合曲线，进而获得入水载荷。

3.2　基于不可压缩计算流体动力学(ICFD)的回转体入水冲击载荷计算

已有研究表明，在马赫数小于 0.3 时，可将流体当成不可压缩流体处理，但是仍需开展相应的研究，以获得流体压缩性对回转体入水冲击载荷的影响程度。本节基于 ICFD 方法开展回转体入水冲击载荷分析，为后续研究流体压缩性对回转体入水冲击载荷的影响提供参考依据。

3.2.1　ICFD 计算的基本原理

ICFD 方法采用有限元法求解不可压缩计算流体动力学方程组，既可以用来解决纯流体动力学问题，也可以与 LS-DYNA 软件中结构分析模块进行耦合解决复杂的流固耦合问题。下面对 ICFD 方法的基本原理进行介绍。

3.2.1.1　流固耦合算法

回转体入水问题属于典型的流固耦合问题，合理处理流体和固体之间的耦合作用是解决流固耦合问题的关键。LS-DYNA 软件中传统的处理方法是将固体和流体当成一个整体（整体法）进行处理，但是从计算角度来看这种方法并非最佳选择。比如，在计算压力与其他未知量（大多为速度和位移等）耦合作用时，需要求解大量的非线性方程组，同时容易出现非限定性病态矩阵。针对这种问题，一种改进方法是将压力项从方程组分离出来进行处理，但该方法仍然把流体和固体当成一个整体进行处理，未充分利用 LS-DYNA 结构求解器的求解能力，降低了处理复杂流固耦合问题时的效率；另一种改进方法是分解法，即分别对流体和固体进行单独求解，然后根据结构和流体的耦合程度选择合适的耦合策略。ICFD 求解器中即采用分解法来处理流固耦合问题，当结构和流体之间的耦合作用较弱（弱耦合）时采用显示算法；当结构和流体之间的耦合作用较强（强耦合）时采用隐式算法。两种方法均能较好地处理流固耦合问题，但是当附加质量效应（added mass effect）在流固耦合分析中发挥重要作用时，弱耦合算法不稳定使其容易发散。因此，根据求解的具体问题选择合适的算法。不同流固耦合算法之间的关系见图 3-1 所示。

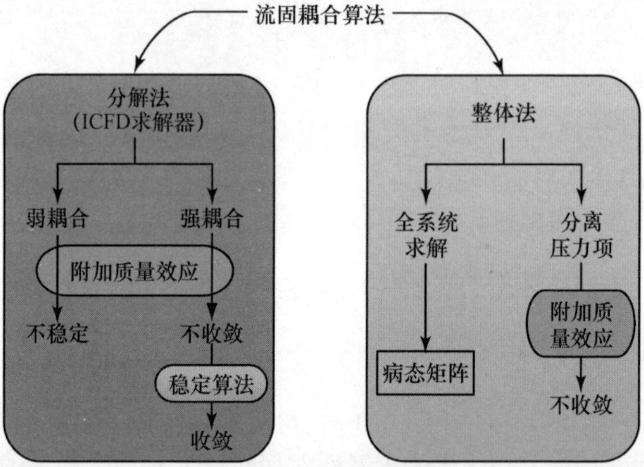

图 3-1　不同流固耦合算法

由于附加质量效应对回转体入水过程及其冲击载荷具有重要影响,因此本书采用基于隐式算法的强耦合来求解结构(回转体)与流体(水)之间的耦合作用,强耦合算法流程如图 3-2 所示。

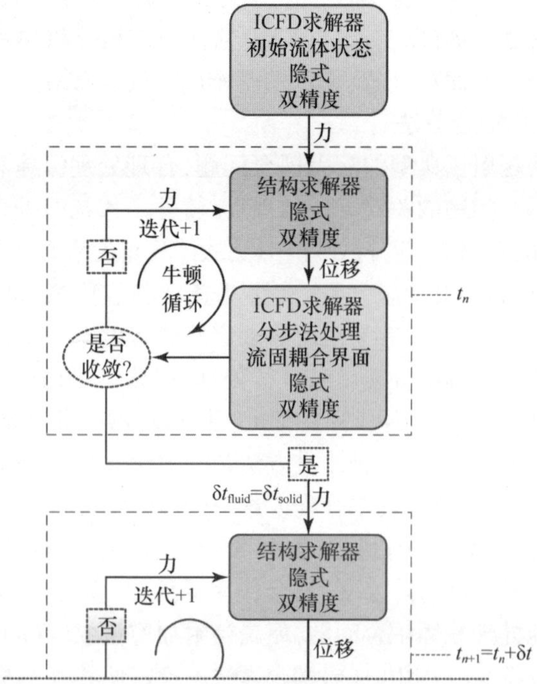

图 3-2　强耦合算法示意图

将流体和固体交界面以拉普拉斯矩阵(Laplace matrix)形式表示：

$$\boldsymbol{L}_{\tau} \approx \boldsymbol{L}_{\tau_{\mathrm{f}}} + \bar{\boldsymbol{L}}_{\tau_{\mathrm{s}}} \tag{3-22}$$

式中：$\boldsymbol{L}_{\tau_{\mathrm{f}}}$ 为包含交界面的流体域拉普拉斯矩阵，有

$$\boldsymbol{L}_{\tau_{\mathrm{f}}} = \sum (\tau_{\mathrm{f}} \boldsymbol{L}^{\mathrm{e}}) \tag{3-23}$$

式中：$\boldsymbol{L}^{\mathrm{e}}$ 为流体单元矩阵，有

$$\tau_{\mathrm{f}} = \left(\frac{\rho_{\mathrm{f}}}{\Delta t} + \frac{\mu}{h^2} + \frac{\| V \|}{h}\right)^{-1} \tag{3-24}$$

$\bar{\boldsymbol{L}}_{\tau_{\mathrm{s}}}$ 为流体和固体交界面矩阵：

$$\bar{\boldsymbol{L}}_{\tau_{\mathrm{s}}} = \sum (\tau_{\mathrm{s}} \bar{\boldsymbol{L}}^{\mathrm{e}}) \tag{3-25}$$

式中：τ_{s} 和$\bar{\boldsymbol{L}}^{\mathrm{e}}$ 分别定义如下：

$$\tau_{\mathrm{s}} = \left(\frac{\rho_{\mathrm{s}}}{\Delta t} + \frac{\Delta t \lambda}{\boldsymbol{J} h^2} + \frac{\Delta t G}{\boldsymbol{J} h^2}\right)^{-1} \tag{3-26}$$

$$\bar{\boldsymbol{L}}^{\mathrm{e}} = \left[\int_{\Omega} \frac{\partial N_{\mathrm{sf}}}{\partial x_j} \frac{\partial N_{\mathrm{sf}}}{\partial x_j} \mathrm{d}\Omega\right]_{\mathrm{s}} \tag{3-27}$$

式中：λ 为拉梅常数(Lame parameters)；G 为剪切模量；$\boldsymbol{J}$ 为雅克比矩阵(Jacobian matrix)；$\bar{\boldsymbol{L}}^{\mathrm{e}}$ 为结构单元矩阵；N_{sf} 为流固交界面形状函数。

式(3-22)还可写成如下形式：

$$\boldsymbol{L}_{\tau} \approx \boldsymbol{L}_{\tau_{\mathrm{f}}} + B_1 \bar{\boldsymbol{L}}_{\tau_{\mathrm{f}}} \tag{3-28}$$

式中：

$$B_1 = \frac{\tau_{\mathrm{s}}}{\tau_{\mathrm{f}}} \tag{3-29}$$

$$\bar{\boldsymbol{L}}_{\tau_{\mathrm{f}}} = \sum (\tau_{\mathrm{f}} \bar{\boldsymbol{L}}^{\mathrm{e}}) \tag{3-30}$$

由式(3-28)可以看出，当 B_1 很小，即 $\rho_{\mathrm{s}} \gg \rho_{\mathrm{f}}$ 时，附加质量效应不明显时，在交界面矩阵中可以忽略$\bar{\boldsymbol{L}}_{\tau_{\mathrm{f}}}$，但是对于附加质量效应明显的问题不能忽略该项。

3.2.1.2　自由液面的追踪

流体力学中的一大类问题便是自由界面问题，如空气-水动力学问题、自由液面波破碎问题，以及固体结构在流体中的穿透问题等都属于这类问题。在这些问题中，界面移动与周围流体运动之间的相互作用关系是非常微妙的。它与穿过界面的密度差、温度差、表面张力、界面拓扑结构及边界条件等都有很大关系。ICFD方法中采用水平集法(level set method)进行界面的追踪与显示。

水平集法是一种欧拉型的界面演变和表示方法，其界面位置是由一个隐式函数 φ 来跟踪表示的，而不是像传统方法那样用边界点的位移来进行追踪。图 3-3是两种不同方法在处理溃坝问题时的示意图。

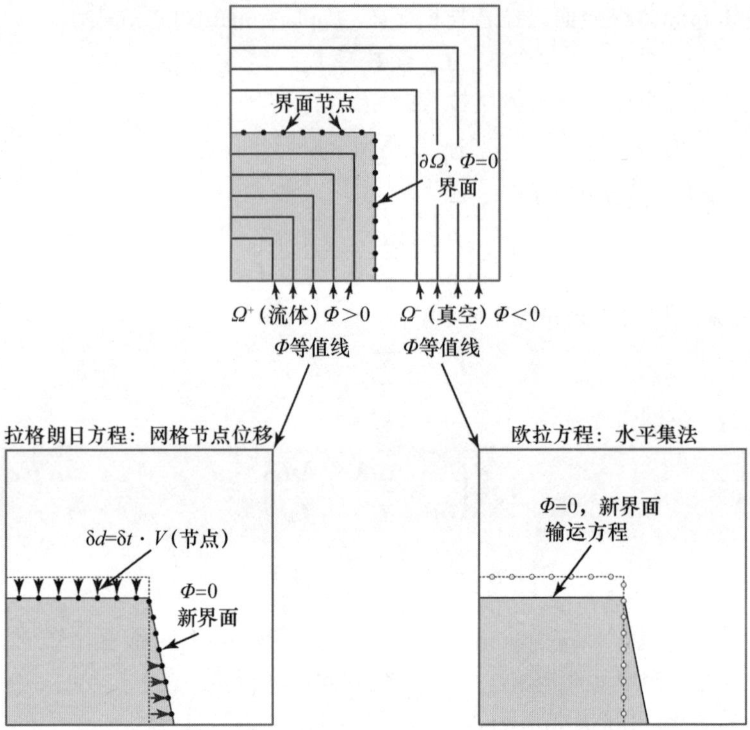

图 3-3　溃坝问题的不同自由液面处理示意图

在定义流体和真空或两种不同流体之间的界面时，传统方法是在界面上布置若干个点，并让它们随着流体的速度在网格之间运动。这种拉格朗日型的界面追踪方法在网格结构不变且网格变形不大的情形下是可行的，但即使是低速流动也可能引起界面网格的大变形，这时除非频繁地进行网格重构，否则其精度便会急速下降。而如果频繁地进行网格重构，又会大大增加计算时间和成本，同时也会降低并行计算的加速性能。为避免这些问题的出现，引入一种隐式距离函数即水平集函数(level set function)来定义其界面，即用 $\boldsymbol{\Phi}=0$ 来表示界面位置，$\boldsymbol{\Phi}$ 在界面两边分别用正负值来表示，其数值大小则表示离界面的距离远近：

$$\boldsymbol{\Phi}(x)=\min(|\boldsymbol{x}-\boldsymbol{x}_{\mathrm{I}}|)(\text{在 } \boldsymbol{\Omega}^{+} \text{ 上},\boldsymbol{x}_{\mathrm{I}}\in\partial\boldsymbol{\Omega}) \tag{3-31}$$

$$\boldsymbol{\Phi}(\boldsymbol{x})=0(\text{在 } \boldsymbol{\Omega} \text{ 上},\boldsymbol{x}_{\mathrm{I}}\in\partial\boldsymbol{\Omega}) \tag{3-32}$$

$$\boldsymbol{\Phi}(\boldsymbol{x})=-\min(|\boldsymbol{x}-\boldsymbol{x}_{\mathrm{I}}|)\ (\text{在 } \boldsymbol{\Omega}^{-} \text{ 上},\boldsymbol{x}_{\mathrm{I}}\in\partial\boldsymbol{\Omega}) \tag{3-33}$$

这样界面的演变过程变为通过求解一个简单的对流方程来实现。

3.2.1.3　湍流模型

ICFD 方法提供了雷诺平均和大涡模拟两种模型进行流体方程求解。根据所分析问题的需要，本书选用雷诺平均方程对流场进行求解，并辅以 $k-\varepsilon$ 湍流模型

对方程进行封闭,其方程为

$$\frac{\partial \rho_{w} k_{T}}{\partial t}+\frac{\partial\left(\rho_{w} k_{T} \bar{u}_{i}\right)}{\partial x_{i}}=\frac{\partial}{\partial x_{j}}\left[\left(\mu_{T}+\frac{\mu_{t}}{\sigma_{k}}\right) \frac{\partial k_{T}}{\partial x_{j}}\right]+\mu_{t} S_{T}^{2}-\rho_{w} \varepsilon_{T} \tag{3-34}$$

$$\frac{\partial \rho_{w} \varepsilon_{T}}{\partial t}+\frac{\partial\left(\rho_{w} \varepsilon_{T} \bar{u}_{i}\right)}{\partial x_{i}}=\frac{\partial}{\partial x_{j}}\left[\left(\mu_{T}+\frac{\mu_{t}}{\sigma_{\varepsilon}}\right) \frac{\partial \varepsilon_{T}}{\partial x_{j}}\right]+C_{1 \varepsilon} \frac{\varepsilon_{T}}{k_{T}} \mu_{t} S_{T}^{2}-C_{2 \varepsilon} \rho_{w} \frac{\varepsilon_{T}^{2}}{k_{T}} \tag{3-35}$$

式中:$C_{1\varepsilon}=1.44$,$C_{2\varepsilon}=1.92$,$\sigma_{\varepsilon}=\sigma_{k}=1.3$,$C_{\mu}=0.09$。

3.2.1.4　网格生成技术

网格作为数值计算中物理量的载体,其质量对结果具有直接影响。ICFD 方法提供了基于 Delaunay 准则的全自动三维体网格生成功能,这大大简化了前处理过程。在流固耦合问题的分析过程中,一旦发现有大的位移发生,计算模块便会自动进行网格重构以便初步确保网格质量。并且,在不可压缩流动的计算过程中,网格也可随流场的变化自动地调整。同时它也可以生成边界层网格,这种各向异性网格自动生成技术在需要计算流体近壁面剪切应力时变得尤为重要。

在计算过程中,只需要定义好计算域的边界面网格,ICFD 方法就能根据所定义的尺度自动生成所需要的三维体网格,生成体网格的方法有以下两种:

第一种方法:提供边界面上的全部网格信息,这些网格信息将被直接用来构建初始三维体网格。在这个过程中,采用的是线性插值方法在给定的边界网格之间进行插值,从而得到三维体网格单元,并用传统的边界面网格构成技术封闭整个流场区域。本书计算中采用该方法进行三维体网格的生成。

第二种方法:除给出边界面上的网格信息外,还可以定义某个或某几个特定区域(如长方体、球体或圆柱体等)中的局部网格单元的尺度大小,这个尺度将会在该区域生成三维体网格时作为参考值。这个特定区域无须定义得很完全,但如果定义的边界面与该区域相交,或定义的区域就是整个计算域,则定义的网格单元的尺度大小最好与给定的边界面网格大小相匹配,以便保证较好的网格质量。

3.2.2　ICFD 仿真模型验证

本书根据 Piro 和 Maki[5] 的楔形体以常速出入水的计算结果对所建立的 ICFD 计算模型进行验证。该模型如图 3-4 所示,楔形体斜升角 β_w 为 10°,楔形体龙骨(keel)到脊背(chine)的距离 $L_w=0.5$m,楔形体的横梁在龙骨和脊背处固定,其长度 $B_w=2L_w\cos\beta_w$。楔形体为钢质材料,弹性模量 $E_Y=210$GPa,密度 $\rho_s=7850\text{kg/m}^3$。

楔形体为刚体并以恒定的加速度和初始速度垂直出入水,其垂直方向的运动位移由式(3-36)确定:

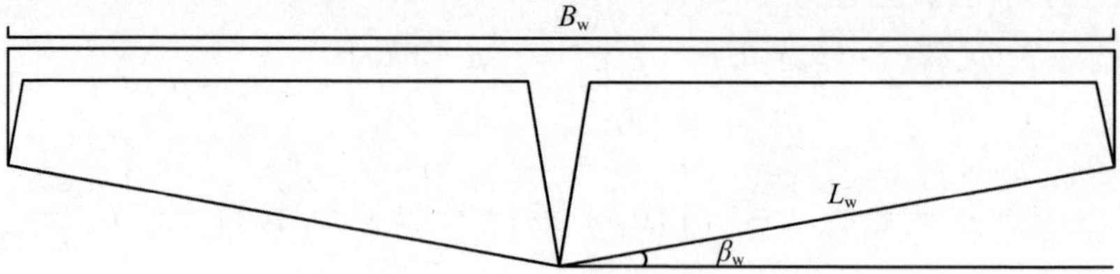

图 3-4 ICFD 数值验证模型

$$x(t) = \frac{1}{2}at^2 + v_0 t \tag{3-36}$$

式中：a 为加速度；v_0 为初速度，本书中 $v_0 = 4\text{m/s}$。

加速度 a：

$$a = 2v_0^2/(B_w \tan\beta_w) \tag{3-37}$$

楔形体出入水的冲击力 F_{impact} 按照式(3-38)进行无量纲化处理：

$$F^* = \frac{2F_{\text{impact}}}{\rho_w v_0^2 B_w} \tag{3-38}$$

式中：v_0 为冲击速度；ρ_w 为水的密度；B_w 为楔形体的横梁长度。

无量纲时间为

$$t^* = t/t_0 \tag{3-39}$$

式中：$t_0 = -v_0/a$。

图 3-5 为 ICFD 的计算结果与 Piro、Maki[5] 和 Korobkin[6] 的计算结果的对比。

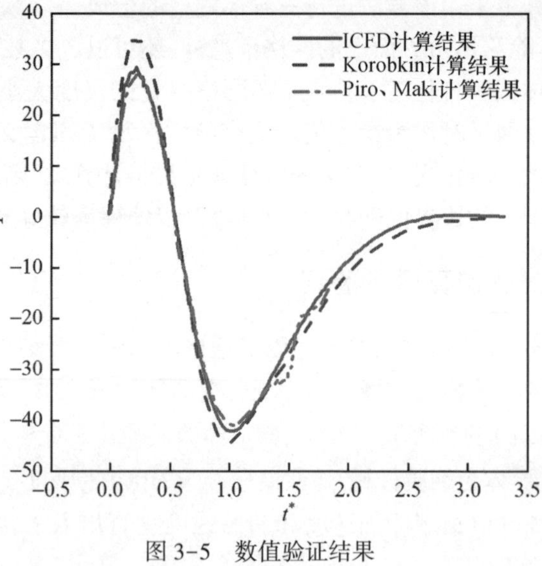

图 3-5 数值验证结果

图 3-5 中 $0<t^*<1$ 为楔形体入水阶段，$t^*>1$ 为楔形体出水阶段。从图 3-5 中可以看到，在入水阶段，ICFD 的计算结果与 Piro、Maki 的计算结果吻合较好，且均小于 Korobkin 的计算结果。在出水阶段，ICFD 模型的计算结果比 Piro、Maki 的计算结果更加平滑且更接近 Korobkin 的分析结果。这表明，本书所建立的 ICFD 模型可以较好地预测入水冲击载荷特性。

3.2.3　ICFD 计算结果分析

在本书后续分析中，将回转体入水过程中承受的冲击载荷分为轴向和法向两个分量，其中沿着模型轴向（图 2-12 中 x 轴方向）的分量称为轴向载荷，垂直于轴向（图 2-12 中 y 轴方向）载荷且处于模型纵对称面内的分量称为法向载荷。冲击载荷特性和冲击速度变化的分析基于体坐标系，回转体质心运动轨迹的分析基于地面坐标系，具体坐标系的定义见 2.2.4.2 节。回转体垂直入水时法向载荷远小于轴向载荷，因此垂直入水条件下只分析轴向载荷特性。同时，为方便结果分析对比，在对轴向载荷无量纲处理时变为正值，其余变量均不作任何处理。

基于 ICFD 方法的入水载荷特性分析主要是研究流体压缩性对回转体入水冲击载荷的影响，为此本书选择模型 a 和模型 e 两种典型模型开展研究，并将计算结果与考虑压缩性的计算结果进行对比，以期获得流体压缩性对入水冲击载荷特性的影响。

图 3-6 为模型 e 以初始速度 50m/s、入水角度 60°入水时的 ICFD 计算网格，其中（a）图为初始的面网格，（b）图为根据初始面网格参数基于 Delaunay 准则自动生成的三维体网格。

（a）初始面网格

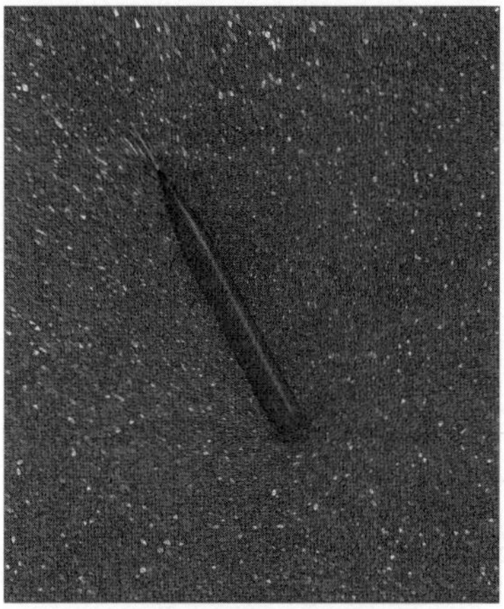

（b）自动生成的三维体网格

图 3-6　模型 e 基于 ICFD 方法的计算网格

图 3-7～图 3-10 分别为模型 a 和模型 e 以不同速度和角度入水时无量纲冲击载荷随时间的变化曲线。图中虚线为原始数据，实线为经巴特沃斯低通滤波后的数据。

从图 3-7 中可以看出，当模型 a 以初始速度 50m/s、λ 水角度 60°入水时，法向载荷在 2ms 左右达到峰值，然后载荷逐渐下降趋于一个定值；而轴向载荷达到峰值的时间约为 2.5ms，这表明斜入水时回转体轴向载荷和法向载荷都是在入水一段时间后而非在入水瞬间达到峰值，并且轴向载荷晚于法向载荷达到峰值。模型 e 斜入水也有类似的结论，如图 3-9 所示。对比图 3-8 和图 3-10 的结果可以看出，回转体在不同速度垂直入水时轴向载荷系数基本相同，但是速度越大，轴向载

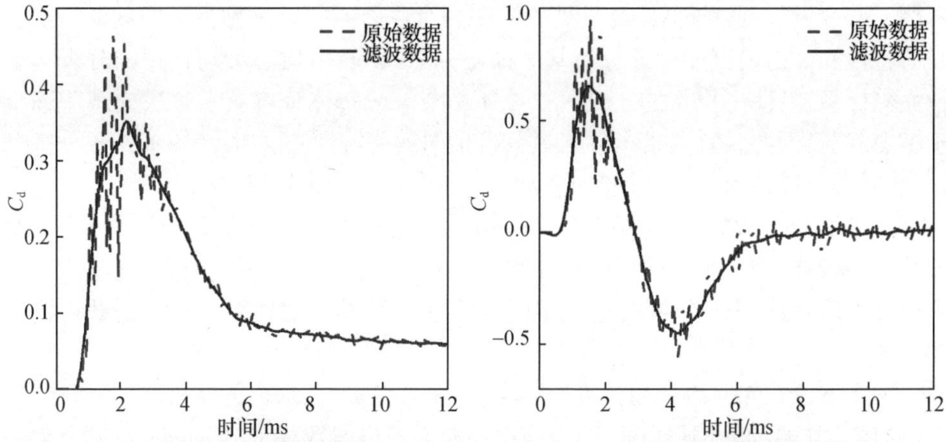

(a) 轴向冲击载荷系数　　(b) 法向冲击载荷系数

图 3-7　模型 a 以入水角度 60°、初始速度 50m/s 入水时无量纲冲击载荷曲线

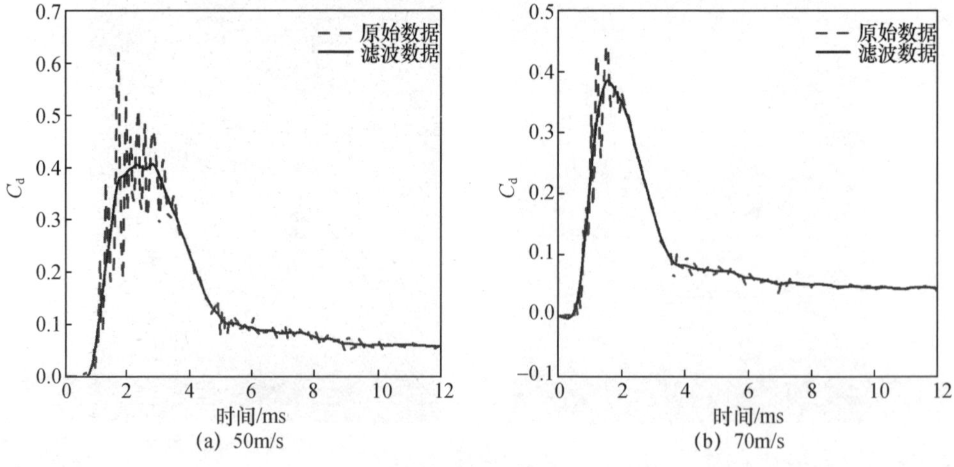

(a) 50m/s　　(b) 70m/s

图 3-8　模型 a 以不同速度垂直入水时轴向无量纲冲击载荷曲线

荷的持续时间越短。对比模型 a 和模型 e 的载荷变化曲线可以看出,相同初始条件下,头部线型对回转体入水载荷特性有很大的影响。相比模型 a,模型 e 在相同速度及角度下承受的载荷更大,但载荷峰值持续时间更短。

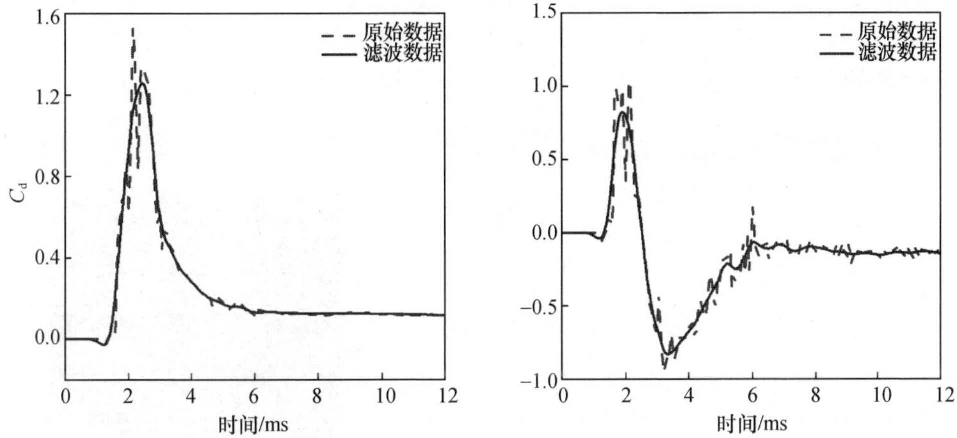

(a) 轴向冲击载荷系数　　(b) 法向冲击载荷系数

图 3-9　模型 e 以入水角度 60°、初始速度 50m/s 入水时无量纲冲击载荷曲线

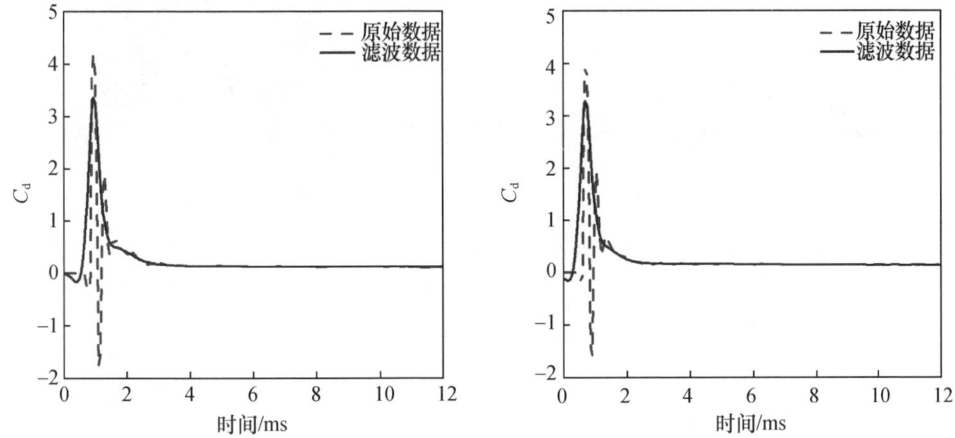

(a) 50m/s　　(b) 70m/s

图 3-10　模型 e 以不同速度垂直入水时轴向无量纲冲击载荷曲线

从以上计算结果可以看出,回转体的头部线型、入水速度及入水角度等初始条件对回转体入水载荷特性均有较大影响,下面具体介绍回转体入水冲击载荷特性随上述因素的变化规律。

3.2.4 任意拉格朗日-欧拉(ALE)方法仿真模型验证

利用张效慈等[7]的试验数据对本书基于 ALE 方法所建立的入水冲击载荷数值模型进行验证。该模型如图 3-11 所示,模型为钢质材料,壁厚为 4mm,其余尺寸见图中所示,自重为 25.5kg。在试验中分别测量模型头部圆平板中心 P_1 及 2/5 半径 P_2 处的压力。

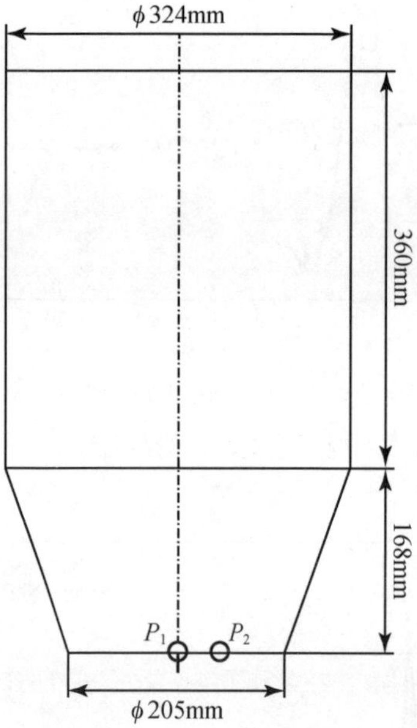

图 3-11 数值验证模型及其计算网格

图 3-12 为模型从 1m 高度处下落(对应的入水速度 $v_0=4.43\text{m/s}$)时 P_1 和 P_2 的压力试验曲线,图 3-13 为仿真计算的结果。对比试验和仿真结果可以看出,仿真与试验结果吻合较好。

(a) P_1

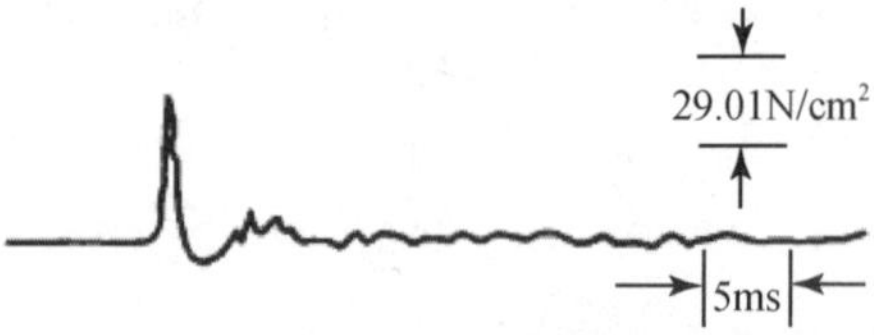

(b) P_2

图 3-12 试验测试结果

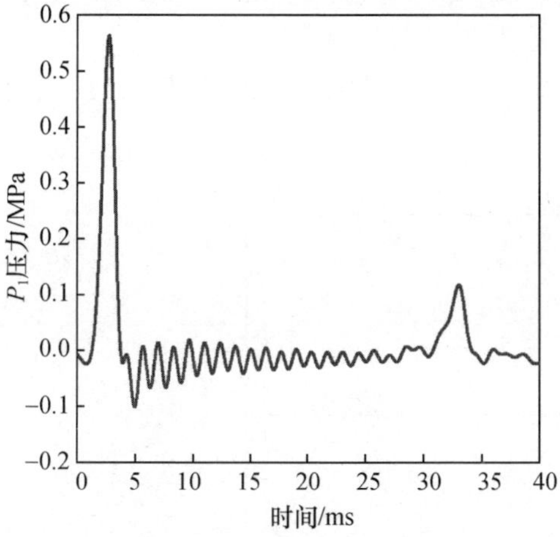

(a) P_1

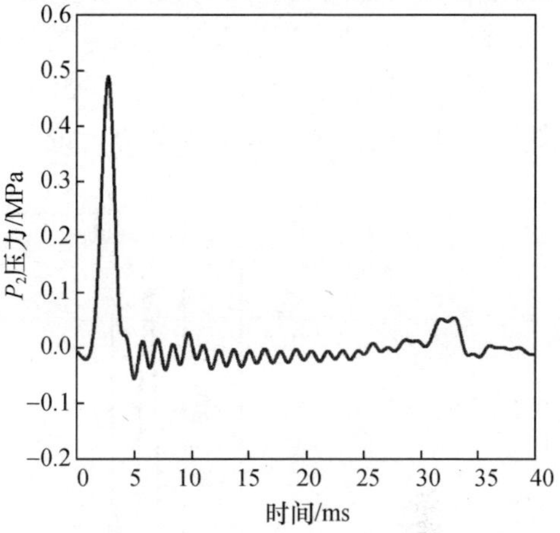

(b) P_2

图 3-13　ALE 方法数值计算结果

表 3-2 为压力峰值的试验值与仿真值的对比。为便于比较，本书将试验值和仿真值的单位统一转换为帕斯卡进行比较。从表 3-2 中可以看出，仿真结果与试验结果总体吻合较好，表明可依据本书所建立的 ALE 模型开展回转体入水冲击载荷特性分析。

表 3-2　试验值与仿真值对比

速度 v_0/(m/s)	4.43		7.0	
位置	P_1	P_2	P_1	P_2
试验值/Pa	608992.97	533481.76	872791.85	780609.34
仿真值/Pa	563410.00	488290.00	808480.00	711930.00
相对误差/%	7.48	8.47	7.37	8.80

注：相对误差 = | 试验值−仿真值 |/试验值×100%。

3.2.5　入水冲击载荷现象描述

本书主要关注的是回转体入水初期的冲击力，是指回转体入水时其头部沾水及稍后一个短暂时间内作用在回转体上的力。在这个阶段流体受到回转体的冲击力作用产生压缩波，同时回转体在流体介质反作用力下将会产生结构功能性响应。

不管是激励要素，还是响应要素，充分描述冲击时域特性的指标为峰值、峰值脉宽和波形，其中峰值脉宽是指冲击脉冲的运动量上升到某一设定峰值的分数值（通常取峰值的 10%为设定值）和下降到该值的时间间隔。通过上述三个特征参数，结合回转体的质量及有关力学参数，即可知道回转体入水过程中的最大冲击力、冲击能量、冲击速度及冲击信号的频率范围和分布情况[8]。

图 3-14 是模型 d 以初始速度 50m/s 垂直入水时无量纲轴向载荷曲线，以该图为例对上面涉及的相关参数进行说明。

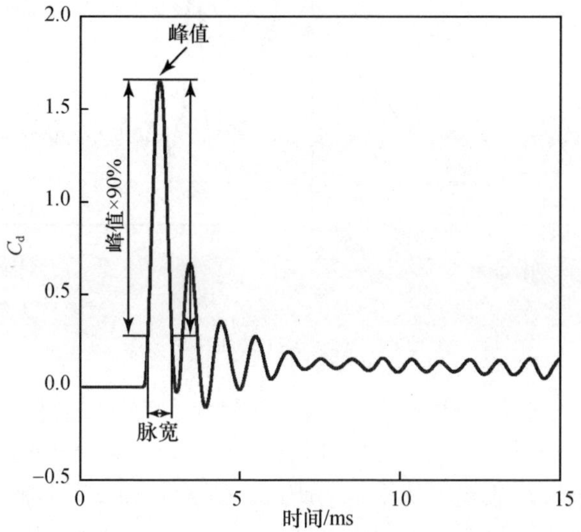

图 3-14　模型 d 以初始速度 50m/s 垂直入水时无量纲轴向载荷曲线

由图 3-14 可知，回转体在入水后短暂的时间内（1ms 左右）轴向载荷由 0 增加到第一个峰值，然后迅速下降到 0 附近，之后逐渐振荡衰减趋于一个稳定值。结合回转体的入水过程可知，第一个波形对应其入水过程受到的冲击载荷，该波形为典型的半正弦冲击信号，峰值为 1.67，取峰值的 10%为设定值，所对应的峰值脉宽为 0.79ms。根据这些信息结合回转体的质量及相关初始参数，可求得回转体在该初始条件下入水时所遭受的最大入水过载约为 663g（g 为重力速度）。

图 3-15 为 5 种回转体模型以初始速度 50m/s 垂直入水时无量纲轴向载荷曲线。从图中可以看到 5 种模型在入水过程中的冲击载荷具有相似的变化规律：在触水瞬间，5 种模型的轴向载荷急剧增加，在几毫秒内达到峰值；之后迅速下降，并在 0 附近振荡衰减，最终趋于一个稳定的数值，表明回转体在垂直入水过程中承受的最大载荷发生在回转体入水后的几毫秒内。同时，5 种模型的入水冲击载荷曲线均为典型的半正弦脉冲波形，但不同模型的载荷曲线具有不同的峰值及脉宽。进一步分析可知，回转体头部半球角越大，回转体承受的载荷越大。模型 a 的头部半球角为 0°，其受到的载荷峰值系数为 0.39；而同样条件下头部半球角为 180°的模型 e 受到的载荷峰值系数为 3.15，大约为模型 a 的 8 倍。

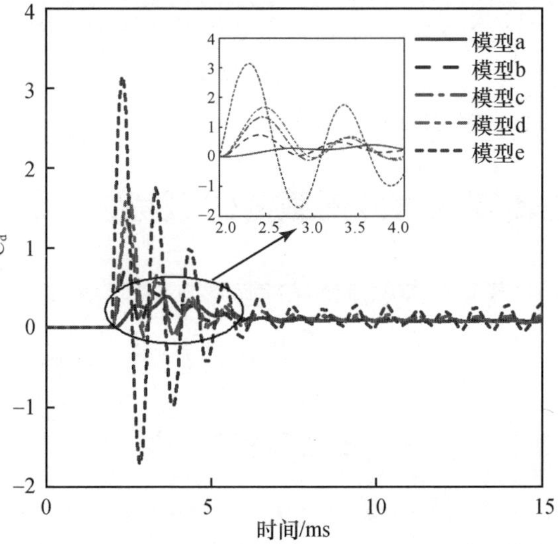

图 3-15　5 种模型以初始速度 50m/s 垂直入水时无量纲轴向载荷系数曲线

图 3-16 为 5 种模型以初始速度 50m/s、60°角斜入水时无量纲轴向和法向载荷系数随时间的变化曲线。斜入水时回转体受到的轴向及法向载荷曲线与垂直入水时载荷曲线特性相似，也呈现半正弦脉冲波形，但是在峰值及脉宽方面与垂直入水有较大差异。后续分析中会进一步研究这些初始条件对冲击载荷峰值及脉宽的影响。

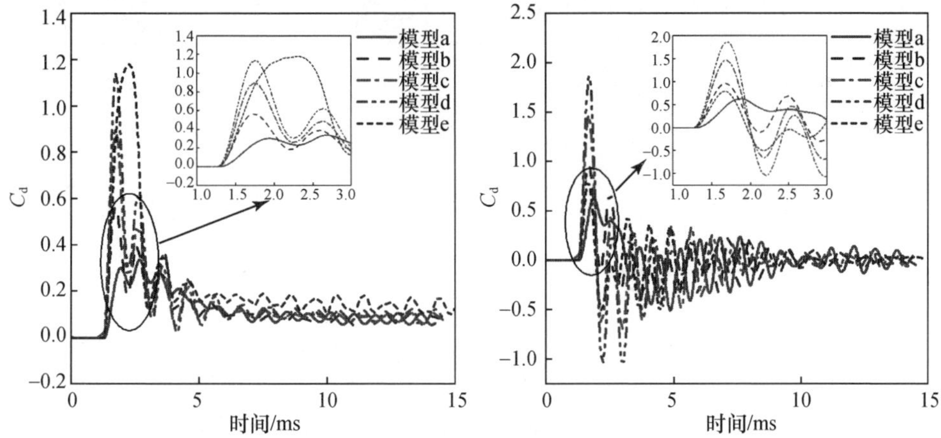

(a) 轴向载荷　　(b) 法向载荷

图 3-16　5 种模型以初始速度 50m/s、60°角斜入水时无量纲载荷系数曲线

从图 3-15 和图 3-16 中可知,回转体在不同初始条件入水时载荷时域特性具有相似性,均为半正弦脉冲波形,但是初始条件对载荷的峰值及脉宽影响较大。为此,下面从不同角度研究初始条件对回转体载荷的峰值及脉宽特性的影响规律,为回转体在不同条件下入水结构响应的研究提供基础。

3.3 回转体入水冲击载荷时域特性

本节在 3.2 节的基础上考虑流体压缩性影响,基于 ALE 方法介绍回转体的头部线型、壳体厚度、初始入水速度、入水角度及入水攻角对回转体入水冲击载荷时域特性的影响。

3.3.1 压缩性对入水冲击载荷特性的影响

表 3-3 为模型 a 以不同初始条件入水时冲击载荷峰值系数和峰值脉宽的 ICFD 与 ALE 计算结果对比。由表 3-3 可知,回转体以初始速度 50m/s、60°角斜入水时 ICFD 计算的轴向冲击载荷峰值系数为 0.351、峰值脉宽为 3.40ms,法向冲击载荷峰值系数为 0.654、峰值脉宽为 2.00ms;ALE 计算的轴向冲击载荷峰值系数为 0.35、峰值脉宽为 2.40ms,法向冲击载荷峰值系数为 0.626、峰值脉宽为 0.90ms,计算结果表明考虑流体压缩性时的冲击载荷小于忽略流体压缩性时的冲击载荷。

表 3-3 模型 a 以不同初始条件入水时冲击载荷峰值系数和峰值脉宽的 ICFD 与 ALE 计算结果对比

方法及误差	入水角度 60°、初始速度 50m/s				入水角度 90°、初始速度 50m/s		入水角度 90°、初始速度 70m/s	
	轴向冲击载荷峰值系数	轴向冲击载荷峰值脉宽/ms	法向冲击载荷峰值系数	法向冲击载荷峰值脉宽/ms	轴向冲击载荷峰值系数	轴向冲击载荷峰值脉宽/ms	轴向冲击载荷峰值系数	轴向冲击载荷峰值脉宽/ms
ICFD	0.351	3.40	0.654	2.00	0.406	3.10	0.385	2.40
ALE	0.335	2.40	0.626	0.90	0.385	2.10	0.357	1.90
误差/%	4.78	—	4.47	—	5.45	—	7.84	—

注:相对误差 = | ICFD−ALE |/ALE×100%。

回转体垂直入水时流体压缩性对冲击载荷的影响与斜入水时的影响规律相似,但不同角度入水时流体压缩性对冲击载荷的影响不同。当入水速度相同时,斜入水时的相对误差为 4.78%,而垂直入水时相对误差为 5.45%,表明流体压缩性在垂直入水过程的影响大于斜入水。同时可以看出,回转体以初始速度 50m/s 入水时两种条件下的相对误差为 5.45%;而以初始速度 70m/s 入水时相对误差为 7.84%,比初始速度为 50m/s 时增加了 2.39%。这表明回转体入水速度越大,流体的压缩性对入水载荷特性的影响越显著。

表 3-4 为模型 e 以不同初始条件入水时冲击载荷峰值系数和峰值脉宽的 ICFD 与 ALE 计算结果对比。分析表中数据可知,流体压缩性对模型 e 入水冲击载荷的影响与对模型 a 入水冲击载荷的影响具有类似的结论。

表 3-4　模型 e 以不同初始条件入水时冲击载荷峰值系数和峰值脉宽的 ICFD 与 ALE 计算结果对比

方法及误差	入水角度 60°、初始速度 50m/s				入水角度 90°、初始速度 50m/s		入水角度 90°、初始速度 70m/s	
	轴向冲击载荷峰值系数	轴向冲击载荷峰值脉宽	法向冲击载荷峰值系数	法向冲击载荷峰值脉宽	轴向冲击载荷峰值系数	轴向冲击载荷峰值脉宽	轴向冲击载荷峰值系数	轴向冲击载荷峰值脉宽
ICFD	1. 257	1. 95ms	0. 823	1. 05ms	3. 354	1. 35ms	3. 274	0. 85ms
ALE	1. 182	1. 60ms	0. 788	0. 58ms	3. 146	0. 58ms	3. 027	0. 54ms
误差	6. 35%	—	4. 44%	—	6. 61%	—	8. 16%	—

注:相对误差 = | ICFD-ALE |/ALE×100%。

对比分析表 3-3 和表 3-4 中的数据可知,相同入水条件下,流体压缩性对模型 e 入水冲击载荷的影响大于对模型 a 入水冲击载荷的影响。这主要是因为模型 e 的头部半球角为 180°,前端面为一个平面,在入水过程中,回转体前端与自由液面之间的空气来不及逃逸,被回转体挤压到水面,从而在回转体头部与水面之间形成空气垫;模型 a 的头部半球角为 0°,前端面为一个点,在回转体入水过程中难以形成空气垫,因此,流体压缩性对模型 e 冲击载荷的影响大于对模型 a 冲击载荷的影响。

由上述分析可知,在本书所研究的速度范围内,不论是否计及流体压缩性,冲击载荷峰值相对误差均小于 10%,这在工程应用中可忽略不计。但是为更加真实地反映回转体入水过程中的载荷特性,本书在后续研究中均考虑流体压缩性的影响。

3. 3. 2　头部线型对入水冲击载荷特性的影响

图 3-17 为 5 种模型以不同初始速度(30~70m/s)垂直入水时轴向冲击载荷峰值系数及峰值脉宽变化曲线。其中,实线为不同模型轴向冲击载荷峰值的变化曲线,虚线为峰值脉宽的变化曲线。从图中可以看出,回转体以不同速度垂直入水时 5 种模型的轴向冲击载荷峰值系数及脉宽变化趋势相同。当入水速度相同时,回转体的轴向冲击载荷峰值随回转体头部半球角的增大而逐渐增加,其中模型 a~模型 d 的轴向冲击载荷峰值系数基本呈线性增加,而模型 e 的轴向冲击载荷峰值系数远大于其他 4 种模型。峰值脉宽则呈现与峰值系数相反的变化规律,即随回转体头部半球角的增加而逐渐减小。模型 a 的轴向冲击载荷峰值脉宽最大,基本在 2ms 以上;模型 b、模型 c 和模型 d 具有基本相等的峰值脉宽,约为 0. 76ms;模

型 e 的峰值脉宽最小,约为 0.58ms。计算结果表明,在相同初始条件垂直入水时,模型 e 轴向冲击载荷峰值最大且变化最剧烈,模型 a 轴向冲击载荷峰值最小且变化趋势最平稳。模型 e 相对于其他 4 种模型更易发生结构断裂、损坏等情形,在实际使用过程中需要采取合理的措施对其结构进行保护。

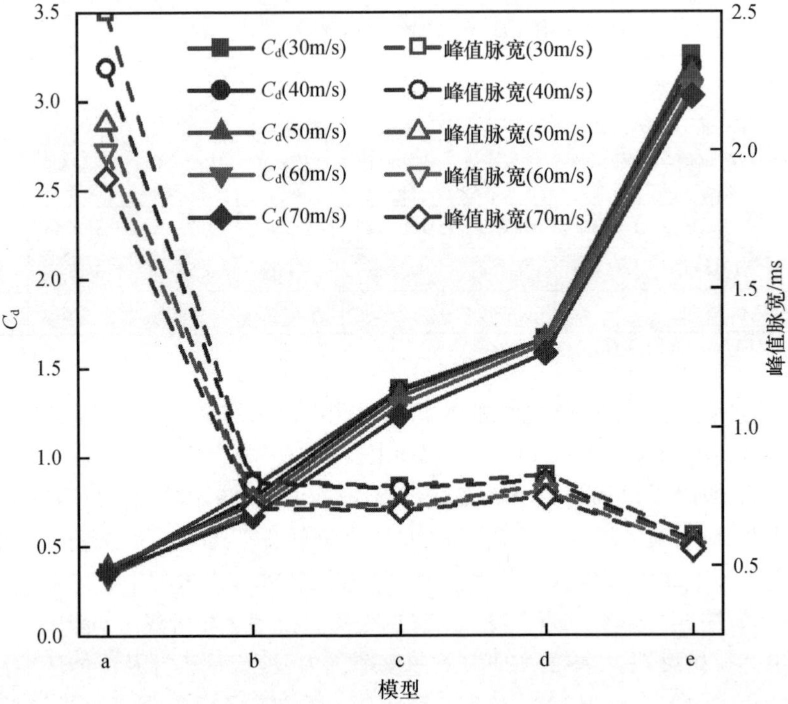

图 3-17　5 种模型以不同初始速度(30~70m/s)垂直入水时轴向冲击载荷峰值系数及峰值脉宽变化曲线

图 3-18 为 5 种模型以不同初始速度(30~70m/s)、60°角斜入水时轴向和法向冲击载荷峰值系数及峰值脉宽变化曲线。

从图 3-18(a)中可看出,60°角斜入水时回转体的轴向冲击载荷峰值系数随模型半球角的增加而呈线性单调增加的趋势;而轴向峰值脉宽呈先减小后增加的趋势。由于不同速度下的变化规律相同,以入水速度为 50m/s 的结果为例进行定量描述,在该条件下入水时模型 a 的轴向冲击载荷峰值系数为 0.34,峰值脉宽为 2.4ms;模型 b 的轴向冲击载荷峰值系数为 0.56,峰值脉宽为 0.83ms;模型 c 的轴向冲击载荷峰值系数为 0.9,峰值脉宽为 0.83ms;模型 d 的轴向冲击载荷峰值系数为 1.14,峰值脉宽为 0.84ms;模型 e 的轴向冲击载荷峰值系数为 1.18,峰值脉宽为 1.6ms。

由图 3-18(b)可知,60°角斜入水时模型 a~模型 d 的法向载荷峰值系数随模型头部半球角的增加而增大;5 种模型的法向载荷峰值脉宽随半球角的增加而减小。以初始速度为 50m/s 的结果为例,该条件下入水时模型 a 的法向冲击载荷峰值系数为 0.63,峰值脉宽为 0.9ms;模型 b 的法向冲击载荷峰值系数为 0.96,峰值脉宽为 0.63ms;模型 c 的法向冲击载荷峰值系数为 1.47,峰值脉宽为 0.61ms;模型 d 的法向冲击载荷峰值系数为 1.86,峰值脉宽为 0.62ms;模型 e 的法向冲击载荷峰值系数为 0.79,峰值脉宽为 0.58ms。

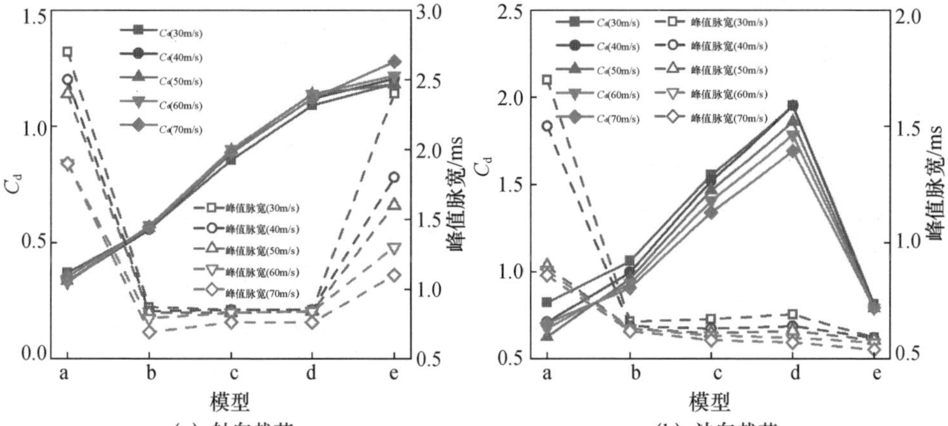

(a) 轴向载荷　　(b) 法向载荷

图 3-18　5 种模型以不同初始速度(30~70m/s)、60°角斜入水时轴向和法向冲击载荷峰值系数及峰值脉宽变化曲线

同时对比图 3-18(a)与(b)的结果可知:在 60°角斜入水时,模型 a~模型 d 的法向冲击载荷峰值系数大于轴向冲击载荷峰值系数;模型 e 的法向冲击载荷峰值系数小于轴向冲击载荷峰值系数。出现这种现象的原因是回转体承受的入水冲击载荷与沾湿面积及头部形状有关。作用于回转体表面的载荷垂直于表面上每一点的切线,对于前 4 种模型载荷主要作用于回转体头部下部沾湿面,合力的作用方向主要沿着模型的法向,使法向冲击载荷大于轴向冲击载荷,如图 3-19(a)所示;而对于模型 e,由于其头部平端面的存在,合力的作用方向主要沿着模型轴向,使轴向冲击载荷大于法向冲击载荷,如图 3-19(b)所示。

图 3-20(a)为 5 种模型以初始速度 50m/s、60°角斜入水时速度变化曲线。从图中可以看出,5 种模型在接触水面瞬间速度均有一个显著的下降过程,且模型头部半球角越大,速度的下降趋势越剧烈;下降趋势的剧烈程度反映回转体承受的冲击载荷的大小,变化趋势越剧烈所对应的入水冲击载荷也越大。随着入水深度的增加,速度曲线基本以直线形式下降,表明随着入水深度的增加,回转体受到的入水阻力趋于稳定,因此其加速度趋于一个稳定值。

图 3-20(b)为 5 种模型以初始速度 50m/s、60°角斜入水时质心运动轨迹。为说明回转体头部线型对质心运动轨迹稳定性的影响,图中给出了 60°角所对应的理想运动轨迹作为参考。从图中可以看出,5 种模型的质心运动轨迹基本保持一致,但是不同模型的轨迹偏离理想轨迹的距离不同。模型 a 和模型 b 偏离理想轨迹距离最远,模型 c、模型 d 和模型 e 三者的轨迹基本重合且偏离理想轨迹距离较小。这表明,回转体的头部线型对回转体入水弹道的稳定性有影响,模型头部半球角越小,入水弹道越容易发生变化。

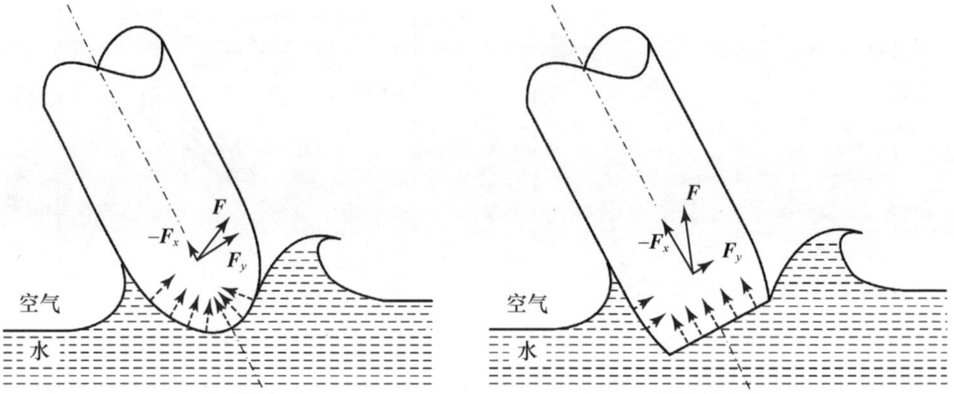

(a) 模型b　　(b) 模型e

图 3-19　回转体入水冲击载荷示意图

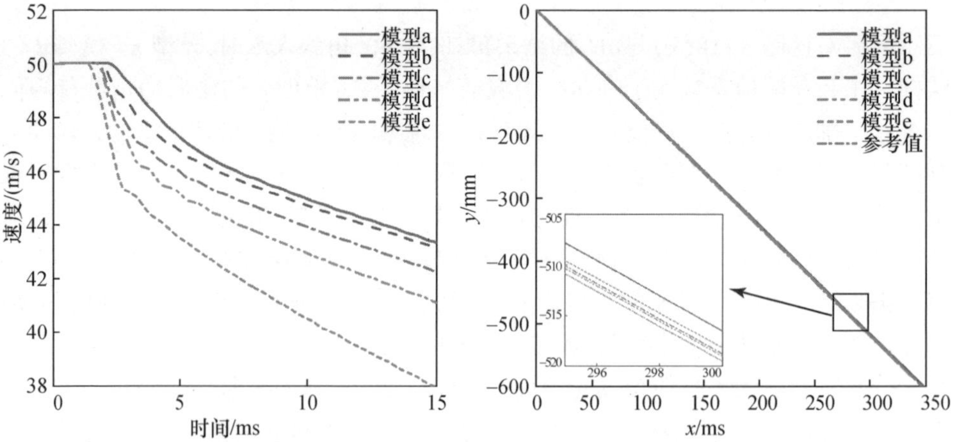

(a) 速度变化曲线　　(b) 质心运动轨迹

图 3-20　5 种模型以初始速度 50m/s、60°角斜入水时速度变化曲线及质心运动轨迹

从上述结果可知,回转体的头部线型对入水冲击载荷特性及其运动有较大影响,头部半球角越大所承受的冲击载荷也越大,尤其是头部有平端面的模型所承受

的冲击载荷为其他模型的数倍,在实际应用中需要根据实际要求设计合理的头部线型,以实现减小入水过载的同时可以保证较为稳定的入水弹道。

3.3.3　壳体厚度对入水冲击载荷特性的影响

回转体壳体作为主要的承受载荷结构,为研究壳体厚度对回转体入水冲击载荷特性的影响,本书中分别以模型a和模型e为研究对象,开展了不同壳体厚度(4mm、6mm和8mm)回转体在不同入水条件的冲击载荷特性研究。

图3-21为模型a和模型e以初始速度50m/s垂直入水时,不同壳体厚度回转体轴向冲击载荷峰值系数及峰值脉宽变化曲线。图3-22和图3-23分别为模型a和模型e以初始速度50m/s、60°角斜入水时,不同壳体厚度回转体轴向和法向冲击载荷峰值系数及峰值脉宽变化曲线。

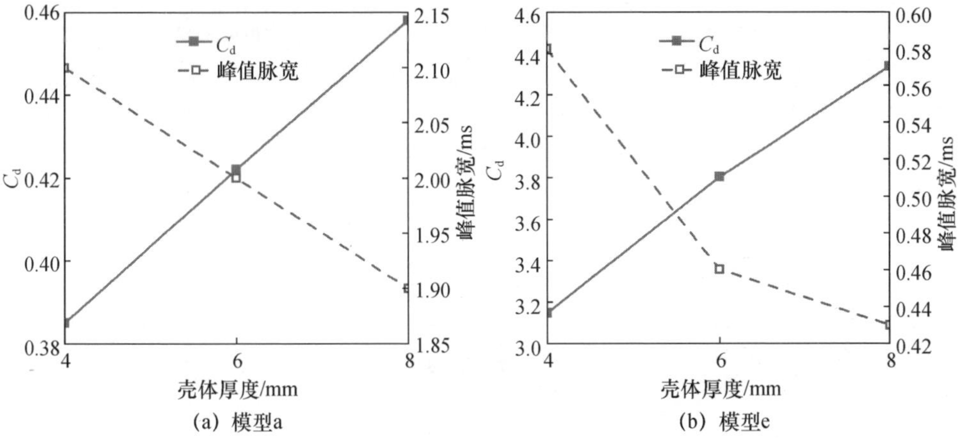

图3-21　不同壁厚模型以初始速度50m/s垂直入水轴向冲击载荷峰值系数及峰值脉宽变化曲线

由上述结果可知,随着回转体壳体厚度的增加,回转体的冲击载荷峰值增加,同时峰值脉宽下降。当入水条件相同时,回转体壳体厚度越厚,其质量越大,入水时具有的初始动能越大,入水过程中传递给水的能量也越大,在流体的反作用力下回转体的载荷变化也越剧烈,因此,在相同时间内承受的冲击载荷越大脉宽越小。

3.3.4　初始速度对入水冲击载荷特性的影响

为研究初始速度对回转体入水冲击载荷特性的影响,分别计算了5种模型以不同初始速度(30~70m/s)垂直入水和斜入水时的冲击载荷。图3-24为5

种模型垂直入水时轴向冲击载荷峰值系数及峰值脉宽随速度变化的曲线。其中,图 3-24(a)为轴向冲击载荷峰值系数变化曲线,标记为数值计算结果,线条为线性拟合结果。

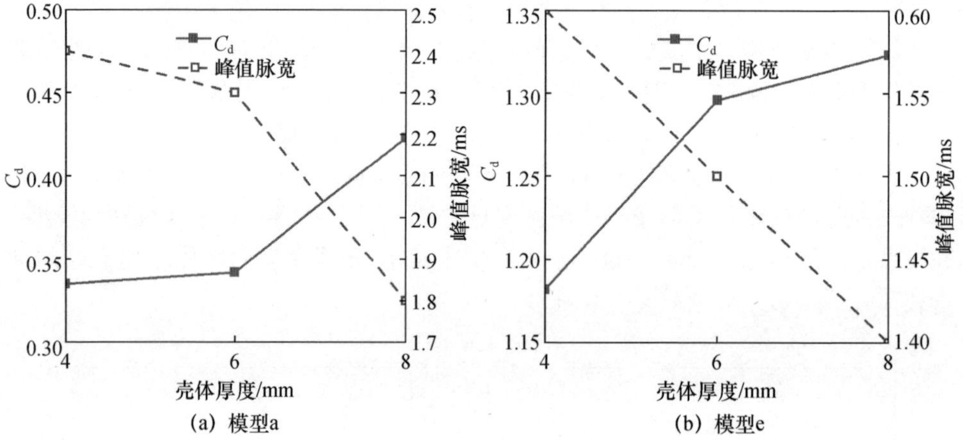

图 3-22　不同壁厚模型以初始速度 50m/s、60°角斜入水轴向冲击载荷峰值系数及峰值脉宽变化曲线

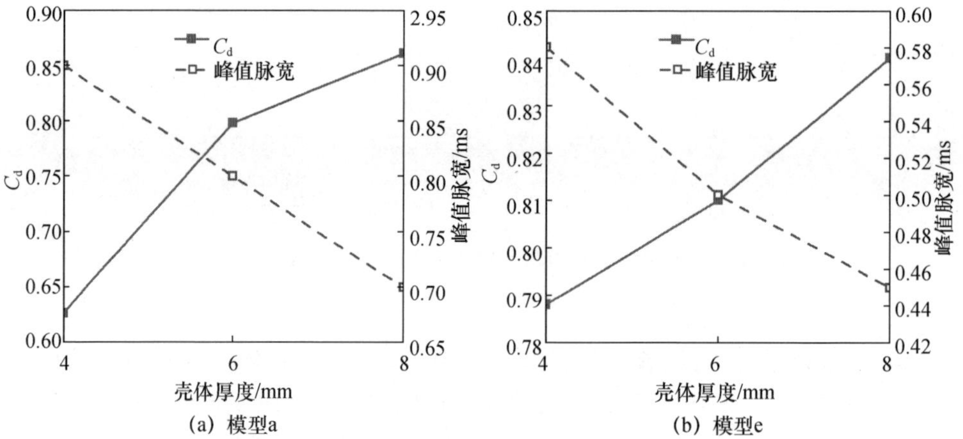

图 3-23　不同壁厚模型以初始速度 50m/s、60°角斜入水法向冲击载荷峰值系数及峰值脉宽变化曲线

由峰值系数变化曲线可知,5 种模型的轴向冲击载荷峰值系数随速度的变化基本保持不变,结合冲击载荷峰值系数可知,回转体在入水过程中承受的最大冲击载荷与速度的二次方成正比。同时,冲击载荷峰值系数曲线图直观地给出了 5 种模型的轴向冲击载荷峰值水平。模型 a 的平均峰值系数为 0.36,模型 b 的平均峰

值系数为 0.74,模型 c 的平均峰值系数为 1.33,模型 d 的平均峰值系数为 1.64,模型 e 的平均峰值系数为 3.14。

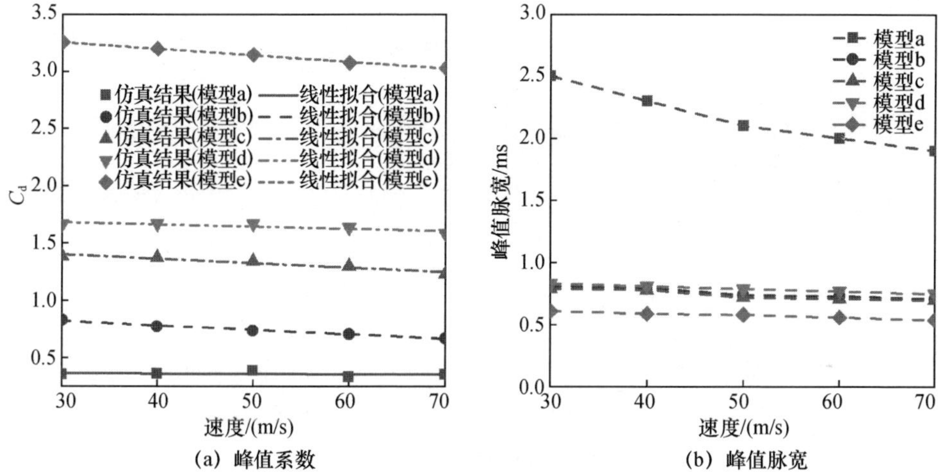

图 3-24　5 种模型不同初始速度垂直入水时轴向冲击载荷峰值系数及峰值脉宽变化曲线

从峰值脉宽变化曲线可以看出,随着入水速度的增加,同一模型的峰值脉宽逐渐减小。模型 a 的峰值脉宽最大,平均脉宽为 2.16ms;模型 e 的峰值脉宽最小,平均脉宽为 0.58ms;模型 b、模型 c 和模型 d 的峰值脉宽基本相同,为 0.75ms 左右。

图 3-25 为不同初始速度下 60°角斜入水时 5 种模型轴向冲击载荷峰值系数(标记为数值计算结果,线条为线性拟合结果)及峰值脉宽变化曲线。由冲击载荷峰值系数变化曲线可知,其变化趋势与垂直入水时轴向冲击载荷峰值系数变化规律相同,只是峰值大小不同。斜入水时峰值脉宽总体变化趋势与垂直入水时变化趋势一致,即入水速度越高峰值脉宽越小。但是也存在不一样的部分,主要体现模型 e 上。垂直入水时,模型 e 的轴向冲击载荷峰值脉宽最小;而在斜入水时,模型 e 的轴向冲击载荷峰值脉宽略小于模型 a 的轴向冲击载荷峰值脉宽,却大于模型 b、模型 c 和模型 d 的轴向冲击载荷峰值脉宽。

图 3-26 为不同初始速度下 60°角斜入水时 5 种模型法向冲击载荷峰值系数(标记为数值计算结果,线条为线性拟合结果)及峰值脉宽变化曲线。由法向冲击载荷峰值系数变化曲线可知,随着入水速度的增加,模型的法向冲击载荷峰值系数呈直线,且变化范围较小,表明法向冲击载荷峰值与速度的二次方近似成比例关系。由峰值脉宽的计算结果可知,入水速度越大,对应的峰值脉宽越小。

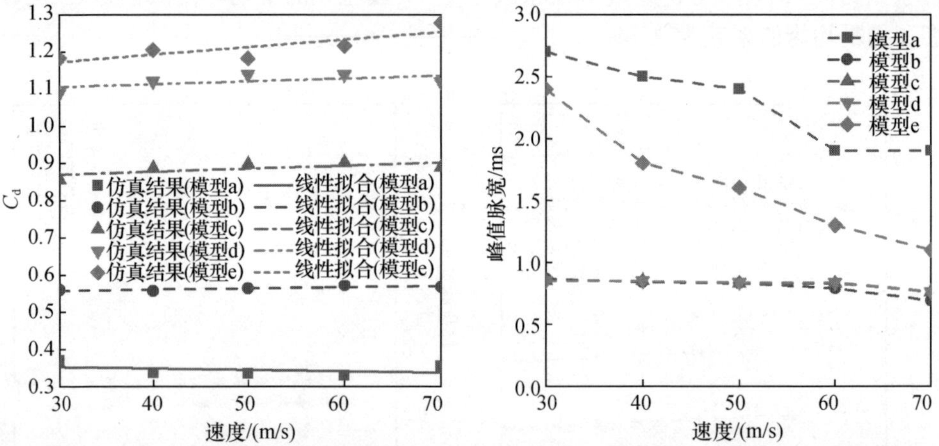

(a) 峰值系数　　(b) 峰值脉宽

图 3-25　不同初始速度下 60°角斜入水时 5 种模型轴向冲击载荷峰值系数及峰值脉宽变化曲线

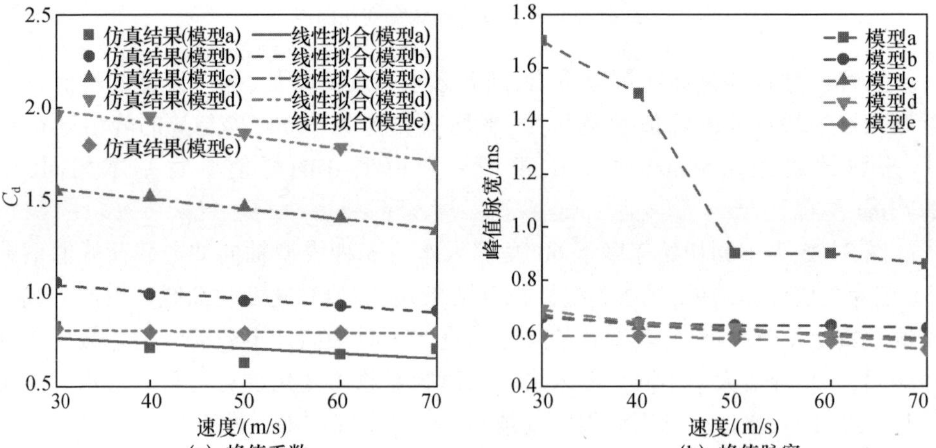

(a) 峰值系数　　(b) 峰值脉宽

图 3-26　不同初始速度下 60°角斜入水时 5 种模型法向冲击载荷峰值系数及峰值脉宽变化曲线

由上述分析结果可知，回转体的入水载荷与入水速度的二次方近似成正比关系，同时随着入水初始速度的增加，其对应的峰值脉宽减小。

3.3.5　初始角度对入水冲击载荷特性的影响

垂直入水是回转体入水过程中最恶劣的工况，但在回转体实际入水时，一般会带有一定的角度，而且根据发射条件以及使用条件的限制，回转体的入水角度也会有所不同。为此，计算分析了 5 种模型在入水初始速度为 50m/s、不同入水角度（50°、60°、70°、80°和 90°）下的冲击载荷。

图 3-27 为不同角度入水时轴向冲击载荷峰值系数（标记为数值计算结果，线条为二次多项式拟合结果）及峰值脉宽变化曲线。由轴向冲击载荷峰值系数变化曲线可知，5 种模型的轴向冲击载荷随入水角度的增加而增加。对模型 a、模型 b、模型 c 和模型 d 而言，当入水角度小于 80°时，轴向冲击载荷峰值系数增加趋势较快；当入水角度大于 80°时，其增加趋势变得平缓。对于模型 e，当入水角度大于 60°时，其轴向冲击载荷峰值系数快速增加。在入水角度为 60°时，模型 e 的轴向冲击载荷峰值系数与模型 d 的基本相等；但是在入水角度为 90°时，模型 e 的轴向冲击载荷峰值系数为 3.15，几乎是模型 d 的轴向冲击载荷峰值系数（1.67）的 2 倍。通过数据拟合发现，同一模型轴向冲击载荷峰值系数与入水角度的二次方成正比。

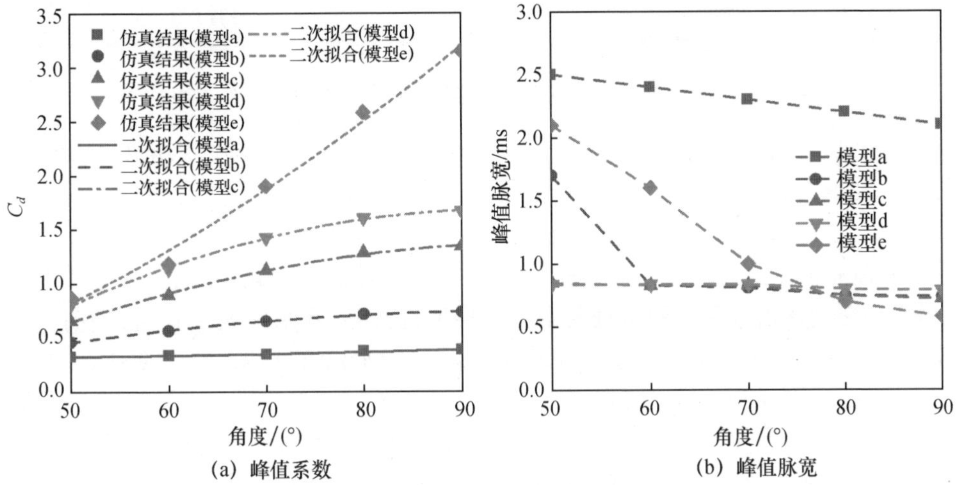

图 3-27　不同角度入水时轴向冲击载荷峰值系数及峰值脉宽变化曲线

由峰值脉宽变化曲线可知，峰值脉宽随入水角度的增加逐渐减小。除模型 e 的峰值脉宽变化幅度较大外，其余 4 种模型的峰值脉宽变化较为平稳。这表明，模型 e 的载荷特性对入水角度的变化较为敏感。

图 3-28 为不同角度入水时法向冲击载荷峰值系数（标记为数值计算结果，线条为二次多项式拟合结果）及峰值脉宽变化曲线。由于入水角度为 90°即垂直入水时法向冲击载荷基本为 0，分析中予以忽略，故所分析法向冲击载荷时入水角度的变化范围为 50°～80°。从法向冲击载荷峰值系数变化曲线中可以看出，随着入水角度的增加，回转体的法向冲击载荷迅速减小；数据拟合结果表明，法向冲击载

荷峰值系数与入水角度的二次方成反比。从法向冲击载荷峰值脉宽变化曲线中可以看出,随着入水角度的增加,峰值脉宽逐渐降低。

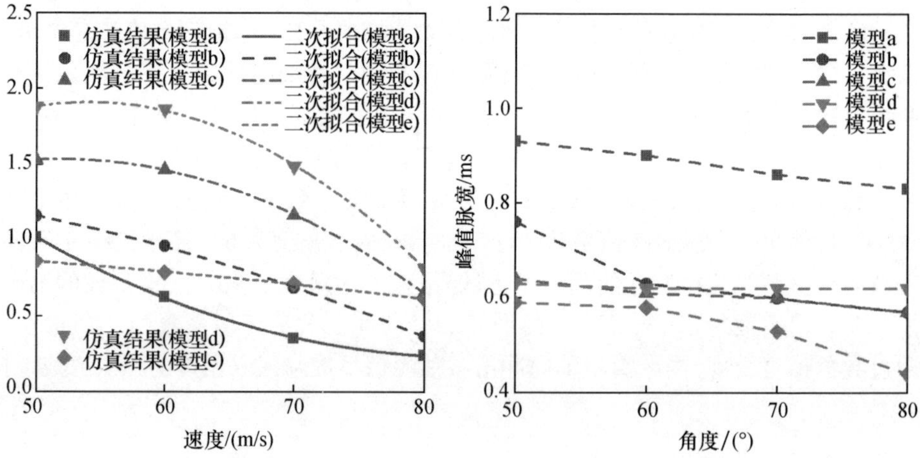

图 3-28 不同角度入水时法向冲击载荷峰值系数及峰值脉宽变化曲线

进一步对比分析轴向冲击载荷峰值及法向冲击载荷峰值随入水角度的变化趋势可以发现,在入水角度小于 70°时,模型 a、模型 b、模型 c 和模型 d 的法向冲击载荷峰值大于轴向冲击载荷峰值;入水角度大于 80°时,法向冲击载荷峰值小于轴向冲击载荷峰值。这说明,在 70°~80°之间存在一个临界入水角度 θ',当入水角度小于 θ'时,法向冲击载荷在模型载荷中占主导地位;当入水角度大于 θ'时,轴向冲击载荷在模型载荷中占主导地位。而对模型 e,当入水角度在 50°~90°变化之间时,均为轴向冲击载荷占主导地位。

图 3-29 和图 3-30 分别给出了模型 a 和模型 e 在不同角度入水时速度变化曲线及质心运动轨迹。从图中可以看出,对同一模型而言,不同入水角度下其速度变化趋势基本一致。但是随着入水角度的减小,模型质心运动轨迹上翘的趋势增大,并且随时间的推移很有可能出现忽扑现象,但这不是本书的研究重点。

由轴向和法向冲击载荷峰值系数的变化规律可知,不同角度入水时,回转体的冲击载荷峰值与入水角度的二次方近似成比例关系。随着入水角度逐渐增大,轴向冲击载荷在总载荷中所占比例增加,相应地,法向冲击载荷所占比例减少。

3.3.6 初始攻角对入水冲击载荷特性的影响

回转体空投入水过程中由于空中姿态的变化,使回转体经常出现带攻角入水

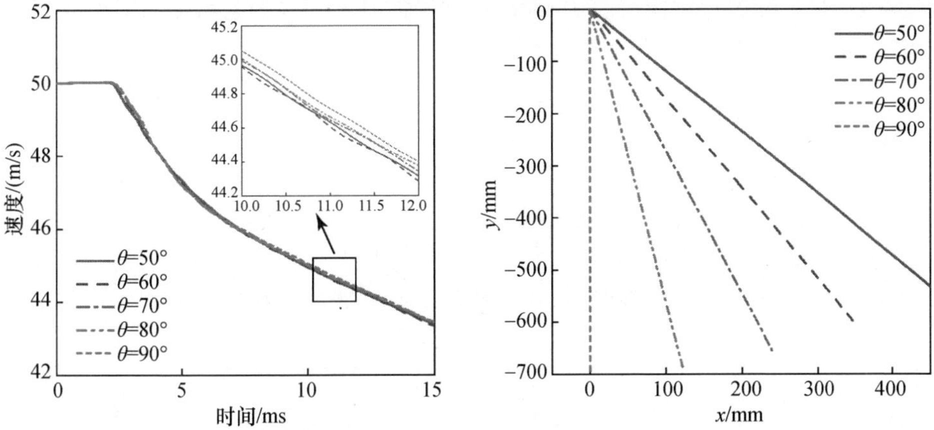

(a) 速度变化曲线　　(b) 质心运动轨迹

图 3-29　模型 a 以不同角度入水时速度变化曲线及质心运动轨迹

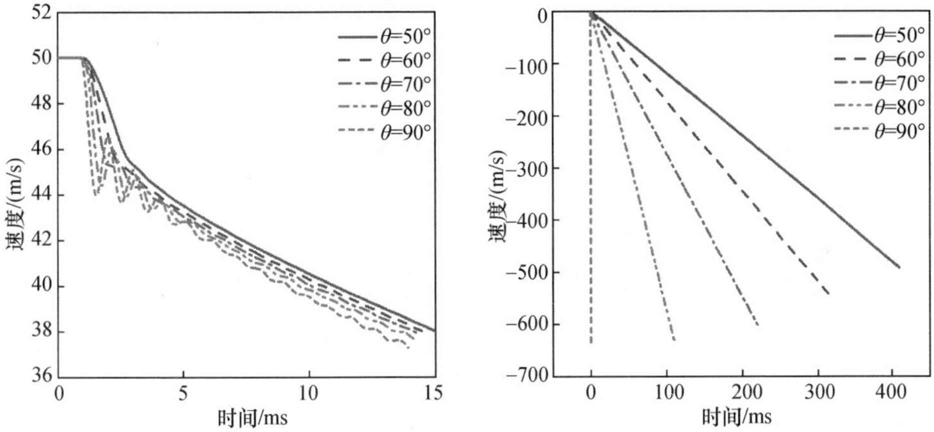

(a) 速度变化曲线　　(b) 质心运动轨迹

图 3-30　模型 e 以不同角度入水时速度变化曲线及质心运动轨迹

的情形。为此,分别以模型 a 和模型 e 为研究对象,分析回转体以初始速度 50m/s 和入水角度 60°不同攻角(-10°、-5°、0°、5°和 10°)入水时的冲击载荷特性。

图 3-31 和图 3-32 分别为模型 a 和模型 e 在不同攻角下的轴向和法向冲击载荷峰值系数及峰值脉宽变化曲线。从图中可以看出,随着攻角由负攻角逐渐向正攻角变化时,回转体的轴向及法向冲击载荷峰值系数呈线性增加。对比模型 a 和模型 e 的法向冲击载荷峰值系数随攻角的变化曲线可知,模型 a 对应的直线斜率(0.17)大于模型 e 的直线斜率(0.15),而法向冲击载荷的意义在于对质心形成一个力矩,使回转体产生一个横向角加速度,这表明模型 a 比模型 e 对攻角的改变更

加敏感。对于峰值脉宽而言,轴向冲击载荷峰值脉宽随攻角的增加而减小,法向冲击载荷峰值脉宽随着攻角的增加而增加。

图 3-33 和图 3-34 分别为模型 a 和模型 e 以不同攻角入水时速度变化曲线及质心运动轨迹。从速度变化曲线来看,随着攻角由负攻角向正攻角变化,模型 a 和模型 e 的速度损失量增大。从质心运动轨迹可以看出,回转体以负攻角入水时质心运动轨迹向水平偏转,攻角越大偏转趋势越明显;回转体带正攻角入水时质心运动轨迹向远离水面的方向偏转,攻角越大偏转趋势也越明显。这种现象说明,负攻角加剧了回转体的忽扑行为,而正攻角抑制了回转体的忽扑行为。

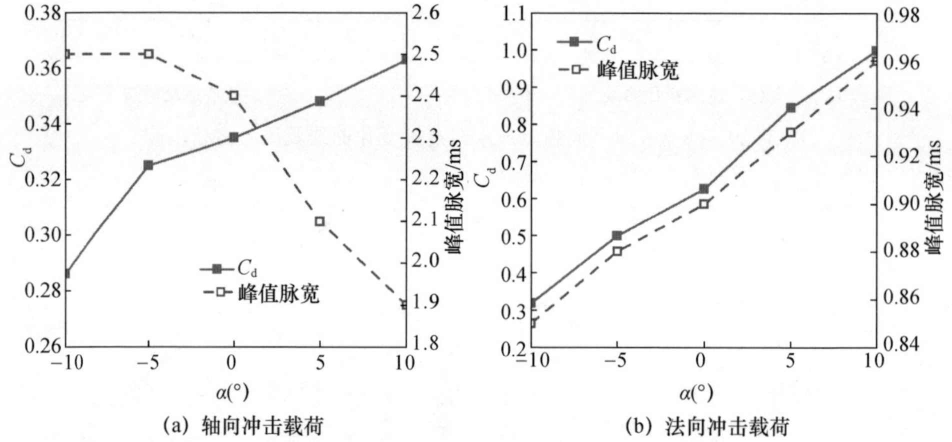

图 3-31　模型 a 以不同攻角入水时冲击载荷峰值系数及峰值脉宽变化曲线

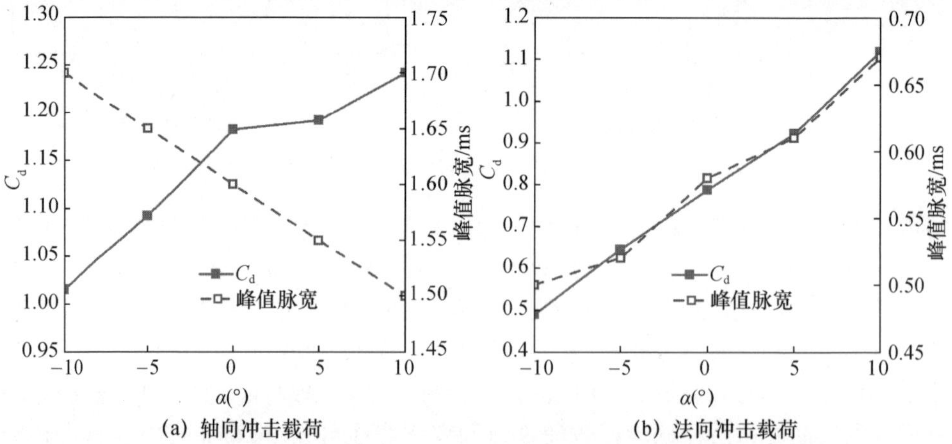

图 3-32　模型 e 以不同攻角入水时冲击载荷峰值系数及峰值脉宽变化曲线

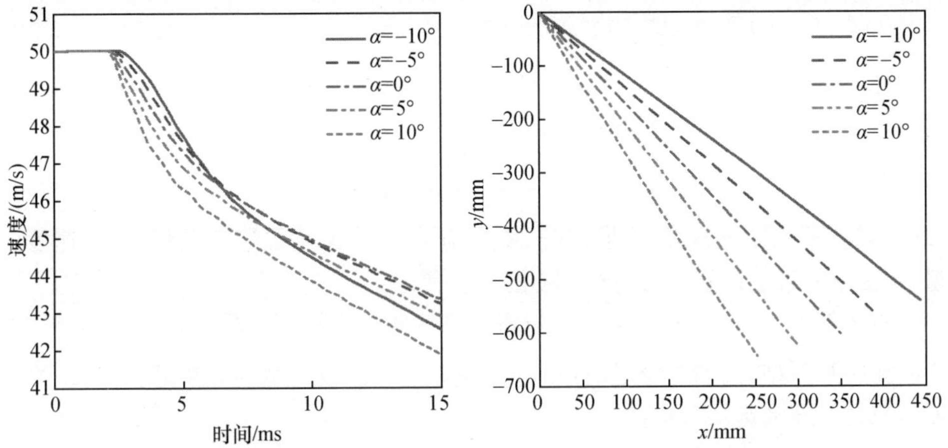

(a) 速度变化曲线　　(b) 质心运动轨迹

图 3-33　模型 a 以不同攻角入水时速度变化曲线及质心运动轨迹

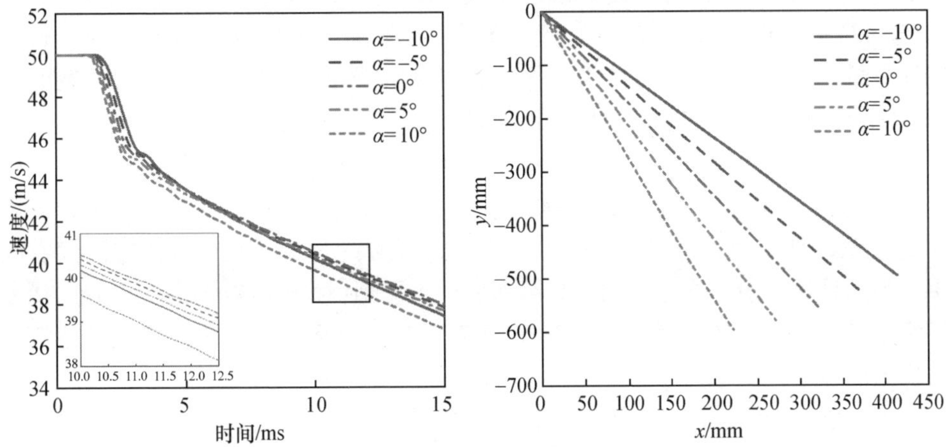

(a) 速度变化曲线　　(b) 质心运动轨迹

图 3-34　模型 e 以不同攻角入水时速度变化曲线及质心运动轨迹

3.4　回转体入水冲击载荷频域特性

回转体入水过程中的结构响应是研究回转体结构强度及变形的重要参数。前面的研究表明，回转体入水冲击载荷时域特性具有峰值大、脉宽小的特点。为研究回转体在这种冲击载荷作用下的结构动态响应，本节采用模态分析和冲击响应谱研究入水过程中回转体结构响应的频域特性，揭示回转体结构响应加速度的频率特性。

3.4.1 回转体结构的模态分析

模态分析的目的主要是求解系统的固有频率、振型和模态刚度等各阶模态参数。一个多自由度系统的自由振动方程为[9]

$$\boldsymbol{M}\ddot{\boldsymbol{X}} + \boldsymbol{C}\dot{\boldsymbol{X}} + \boldsymbol{K}\boldsymbol{X} = \boldsymbol{F}(t) \qquad (3-40)$$

式中:$\boldsymbol{M}$ 为质量矩阵;$\boldsymbol{C}$ 为阻尼矩阵;$\boldsymbol{K}$ 为刚度矩阵;$\ddot{\boldsymbol{X}}$ 为加速度矢量;$\dot{\boldsymbol{X}}$ 为速度矢量;$\boldsymbol{X}$ 为位移矢量;$\boldsymbol{F}(t)$ 为激振力矢量。

若无外力作用,则 $\boldsymbol{F}(t)=0$,可以得到系统的自由振动方程。在求解回转体的固有频率和振型时,因为阻尼对结果的影响不大,所以阻尼项 $\boldsymbol{C}\dot{\boldsymbol{X}}$ 可以略去,得到无阻尼自由振动运动方程:

$$\boldsymbol{M}\ddot{\boldsymbol{X}} + \boldsymbol{K}\boldsymbol{X} = \boldsymbol{F}(t) = 0 \qquad (3-41)$$

式(3-41)对应的特征方程为

$$(\boldsymbol{K} - \omega_i^2\boldsymbol{M})\boldsymbol{x}_{\mathrm{i}} = 0 \qquad (3-42)$$

式(3-42)中:当 $\boldsymbol{x}_i \neq 0$ 时,是一个广义特征值问题,ω_i^2 为特征值(eigenvalue);$\boldsymbol{x}_i$ 为特征矢量(eigenvector)。该式为一个 n 阶代数齐次方程组,$\boldsymbol{K}-\omega_i^2\boldsymbol{M}$ 为其系数矩阵,该方程有非 0 解的充要条件是其系数矩阵行列式为 0,即

$$|\boldsymbol{K} - \omega_i^2\boldsymbol{M}| = 0 \qquad (3-43)$$

式(3-43)称为特征问题式的特征方程,该式是关于 ω_i^2 的 n 阶代数方程。求解此方程得到 $\boldsymbol{\omega}$ 的 n 个互异正根 $\omega_i(i=1,2,\cdots,n)$,ω_i 即为第 i 阶模态的固有频率。振动系统一般存在 n 个固有频率和 n 个主振型,对于特定的频率和振型,代表一个单自由度系统的自由振动,这种在自由振动时模型所具有的基本振动特征称为模型的模态。

本书借助 LS-DYNA 软件对回转体结构进行干模态(dry mode)分析,得到了回转体在头部端面固定状态下的固有频率及振型。模态分析结果表明,回转体的大部分振型是成对出现的,其形状基本相同,对应的固有频率几乎相等,只是空间方向不同,弯曲、折皱、振动的波节随阶数的增大而增多。由于 5 种模型的模态结果具有相似性,以模型 e 的计算结果为例进行说明,如表 3-5 所示。

表 3-5 模型 e(壁厚 4mm)前 20 阶干模态分析结果

模态阶数	固有频率/Hz	模态振型
1	55.87	绕 x 轴摆动(y-z 平面)
2	55.87	绕 y 轴摆动(x-y 平面)
3	325.20	1 阶扭转-压缩(x-y 平面)

续表

模态阶数	固有频率/Hz	模态振型
4	325.21	1 阶扭转-压缩(y-z 平面)
5	372.34	1 阶弯曲(x-y 平面)
6	372.35	1 阶弯曲(y-z 平面)
7	504.80	2 阶扭转-压缩(y-z 平面)
8	504.98	2 阶扭转-压缩(x-y 平面)
9	560.79	绕 y 轴旋转(y 轴,回转体轴向)
10	764.08	1 阶拉伸-压缩(y 轴,回转体轴向)
11	799.31	3 阶扭转-压缩(y-z 平面)
12	799.64	3 阶扭转-压缩(x-y 平面)
13	859.64	1 阶扭转-弯曲-压缩(y-z 平面)
14	859.78	1 阶扭转-弯曲-压缩(x-y 平面)
15	902.89	2 阶扭转-弯曲-压缩(y-z 平面)
16	902.93	2 阶扭转-弯曲-压缩(x-y 平面)
17	942.04	2 阶弯曲(x-y 平面)
18	942.04	2 阶弯曲(y-z 平面)
19	1023.27	3 阶扭转-弯曲-压缩(x-y 平面)
20	1023.50	3 阶扭转-弯曲-压缩(y-z 平面)

为了后续研究回转体入水冲击载荷的频域特性与结构模态之间的关系，表 3-6 给出了其他 4 种模型的前 20 阶干模态计算结果。

表 3-6　4 种模型回转体前 20 阶干模态频率　　单位:Hz

阶数	模型 a 固有频率	模型 b 固有频率	模型 c 固有频率	模型 d 固有频率
1	14.70	12.21	13.04	12.36
2	14.75	12.25	13.05	12.37
3	206.86	264.41	325.69	324.43
4	330.37	327.89	326.09	324.43
5	330.38	327.90	326.09	330.78
6	346.80	342.16	342.88	342.17
7	346.80	342.16	342.88	342.19

续表

阶数	模型 a 固有频率	模型 b 固有频率	模型 c 固有频率	模型 d 固有频率
8	546.60	531.49	519.95	497.96
9	546.75	531.69	520.14	509.53
10	681.51	580.95	529.26	509.66
11	858.09	838.45	821.79	808.56
12	858.37	838.80	822.14	808.82
13	861.66	860.90	860.38	859.13
14	861.80	861.12	860.57	859.34
15	920.10	914.38	909.81	904.61
16	920.10	914.50	909.93	904.75
17	923.96	917.96	919.80	917.83
18	923.99	917.97	919.82	917.86
19	1077.68	1060.45	1045.98	1030.47
20	1078.09	1060.64	1046.14	1030.60

3.4.2 冲击响应谱概述

回转体入水冲击载荷具有典型的冲击特性，而谱分解法是冲击信号分析中广泛使用的方法。最常见的两种谱分解法是傅里叶谱和冲击响应谱(shock response spectrum)。

3.4.2.1 冲击响应谱原理

冲击响应谱(简称冲击谱)是将受到机械冲击作用的一系列单自由度系统的最大响应(位移、速度或加速度)作为各个系统固有频率的函数进行描述。一个实际的物理系统可分解为多个不同的单自由度系统，对每个单自由度系统进行冲击响应分析，取系统响应的最大值，然后和其固有频率组成一个数据点。这样能分解成多少个单自由度系统就可以得到多少个数据点。最后将这些点用光滑的曲线连接，即可得到整个系统的冲击响应谱，其原理如图 3-35 所示[10]。

冲击响应谱是频率与响应峰值组成的曲线，根据响应峰值取法的不同可将冲击响应谱分为以下三种：

(1) 初始响应谱，简称“主谱”。它是指在冲击作用时间内取响应的峰值求得的冲击响应谱。初始响应谱有正负向之分，正向是指与激励同方向的响应峰值，负向是指与激励反方向的响应峰值。

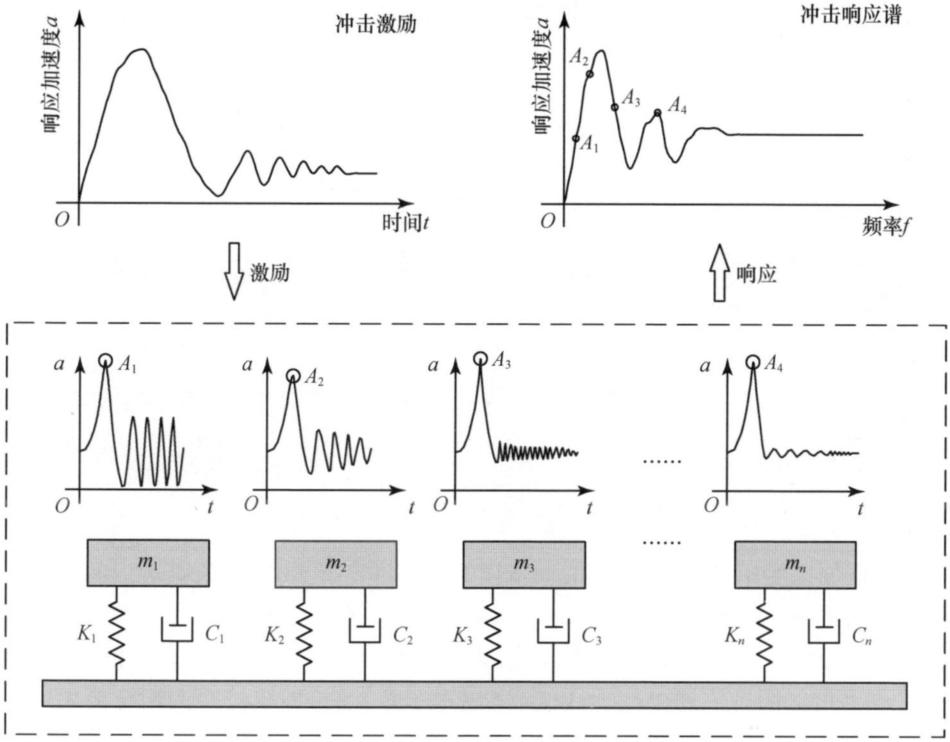

图 3-35　冲击响应请求解原理示意图

(2) 剩余响应谱,简称“余谱”。它是指在冲击作用结束后出现的最大响应峰值与系统固有频率之间的关系。它也存在正负之分,正负向的定义与初始响应谱的正负向定义相同。

(3) 最大响应谱。它是指在所有的响应过程中,最大响应峰值和系统固有频率之间的关系,也就是“主谱”和“余谱”所构成的包络谱。

根据所使用响应参数的不同,冲击响应谱又可分为绝对加速度谱、等效加速度谱、速度谱、等效速度谱、绝对位移谱和相对位移谱。在实际应用中,不同的谱线有着不同的用途。一般常用的是最大绝对加速度谱和最大相对位移谱。前者多用于规范冲击环境,后者多用于考核冲击强度。本书所绘制的曲线就是最大绝对加速度响应谱。

3.4.2.2　冲击响应谱的特点

图 3-36 是国家标准中冲击试验方法给出的无阻尼单自由度线性系统在半正弦激励下的冲击响应谱[8]。

一个固定的单自由度系统,其固有频率和传递特性是不变的,当这个系统受到

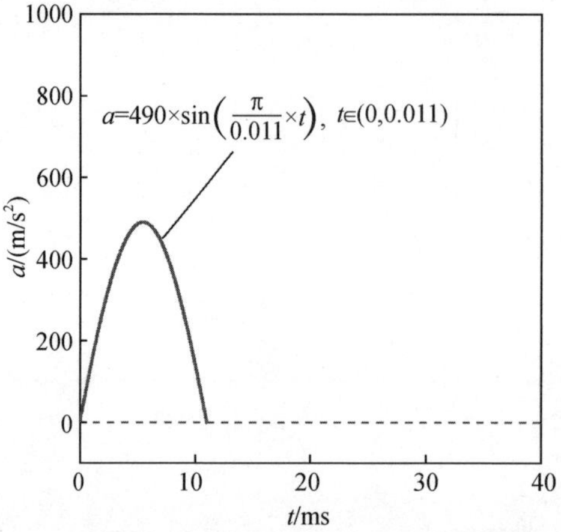

(a) 对称式半正弦脉冲

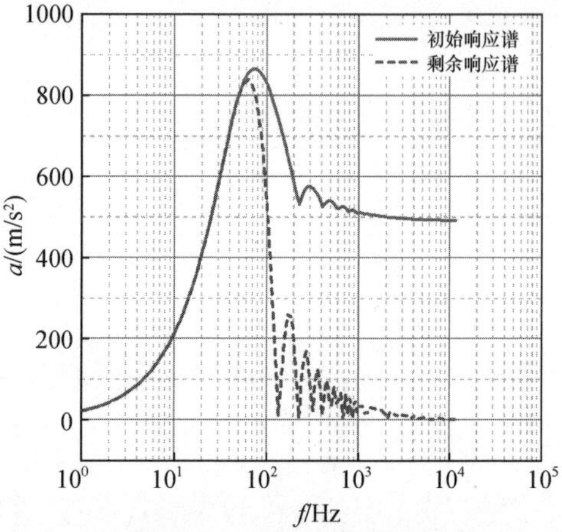

(b) 冲击响应谱

图 3-36 对称式半正弦脉冲的冲击谱

脉冲峰值加速度相同、脉冲持续时间宽度不同的冲击脉冲作用时,其响应幅值大致可分为以下三个区域:

(1) 缓冲区。当 $f_n t_D \leqslant 0.3$ 时, $a_{max}/A<1$。其物理意义是当冲击脉冲的持续时间 t_D 与系统的固有周期 T_n($T_n=1/f_n$)之比小于 0.3 时,系统的冲击响应最大值小于冲击脉冲的峰值加速度。

(2) 放大区。当 $0.3<f_n t_D \leqslant 10$ 时, $a_{max}/A>1$。其物理意义是当冲击脉冲的持续时间 t_D 与系统的固有周期 T_n 的比值在上述区间时,系统的冲击响应最大值大于冲击脉冲的幅值,在此区间内对冲击响应具有放大作用。

(3) 等冲区。当 $f_n t_D>10$ 时, $a_{max}/A=1$。在此区间内,残余谱近似等于 0,系统受到的激励作用与响应可视为相等。

3.4.2.3 冲击响应谱的数值算法

冲击响应谱的数值算法有很多种,归结起来可分为两大类:一类是直接积分法、快速傅里叶变换(FFT)方法、递归数字滤波算法等传统方法;另一类是现在广泛应用于实际工程中的改进的递归数字滤波算法。因改进的递归数字滤波算法具有物理意义明确、算法简洁明了、计算速度快和计算精度高等优点,本书采用改进的递归数字滤波算法进行入水冲击载荷冲击响应谱计算。

改进的递归数字滤波算法在 1981 年由 Smallwood 提出[11],该方法是基于斜台不变数字滤波模型代替脉冲不变模型,即用广义斜台函数来代替脉冲不变模型的 $\ddot{u}_P(t)=\delta(t)$。广义斜台函数为

$$\ddot{u}_p(t) = A_s(t - K_s\Delta t)u_p(t - K_s\Delta t) \tag{3-44}$$

式中：$u_p(t-K_s\Delta t)$为单位阶跃函数；A_s 为在 $t=K_s\Delta t$ 时的斜台斜率。应用叠加原理，就可得到一个用梯形函数逼近冲击输入的模型，显然这种方法比采用矩形逼近的递归数字滤波模型更精确。

设输入信号 $\ddot{u}_p(t)$的采样值为 $U_i(i=1,2,\cdots,n)$，单自由度系统响应为 $x_i(t)(i=1,2,\cdots,n)$，则斜台不变模型的递推公式为

$$x_i = P_0U_i + P_1U_{i-1} + P_2U_{i-2} + q_1x_{i-1} + q_2x_{x-2} \tag{3-45}$$

其中：$q_1=2\mathrm{e}^{(-\omega_n\Delta t\xi_0)}\cos(\omega_n\Delta t\sqrt{1-\xi_0^2})$

$$q_2=-\mathrm{e}^{(-2\omega_n\Delta t\xi_0)}$$

$$P_0=1-\mathrm{e}^{(-\omega_n\Delta t\xi_0)}\frac{\sin(\omega_n\Delta t\sqrt{1-\xi_0^2})}{\omega_n\Delta t\sqrt{1-\xi_0^2}}$$

$$P_1=2\mathrm{e}^{(-\omega_n\Delta t\xi_0)}\left[\frac{\sin(\omega_n\Delta t\sqrt{1-\xi_0^2})}{\omega_n\Delta t\sqrt{1-\xi_0^2}}-\cos(\omega_n\Delta t\sqrt{1-\xi_0^2})\right]$$

$$P_2=\mathrm{e}^{(-\omega_n\Delta t\xi_0)}\left[\mathrm{e}^{(-\omega_n\Delta t\xi_0)}-\frac{\sin(\omega_n\Delta t\sqrt{1-\xi_0^2})}{\omega_n\Delta t\sqrt{1-\xi_0^2}}\right]$$

式中：ω_n 为系统的固有圆频率，$\omega_n=2\pi f_n$，其中 f_n 为固有频率；ξ_0 为临界阻尼比；Δt 为采样时间间隔。

在进行冲击响应谱分析时，必须用到的两个重要参数为品质因子和倍频程。品质因子和倍频程的含义如下：

（1）品质因子。品质因子定义为

$$Q=\frac{1}{2\xi_0} \tag{3-46}$$

品质因子反映了系统阻尼的强弱和共振峰值的陡峭程度，即 Q 越大，峰值越陡峭。其取值直接影响冲击响应谱峰值的大小。对于金属材料结构，ξ_0 一般取 0.05，即 $Q=10$。

（2）倍频程。倍频程是对数刻度频率，即频率大 1 倍，用数学公式表示为 $2^1\times f_1=f_2$，同理，有 1/3 倍频程、1/6 倍频程等。这里倍频程是指计算冲击响应谱时下一个计算频率和上一个计算频率的比值。例如，1/3 倍频程是指 $f_{i+1}=2^{1/3}\times f_i$。倍频程越小，分析的点越多，响应谱曲线也就越平滑。但并非倍频程越小越好，当倍频程过小时，低频时计算的点就会过于密集，浪费计算时间且意义不大。本书计算中采用 1/12 倍频程。

3.4.3　冲击响应谱仿真分析

从 3.3 节中的分析结果可知，5 种回转体的入水冲击载荷波形均为典型的半

正弦脉冲波形,只是波形的峰值及其脉宽不同。下面分别介绍波形的峰值和脉宽与冲击响应谱之间的关系。

图 3-37 和图 3-38 分别为模型 e 在不同初始速度下垂直入水时和 60°角斜入水时冲击载荷的冲击响应谱,横坐标为频率,纵坐标为相对于冲击载荷峰值的放大因子,均采用对数形式表示。由于模型 e 在不同初始速度垂直入水时轴向冲击载荷峰值系数基本相等,但是峰值脉宽随着速度的增加而减小,通过分析该条件下的冲击响应谱结果可以研究波形的脉宽对冲击响应谱的影响。从图 3-37 中可以看出,冲击响应谱与波形的脉宽有关,随着脉宽的减小,冲击响应谱的放大因子增大,拐点频率升高。图 3-38 中轴向冲击载荷及法向冲击载荷的冲击响应谱也具有同样的结论。

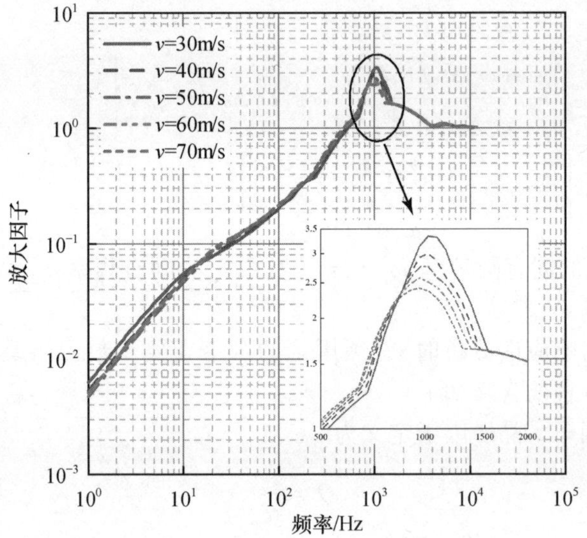

图 3-37　模型 e 不同初始速度垂直入水时轴向冲击载荷的冲击响应谱

图 3-39 和图 3-40 分别为模型 c 和模型 d 以初始速度 50m/s 在不同角度下入水时轴向和法向冲击载荷的冲击响应谱。由于模型 c 和模型 d 在不同角度下入水时轴向冲击载荷波形的峰值差别较大,但脉宽基本相等(差值小于 0.01ms),通过其冲击响应谱结果可以研究波形的峰值对冲击响应谱的影响。

从两种模型轴向冲击载荷的冲击响应谱结果可以看出,相同速度不同角度入水时轴向冲击载荷的冲击响应谱形状基本一致,尤其是模型 d 的 50°、60°和 70°三种工况下的冲击响应谱结果。这三种工况下轴向冲击载荷峰值系数分别为 0.81、1.14 和 1.42,峰值脉宽均为 0.84ms。这种结果表明,峰值脉宽相同但峰值不同的激励所产生的复杂波形的形状是一样的,虽然数值不一样,但冲击响应谱形状是一致的,且冲击响应谱的拐点频率及放大因子也一样。进一步分析两种模型法向冲击载荷的冲击响应谱可知,原始波形的峰值脉宽越小,对应的冲击响应谱的放大因子越大、拐点频率也越高,与前面的分析结果一致。

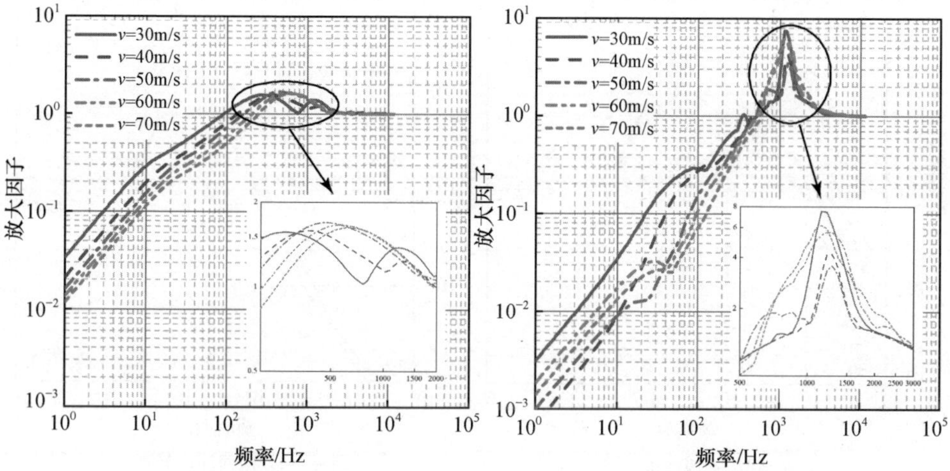

(a) 轴向冲击载荷　　(b) 法向冲击载荷

图 3-38　模型 e 不同初始速度、60°角斜入水时冲击载荷的冲击响应谱

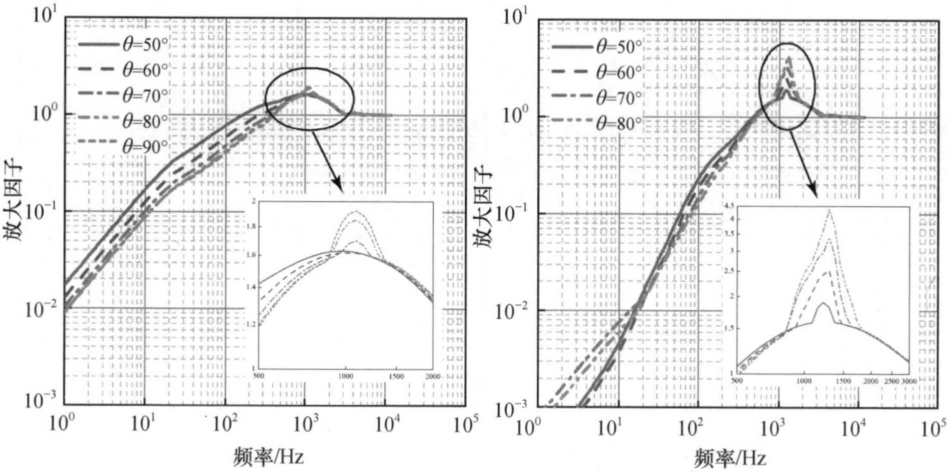

(a) 轴向冲击载荷　　(b) 法向冲击载荷

图 3-39　模型 c 以初始速度 50m/s、不同角度入水时冲击载荷的冲击响应谱

图 3-41 为模型 e 以初始速度 50m/s、60°角带不同攻角斜入水时轴向和法向冲击载荷的冲击响应谱。从轴向冲击载荷冲击响应谱同样可以看出,随着冲击信号峰值脉宽的增加,拐点频率及放大因子也增大。由于这 5 种冲击信号峰值脉宽

的差值较小(峰值脉宽最大 1.7ms,最小 1.5ms),拐点频率及放大因子的差别也较小,但是冲击响应谱仍能较为清晰地分辨其区别。

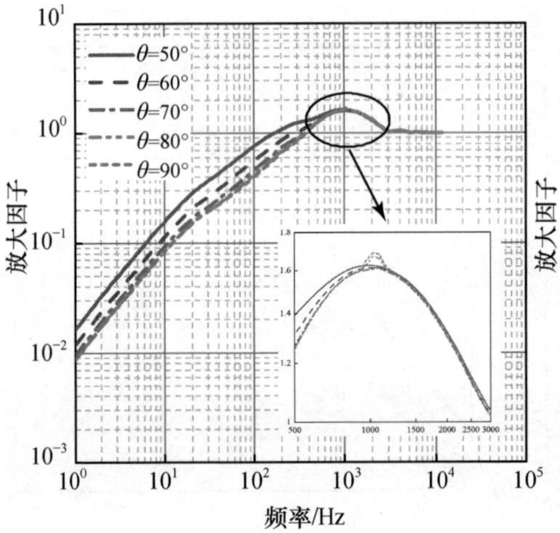

(a) 轴向冲击载荷

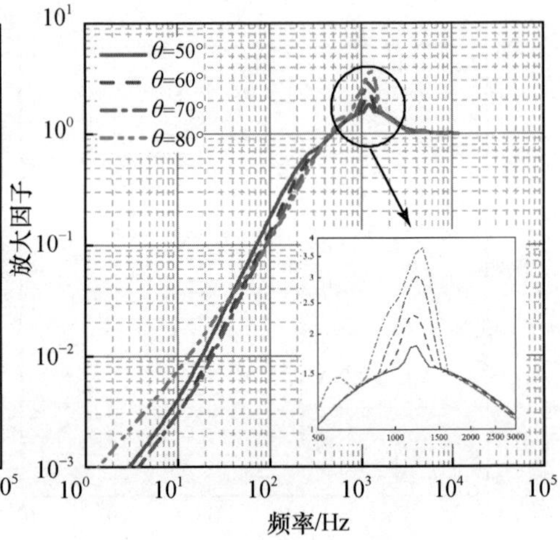

(b) 法向冲击载荷

图 3-40 模型 d 以初始速度 50m/s、不同角度入水时冲击载荷的冲击响应谱

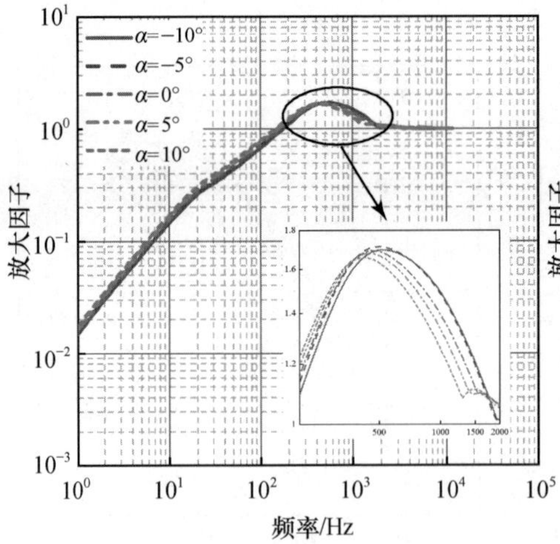

(a) 轴向冲击载荷

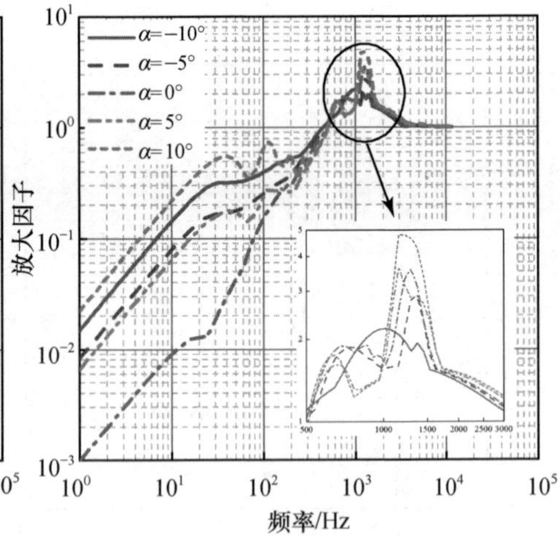

(b) 法向冲击载荷

图 3-41 模型 e 以初始速度 50m/s、60°角带不同攻角斜入水时轴向和法向冲击载荷的冲击响应谱

进一步分析图 3-37~图 3-41 可知,不同波形下只要频率足够大,最终的放大因子均为 1,之后放大因子不再随频率的变化而变化。同时,峰值脉宽较小的波形对冲击响应谱的高频部分影响较大,而峰值脉宽较大的波形对低频部分影响较大。

第4章 弹性回转体高速入水冲击载荷特性

回转体高速入水过程中发生着剧烈的气-液-固多相强耦合作用,自由液面之上与自由液面之下均发生着复杂的流动现象,同时由于回转体周围流体介质密度突变,回转体将会遭受瞬时极端载荷,引发壳体结构变形损坏,并引发内部仪器设备的共振响应。回转体入水过程中的结构响应是研究回转体结构强度及其变形的重要参数。第3章基于ALE方法得到了刚性回转体入水冲击载荷时域和频域特性随头部线型、壳体厚度、入水速度、入水角度及入水攻角的变化规律。本章主要对回转体高速入水过程中出现的结构响应现象进行介绍。

4.1 材料模型及模型失效准则

回转体壳体作为一个薄壁结构在承受较大冲击过载时壳体结构会产生弹塑性变形,甚至发生结构破坏。因此,研究弹性回转体入水冲击载荷特性及其结构动态响应具有重要意义。本节阐述冲击载荷作用下弹性回转体结构失效的判断准则,并对不同参数下回转体的最大等效塑性应变进行介绍。

4.1.1 回转体壳体材料本构模型

当前回转体大多采用金属材料,一般为高强度铝合金,具有较高的强度和较好的延展性。在回转体高速入水时,承受的冲击载荷较大,壳体结构将会出现弹塑性变形现象,甚至发生结构破坏。为准确模拟回转体入水过程中壳体结构的动态响应,需要建立合适的材料力学本构模型。

典型弹塑性材料的应力-应变曲线如图4-1所示。从图中可以看出,随着荷载的增加,在变形的最初阶段,直到A点以前,应力σ和应变ε呈线性关系:

$$\sigma = E_{Y}\varepsilon \tag{4-1}$$

式中:E_{Y}为材料的弹性模量。

当超过 A 点以后,上述比例关系不再成立,与 A 点相应的应力为材料的比例极限 σ_p。如果在 A 点以前将荷载逐渐消除,变形将跟着完全消失,在曲线 OA 段内仅存在弹性变形。

当荷载继续增加,此时变形的增长比在 A 点之前稍大,但在未超过 B 点以前,变形仍是可恢复的。将与 B 点相应的应力叫作材料的弹性极限 σ_e,它表示材料不致产生残余变形的最大应力值。

当继续加载达到 C 点时,变形增长较快。过 C 点后,在几乎不增加荷载的情况下,变形会继续迅速增加。这时,发生了显著的残余变形,材料达到屈服阶段。与 C 点相应的应力就称为材料的屈服极限 σ_s。由于一般材料的比例极限、弹性极限和屈服极限相差不大,通常不加以区分,为了方便起见,后面都用 σ_s 表示,并称为屈服应力。

当超过 C 点后材料由初始弹性阶段进入塑性阶段并产生初始屈服,继续加载载荷,材料发生塑性变形。在塑性阶段某点,如 D 点,当逐渐卸载时,则应力-应变曲线将沿着大致与 OA 平行的直线 DO' 下降。在全部卸除载荷后,留下残余形变 OO'。OD' 表示全应变 ε,$O'D'$ 表示可恢复的应变,即弹性应变 ε_e,OO' 表示不能恢复的应变,即塑性应变 ε_p。$\varepsilon=\varepsilon_e+\varepsilon_p$,即全应变等于弹性应变加上塑性应变。

当曲线到达最高点 F 时,载荷达到最大值。此时,由于颈缩现象的出现,在 F 点后载荷开始下降,直至断裂,和 F 点相对应的应力称为极限应力 σ_b。

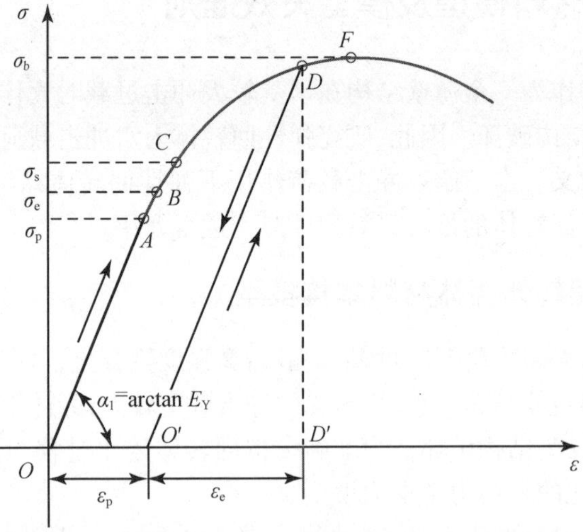

图 4-1　典型弹塑性材料的应力-应变曲线

由上述分析可知,材料的塑性变形规律远比弹性变形规律复杂,它为一个非线性过程,且加载阶段与卸载阶段不同。为能使复杂的问题得到解决,在建立塑性力学分析模型中,通过引进一些合适的假设,使所建立的力学模型既能满足材料的实际情况,又能简化数学求解过程,使问题得到合理的解决。常见的力学模型有理想弹性力学模型、理想弹塑性力学模型、理想线性强化弹塑性力学模型、幂强化力学模型、理想塑性力学模型、线性强化刚塑性力学模型等。

理想线性强化弹塑性力学模型也称弹塑性线性强化模型或双线性强化模型,考虑了材料的弹性变形和线性强化效应,在工程设计得到广泛的应用,如图 4-2 所示,其数学表达式为

$$\begin{cases}\sigma = E_{\mathrm{Y}}\varepsilon & (\varepsilon \leqslant \varepsilon_{\mathrm{s}}) \\ \sigma = \sigma_{\mathrm{s}} + E_{\mathrm{t}}(\varepsilon - \varepsilon_{\mathrm{s}}) & (\varepsilon > \varepsilon_{\mathrm{s}})\end{cases} \tag{4-2}$$

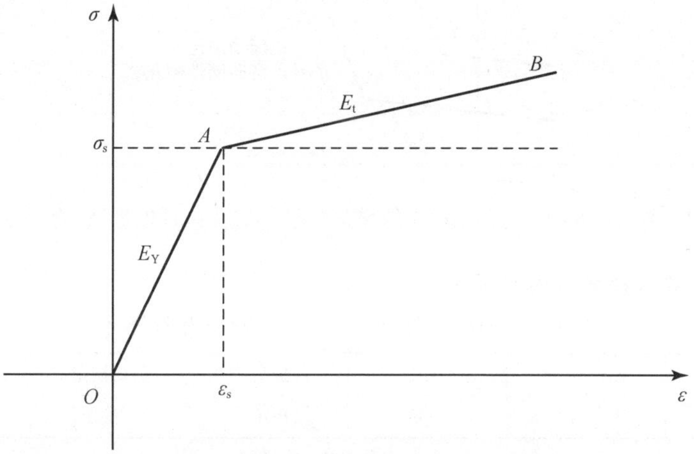

图 4-2　理想线性强化弹塑性力学模型

结合回转体高速入水问题的特点,选择基于理想线性强化弹塑性力学模型的弹塑性模型作为壳体材料的力学本构模型。该模型分为各向同性硬化、随动硬化或各向同性硬化与随动硬化混合三种模型,通过调整硬化参数 β_2 来选择各向同性硬化或随动硬化,硬化参数 β_2 在 0~1 之间变化,如图 4-3 所示,其中 0 表示仅为随动硬化,1 表示仅为各向同性硬化。图中 l 为试件原始长度,l_0 为试件承受单轴拉伸变形后的长度。

在材料发生变形的过程中,由于应变强化效应的存在,铝合金的最大强度在一定程度上会提高,采用 Cowper-Symonds 模型计及应变率效应,则动态屈服应力为

$$\sigma_{\mathrm{y}} = \left[1 + \frac{\dot{\varepsilon}^{\frac{1}{P}}}{C}\right](\sigma_0 + \beta_2 E_{\mathrm{p}} \varepsilon_{\mathrm{eff}}^{\mathrm{p}}) \tag{4-3}$$

式中:C 和 P 为应变率参数,与材料有关,对于 6061-T6 型铝合金 $C=6500$,$P=4$;

$\dot{\varepsilon}$ 为等效应变率；E_p 为塑性硬化模量；ε_{eff}^p 为等效塑性应变。

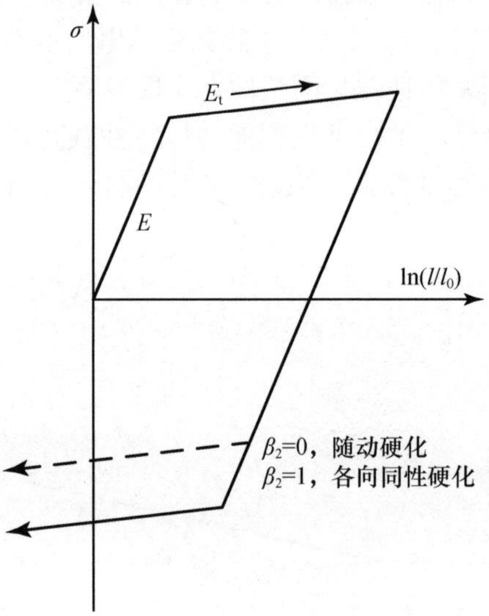

图 4-3　各向同性硬化与随动硬化的弹塑性行为（E 为弹性模量，E_t 为剪切模量）

铝合金的材料属性参数见表 4-1。

表 4-1　6061-T6 型铝合金的材料属性参数

密度	杨氏模量	泊松比	屈服应力	剪切模量	极限应力
2700kg/m³	76.3GPa	0.33	275MPa	1330MPa	310MPa

4.1.2　回转体壳体结构破坏准则

强度理论研究的最终目的就是求解回转体入水冲击产生的表面压力引起的三向内应力导致的回转体结构的破坏形式，以及发生各种破坏形式的时间顺序。为此，可针对回转体由入水冲击引起的三向应力状态，采用适当的破坏准则进行判定。

关于材料屈服的常见破坏准则有应力或应变的破坏准则、基于应力交互作用的损伤破损准则，如最大畸变能破坏准则等。其中，最大应力或最大应变破坏准则包括四个古典强度理论：最大正应力理论（第一强度理论）、最大线应变理论（第二强度理论）、最大剪应力理论（第三强度理论）和八面体剪应力理论（第四强度理论）。结合铝合金的材料属性，以最大等效塑性应变作为回转体壳体结构破坏的判断准则，即结构的最大等效塑性应变大于材料的失效应变时即认为结构失效损坏，本书中 6061-T6 型铝合金的失效应变取 0.24[12]。

图 4-4～图 4-8 分别为 5 种模型以初始速度 30m/s 垂直入水时壳体结构等效塑性应变分布云图。从图中可以看出,塑性应变主要发生在回转体的头部区域,且头部半球角越大其对应的最大等效塑性应变越大,如模型 e 的最大等效塑性应变为 0.0865,远小于材料的失效应变(0.24),故在此条件下认为回转体壳体结构未发生破坏。

图 4-4　模型 a 以初始速度 30m/s 垂直入水时壳体结构等效塑性应变分布云图

图 4-5　模型 b 以初始速度 30m/s 垂直入水时壳体结构等效塑性应变分布云图

图 4-6　模型 c 以初始速度 30m/s 垂直入水时壳体结构等效塑性应变分布云图

图 4-7　模型 d 以初始速度 30m/s 垂直入水时壳体结构等效塑性应变分布云图

图 4-8　模型 e 以初始速度 30m/s 垂直入水时壳体结构等效塑性应变分布云图

图 4-9 和图 4-10 分别为模型 a 和模型 e 以初始速度 70m/s 垂直入水时壳体的等效塑性应变分布云图。从图中可以看出,模型 a 和模型 e 的最大等效塑性应变分别为 0.3576 和 0.327,均大于材料的失效应变(0.24),这说明在此工况下,回转体结构会发生破坏。从图中头部区域的放大图可以看出,入水后两种模型的壳体结构单元发生了较大尺度的畸变,头部出现破口,回转体壳体结构被破坏。

图 4-9　模型 a 以初始速度 70m/s 垂直入水时壳体结构等效塑性应变分布云图(失效)

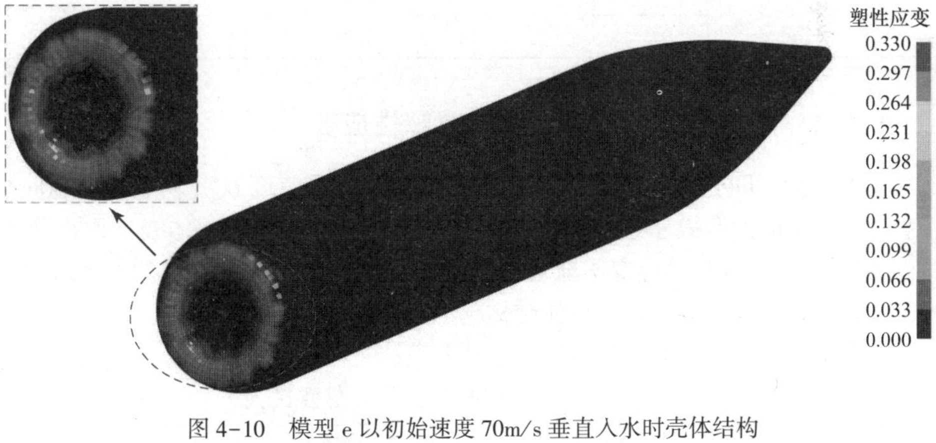

图 4-10　模型 e 以初始速度 70m/s 垂直入水时壳体结构等效塑性应变分布云图(失效)

下面将分别给出不同头部线型、壳体厚度、入水速度和入水角度入水时回转体壳体结构的最大等效塑性应变计算结果,并根据所建立的破坏准则对回转体壳体结构是否破坏进行分析判断。

4.1.3 不同头部线型下最大等效塑性应变

表 4-2 为 5 种回转体模型以初始速度 30m/s、60°角斜入水和垂直入水时壳体的最大等效塑性应变。从表 4-2 中可以看出，斜入水和垂直入水时，最大等效塑性应变均发生在回转体的头部，且最大值均小于失效应变(0.24)，表明此条件下认为回转体壳体结构未发生破坏；对同一回转体模型而言，斜入水时壳体的最大等效塑性应变大于垂直时，表明入水角度对壳体结构的动态响应具有较大影响。

表 4-2 不同头部线型下回转体壳体的最大等效塑性应变

工况	模型	最大等效塑性应变	发生部位
入水速度:30m/s 入水角度:60°	a	0.1075	头部
	b	0.1062	头部
	c	0.1056	头部
	d	0.1071	头部
	e	0.1083	头部
入水速度:30m/s 入水角度:90°	a	0.0528	头部
	b	0.0577	头部
	c	0.0406	头部
	d	0.0552	头部
	e	0.0865	头部

4.1.4 不同壳体厚度下最大等效塑性应变

表 4-3 为不同壳体厚度下模型 a 和模型 e 以入水角度 60°、初始速度 30m/s 入水时壳体的最大等效塑性应变。从表 4-3 中可知，随着回转体壳体厚度的增加，壳体的最大等效塑性应变逐渐减小，表明其他条件相同时回转体的壳体厚度越大，其结构的承载能力也越强，壳体结构越不容易发生破坏。

表 4-3 不同壳体厚度下模型 a 和模型 e 以入水角度 60°、初始速度 30m/s 入水时壳体的最大等效塑性应变

模型	壳体厚度/mm	最大等效塑性应变	发生部位
a	4	0.1075	头部
	6	0.0763	头部
	8	0.0551	头部

续表

模型	壳体厚度/mm	最大等效塑性应变	发生部位
e	4	0.1083	头部
	6	0.0451	头部
	8	0.0093	头部

4.1.5　不同入水速度时最大等效塑性应变

表 4-4 为不同入水速度时模型 a 和模型 e 壳体的最大等效塑性应变。从表 4-4 中可以看出,模型 a 和模型 e 的最大等效塑性应变均表现为随着入水速度的增加而增大。模型 a 和模型 e 以初始速度 50m/s 斜入水时对应的最大等效塑性应变分别为 0.2104 和 0.2113,接近材料的失效应变,回转体头部发生较大的塑性变形,降低了壳体的承载能力,但是此工况下回转体壳体未被破坏。当模型 a 和模型 e 以初始速度 70m/s 垂直入水时其最大等效塑性应变分别为 0.3576 和 0.3270,均超过了材料的失效应变,此时回转体头部出现破口,回转体在该工况下入水时其结构会发生破坏,如图 4-9 和图 4-10 所示。

表 4-4　不同入水速度时模型 a 和模型 e 壳体的最大等效塑性应变

入水角度	模型	初始速度/(m/s)	最大等效塑性应变	发生部位
60°	a	30	0.1075	头部
		40	0.1582	头部
		50	0.2104	头部
	e	30	0.1083	头部
		40	0.1582	头部
		50	0.2113	头部
90°	a	30	0.0528	头部
		50	0.1525	头部
		70	0.3576	头部,已失效
	e	30	0.0865	头部
		50	0.1536	头部
		70	0.3270	头部,已失效

4.1.6　不同入水角度时最大等效塑性应变

表 4-5 为壳体厚度为 4mm 时模型 a 和模型 e 在不同入水角度、初始速度

30m/s 入水时壳体的最大等效塑性应变。从表 4-5 中可以看出,随着入水角度的增加,壳体结构的最大等效塑性应变呈先增大后减小的趋势,在入水角度为 80°时模型 a 和模型 e 的最大等效塑性应变均达到最大,分别为 0.1805 和 0.1891,均小于材料的失效应变。

表 4-5 不同入水角度时模型 a 和模型 e 壳体的最大等效塑性应变

模型	入水角度	最大等效塑性应变	发生部位
a	60°	0.1075	头部
	70°	0.1535	头部
	80°	0.1805	头部
	90°	0.0528	头部
e	60°	0.1083	头部
	70°	0.1633	头部
	80°	0.1891	头部
	90°	0.0865	头部

上面以最大等效塑性应变为破坏准则,对不同条件下回转体壳体是否发生破坏进行了分析和判断。结果表明,当入水速度较大、壳体厚度较薄时,回转体壳体有发生破坏的可能性,在工程设计中需要根据使用工况进行合理的强度校核与结构防护。

4.2 入水冲击载荷特性

弹性回转体入水时在流场外力的作用下壳体结构会发生变形,变形的回转体同时又影响了流场的特性,变化的流场特性立即反馈影响作用在回转体壳体上的压力,说明流场和回转体结构的运动和变形是相互影响的。本节将从入水冲击加速度及砰击压力的变化规律两个方面对弹性回转体入水冲击载荷特性进行介绍。

4.2.1 不同条件下入水冲击加速度特性

为较好地获得冲击载荷特性,计算中数据的采样频率设为 100kHz。由于头部线型、入水速度、入水角度及壳体厚度等参数对弹性回转体入水冲击加速度的影响规律与对刚性回转体入水冲击加速度的影响规律相同,本节不再单独分析弹性回转体入水冲击加速度随这些因素的变化规律,重点分析弹性回转体加速度与刚性回转体加速度之间的差异。

图 4-11～图 4-15 为 5 种模型以初始速度 30m/s 垂直入水时无量纲轴向冲击加速度的时间历程曲线。左图为无量纲冲击加速度的原始数据及低通滤波后的结果，右图为弹性回转体加速度系数与刚性回转体加速度系数的对比曲线。

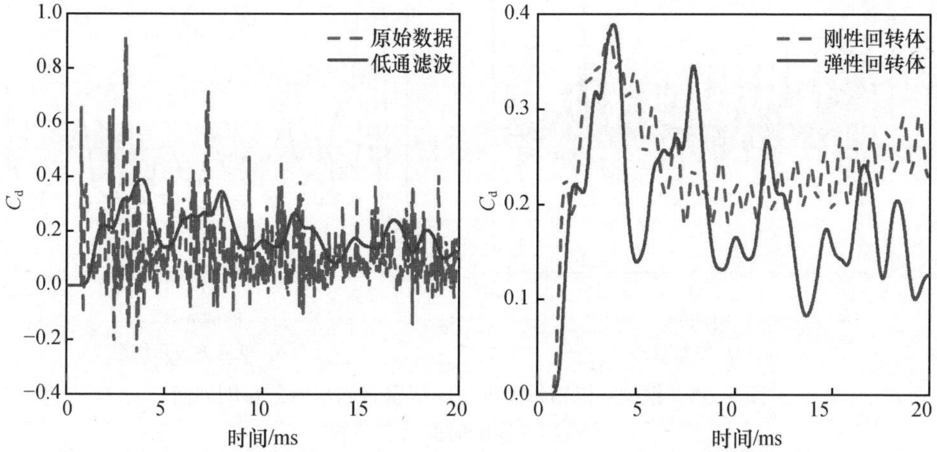

(a) 原始数据　　　　(b) 低通滤波后结果

图 4-11　模型 a 以初始速度 30m/s 垂直入水时无量纲轴向冲击加速度的时间历程曲线

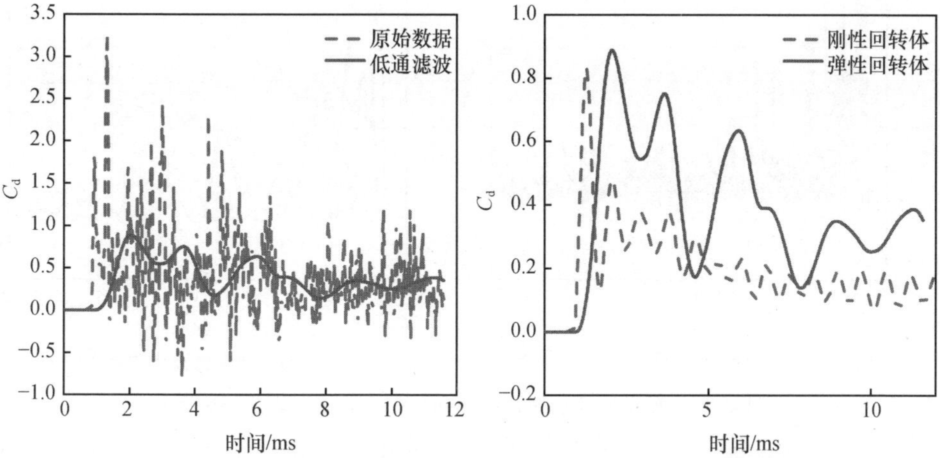

(a) 原始数据　　　　(b) 低通滤波后结果

图 4-12　模型 b 以初始速度 30m/s 垂直入水时无量纲轴向冲击加速度的时间历程曲线

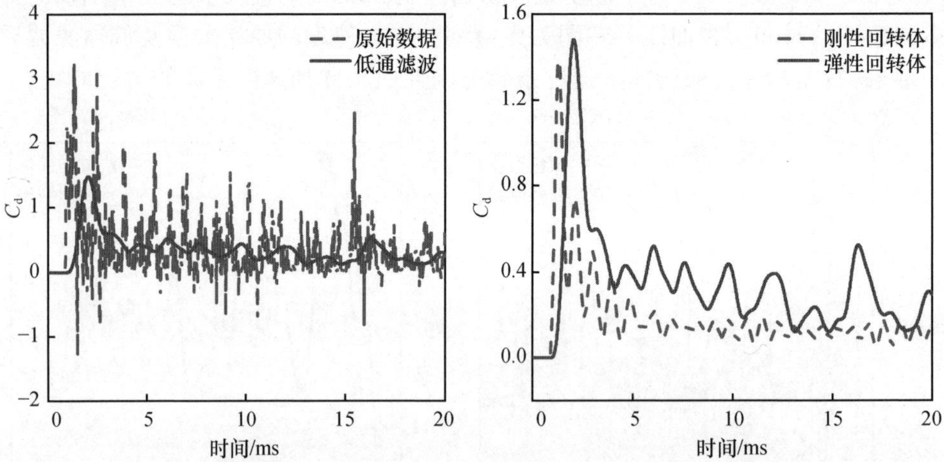

(a) 原始数据　　(b) 低通滤波后结果

图 4-13　模型 c 以初始速度 30m/s 垂直入水时无量纲轴向冲击加速度的时间历程曲线

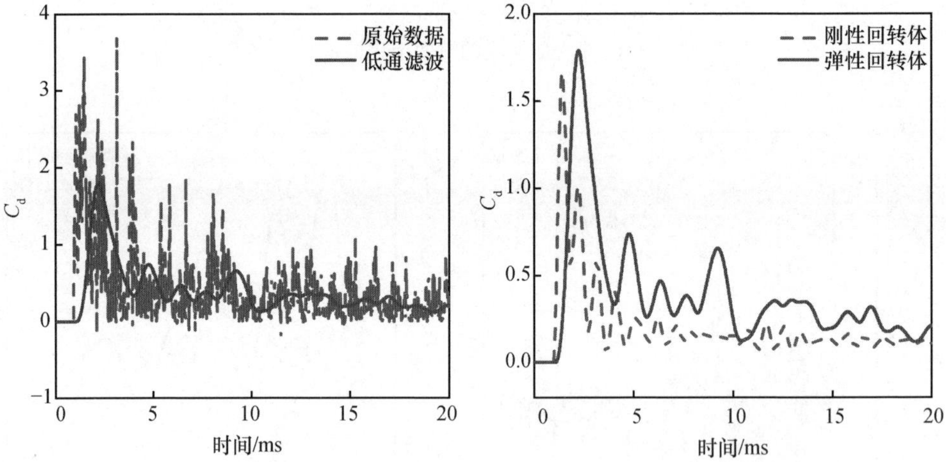

(a) 原始数据　　(b) 低通滤波后结果

图 4-14　模型 d 以初始速度 30m/s 垂直入水时无量纲轴向冲击加速度的时间历程曲线

从弹性回转体加速度系数的计算结果可以看出,原始信号振动变化剧烈,需要对其进行处理以提取其中的有效数据。结合 3.4.1 节的模态分析结果,采用 1kHz 的截止频率对原始信号进行低通滤波,滤波后的结果如图 4-11～图 4-15(a)中的实线所示。

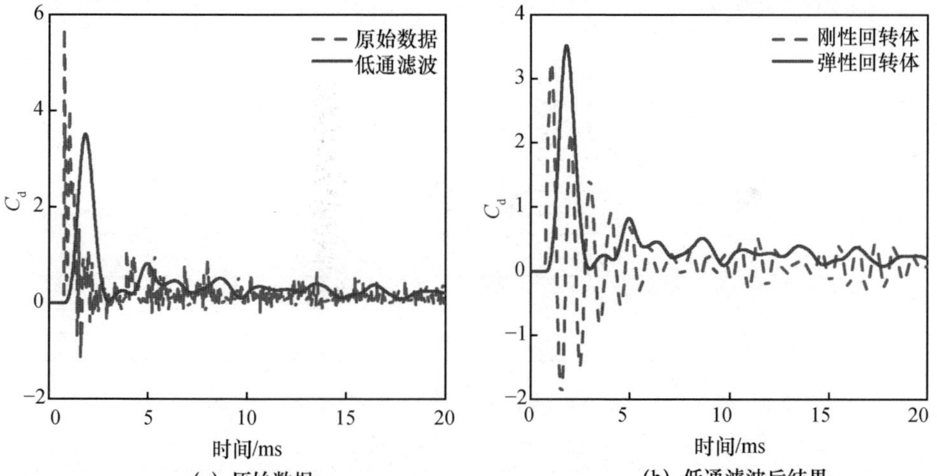

(a) 原始数据　　(b) 低通滤波后结果

图 4-15　模型 e 以初始速度 30m/s 垂直入水时无量纲轴向冲击加速度的时间历程曲线

从图 4-11～图 4-15(b)中可以看出,弹性回转体加速度和刚性回转体加速度的总体变化趋势基本一致,均表现为在入水后迅速达到第一个峰值,随后振荡衰减并趋于一个稳定值。从峰值系数来看,弹性回转体加速度的峰值系数大于刚性回转体加速度的峰值系数,这主要是因为弹性回转体在入水过程中由于结构变形会产生弹性变形加速度,该加速度与每个单元受到的节点力(包括外力)和刚度(壳体材料、厚度)等参数有关,它体现了水弹性效应,这一特性与刚性回转体加速度具有本质差异。

定义一个无量纲参数 η_1 用以评价水弹性效应(hydroelastic effect)[13]:

$$\eta_1 = \frac{C_{d_{\mathrm{Elastic}}} - C_{d_{\mathrm{Rigid}}}}{C_{d_{\mathrm{Rigid}}}} \times 100\% \tag{4-4}$$

下面进一步介绍回转体头部线型、壳体厚度、入水速度和入水角度对弹性回转体水弹性效应的影响。

4.2.1.1　头部线型对水弹性效性的影响

表 4-6 和表 4-7 分别为 5 种模型以初始速度 30m/s、60°角斜入水和垂直入水时弹性回转体加速度峰值系数与刚性回转体加速度峰值系数的计算结果。因为垂直入水时法向加速度很小,可以忽略不计,所以表 4-7 中只给出了轴向加速度峰值系数,下同。从表中可以看出,随着回转体头部半球角的增加,弹性回转体和刚性回转体轴向和法向加速度峰值系数增大,且水弹性效应明显。

表 4-6　不同头部线型模型以初始速度 30m/s、60°角斜入水时加速度峰值系数和 η_1

模型			模型 a	模型 b	模型 c	模型 d	模型 e
轴向	加速度峰值系数	弹性体	0.389	0.590	0.907	1.160	1.266
		刚体	0.370	0.559	0.856	1.090	1.183
	$\eta_1/\%$		5.14	5.55	5.96	6.42	7.02
法向	加速度峰值系数	弹性体	0.855	1.107	1.629	2.057	0.860
		刚体	0.823	1.061	1.552	1.950	0.813
	$\eta_1/\%$		3.89	4.34	4.96	5.49	5.78

表 4-7　不同头部线型模型以初始速度 30m/s 垂直入水时加速度峰值系数和 η_1

模型			模型 a	模型 b	模型 c	模型 d	模型 e
轴向	加速度峰值系数	弹性体	0.409	0.888	1.484	1.789	3.517
		刚体	0.384	0.831	1.385	1.664	3.256
	$\eta_1/\%$		6.51	6.86	7.15	7.51	8.02

4.2.1.2　壳体厚度对水弹性效应的影响

表 4-8 为不同壳体厚度的模型 a 和模型 e 以初始速度 30m/s、60°角斜入水时弹性回转体加速度峰值系数与刚性回转体加速度峰值系数的计算结果。从表中可以看出，随着回转体壳体厚度的增加，模型 a 和模型 e 的轴向及法向 η_1 值均减小，表明在回转体其他特征尺度不变的条件下，回转体的壳体的厚度越小，水弹性效应越显著。

表 4-8　不同壳体厚度模型以初始速度 30m/s、60°角斜入水时加速度峰值系数和 η_1

模型			模型 a			模型 e		
			4mm	6mm	8mm	4mm	6mm	8mm
轴向	加速度峰值系数	弹性体	0.389	0.357	0.440	1.266	1.359	1.379
		刚体	0.370	0.342	0.423	1.183	1.296	1.323
	$\eta_1/\%$		5.14	4.39	4.02	7.02	4.86	4.23
法向	加速度峰值系数	弹性体	0.855	0.828	0.890	0.860	0.848	0.874
		刚体	0.823	0.798	0.861	0.813	0.810	0.840
	$\eta_1/\%$		3.89	3.76	3.37	5.78	4.69	4.05

4.2.1.3　入水速度对水弹性效性的影响

表 4-9 为壳体厚度为 4mm 的模型 a 和模型 e 以 60°角、不同初始速度入水时

弹性回转体加速度峰值系数和刚性回转体加速度峰值系数对比。从表中可以看出，随着入水速度的增加，模型 a 的轴向 η_1 值在 5.3%左右变化，而法向 η_1 值在 3.95%左右变化；模型 e 的轴向 η_1 值在 7%左右变化，法向 η_1 值在 5.8%左右变化，上述结果表明回转体的水弹性效应与入水速度成非线性关系。

表 4-9　不同初始速度、60°角斜入水时加速度峰值系数和 η_1

模型			模型 a			模型 e		
			30m/s	40m/s	50m/s	30m/s	40m/s	50m/s
轴向	加速度峰值系数	弹性体	0.389	0.354	0.353	1.266	1.289	1.266
		刚体	0.370	0.336	0.335	1.183	1.205	1.182
	η_1/%		5.14	5.36	5.37	7.02	6.97	7.11
法向	加速度峰值系数	弹性体	0.855	0.737	0.651	0.860	0.840	0.834
		刚体	0.823	0.709	0.626	0.813	0.794	0.788
	η_1/%		3.89	3.95	3.99	5.78	5.79	5.84

表 4-10 为模型 a 和模型 e 以不同初始速度垂直入水时弹性回转体加速度峰值系数和刚性回转体加速度峰值系数对比。因为弹性回转体以初始速度 70m/s 垂直入水时壳体结构发生破坏(图 4-9 和图 4-10)，所以表中未给出初始速度为 70m/s 时弹性回转体加速度峰值系数。从计算结果也可看出垂直入水时，模型 a 的轴向 η_1 值在 6.5%左右，模型 e 的轴向 η_1 值在 8%左右，进一步表明回转体的水弹性效应与入水速度呈非线性关系。

表 4-10　不同初始速度垂直入水时加速度峰值系数和 η_1

模型			模型 a			模型 e		
			30m/s	50m/s	70m/s	30m/s	50m/s	70m/s
轴向	加速度峰值系数	弹性体	0.409	0.410	结构破坏	3.517	3.398	结构破坏
		刚体	0.384	0.385	0.357	3.256	3.146	1.182
	η_1/%		6.51	6.49	结构破坏	8.02	8.01	结构破坏

4.2.1.4　入水角度对水弹性效应的影响

表 4-11 为模型 a 和模型 e 以不同入水角度、初始速度 30m/s 入水时弹性回转体加速度峰值系数和刚性回转体加速度峰值系数。从计算结果可以看出，模型 a 和模型 e 的轴向与法向 η_1 值均随入水角度的增加而增大，表明回转体的水弹性效应与入水角度呈线性关系。

表 4-11　不同入水角度、初始速度 30m/s 入水时加速度峰值系数和 η_1

模型			模型 a				模型 e			
			60°	70°	80°	90°	60°	70°	80°	90°
轴向	加速度峰值系数	弹性体	0.389	0.363	0.397	0.409	1.266	2.045	2.787	3.517
		刚体	0.370	0.344	0.375	0.384	1.183	1.903	2.581	3.256
	η_1/%		5.14	5.52	5.87	6.51	7.02	7.46	7.98	8.02
法向	加速度峰值系数	弹性体	0.855	0.368	0.254	—	0.860	0.757	0.654	—
		刚体	0.823	0.351	0.241	—	0.813	0.714	0.614	—
	η_1/%		3.89	4.84	5.39	—	5.78	6.02	6.51	—

4.2.2　不同条件下回转体砰击压力特性

图 4-16 为模型 a 以初始速度 30m/s 垂直入水时表面砰击压力分布云图。从图中可以看出,回转体入水时使静止的流场受到剧烈扰动,产生较大的砰击压力作用于回转体表面。由于回转体头部首先触水,在头部附近产生较大的砰击压力。在入水瞬间回转体壳体头部区域承受的压力由 0 增加到 130MPa[图 4-16(b)]左右;在入水后 0.1ms 时,回转体头部区域最大瞬时砰击压力达 300MPa[图 4-16(c)];随着入水深度的增加,砰击压力由头部触水部位逐渐向回转体尾部传播,在入水后 0.5ms 时,瞬时压力峰值出现在距离头部触水点之后的部位,幅值为 110MPa[图 4-16(d)]。上述现象说明,回转体在入水过程中壳体表面承受了峰值大、频率高的瞬时砰击压力作用,可能会使壳体头部结构发生破坏。模型 b、模型 c 和模型 d 的砰击压力分布与模型 a 相似,在此不再单独介绍。

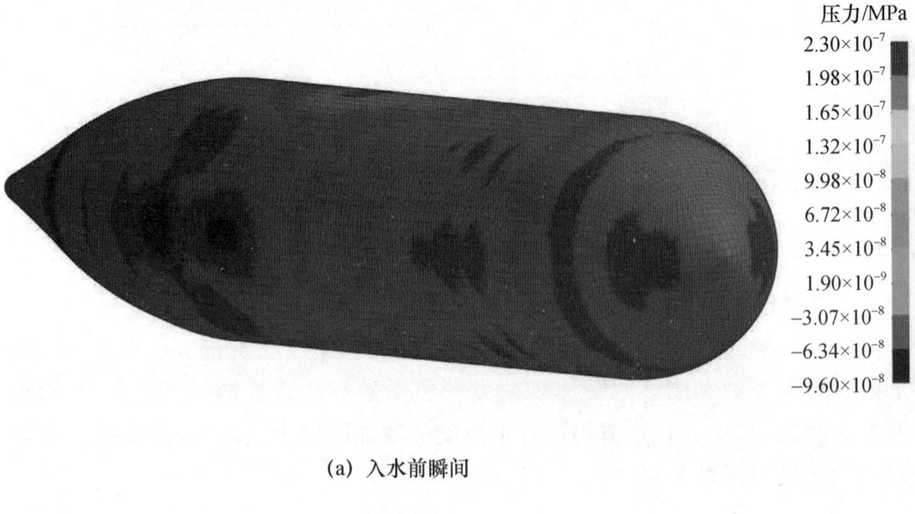

(a) 入水前瞬间

(b) 入水瞬间

(c) 入水后0.1ms

(d) 入水后0.5ms

图 4-16　模型 a 以初始速度 30m/s 垂直入水时回转体表面砰击压力分布云图

图 4-17 为模型 e 以初始速度 30m/s 垂直入水时回转体表面砰击压力分布云图。从图中可以看出,模型 e 的砰击压力分布规律与模型 a 相似,但是由于模型 e 头部平端面的存在使两种模型头部区域压力分布存在差异,具体表现为砰击压力在向回转体尾部传播的同时,也从头部端面中心逐渐向边缘部位传播。在入水瞬间,头部区域瞬时压力峰值达 360MPa[图 4-17(b)];入水后 0.1ms 时,砰击压力峰值达 275MPa[图 4-17(c)],而且可以看到头部端面发生了较为明显的变形;入水后 0.5ms 时,砰击压力峰值出现在头部端面边缘部位,达 223MPa,头部端面的变形进一步加剧[图 4-17(d)]。

(a) 入水前瞬间

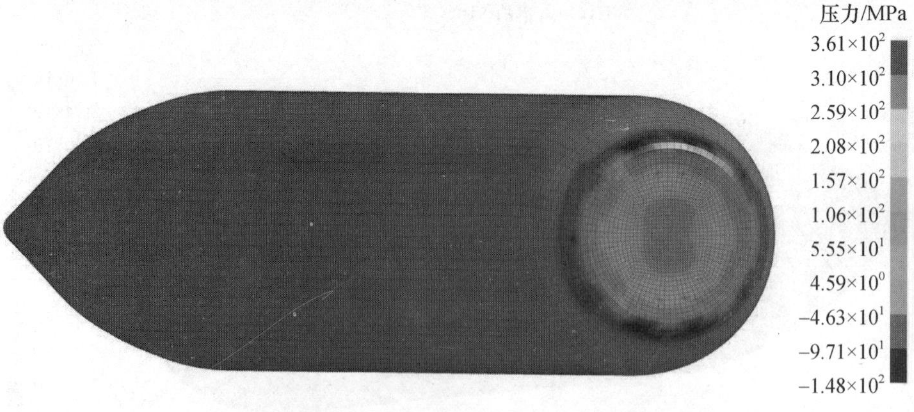

(b) 入水瞬间

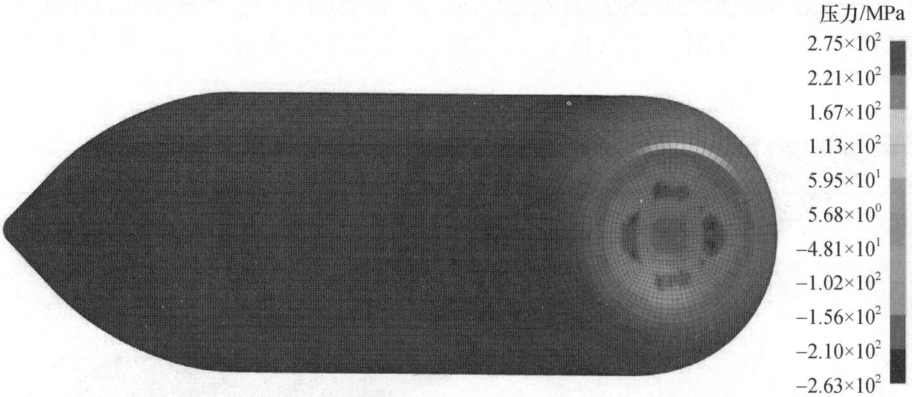

(c) 入水后0.1ms

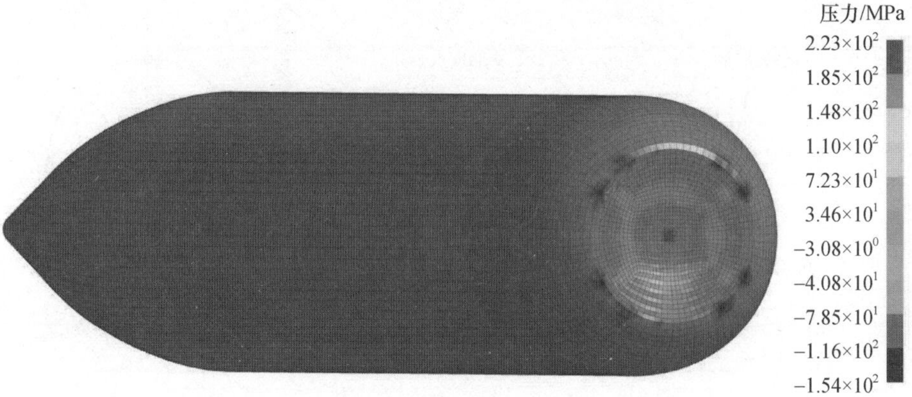

(d) 入水后0.5ms

图 4-17　模型 e 以初始速度 30m/s 垂直入水时回转体表面砰击压力分布云图

由上述分析可知，在入水瞬间回转体头部触水区域会遭受巨大的砰击压力作用。从校核壳体结构局部强度的角度来说，这种大峰值、高频率的砰击压力作用不能忽视。为此，本书选取了一些特征单元对砰击压力的特性做进一步的研究。结合图 4-16 和图 4-17 的压力分布云图可知，砰击压力主要作用于回转体的头部，因此选取头部区域的特征单元进行分析。

由于模型 a、模型 b、模型 c 和模型 d 的结构具有相似性，以模型 a 为例说明 4 种模型中特征单元的选取原则。如图 4-18 所示，选取了两组特征单元，一组沿着回转体的轴向，分别为 L_1、L_2、L_3、L_4 和 L_5，L_1 位于回转体头部顶点，$L_1 \sim L_5$ 特征单元等距离沿着回转体的轴向分布，两个特征单元的间距为 $R/4$（R 为回转体半径)；另一组沿着回转体径向，为 R_1、R_2、R_3、R_4 和 R_5，$R_1 \sim R_5$ 特征单元位于距离回转体顶点 $R/4$ 的圆周上，5 个特征单元之间的夹角为 45°，R_1 与 R_5、R_2 与 R_4 分别关于对称面对称。

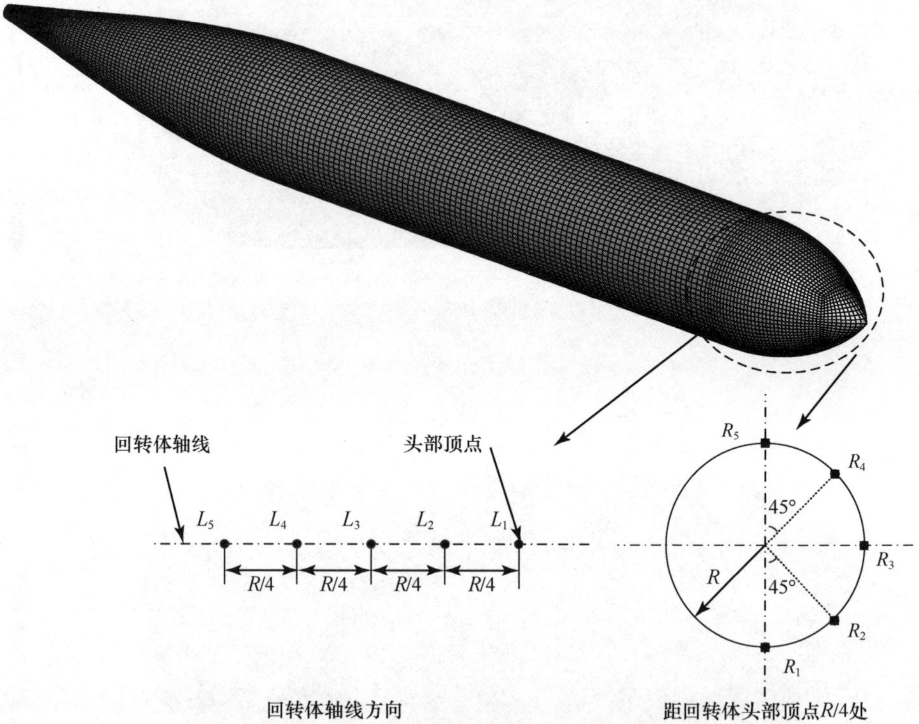

图 4-18　模型 a 特征单元示意图

图 4-19 为模型 e 特征单元位置的示意图，模型 e 中共选取 4 组特征单元。一组沿着回转体的轴向，分别为 L_1、L_2、L_3、L_4 和 L_5，L_1 位于回转体头部端面，$L_1 \sim L_5$ 特征单元等距离沿着回转体轴向分布，两个特征单元的间距为 $R/4$；另一组为 RU_2、RU_1、R_1、RD_1 和 RD_2，与回转体的 y 轴方向平行，特征单元以 $R/2$ 等间距分布，其中"U"代表回转体斜入水时的背水面，"D"代表回转体斜入水时的迎水面，下同；一组为 R_1、R_2、R_3、R_4 和 R_5，特征单元以 $R/2$ 等间距分布；另一组为 RU_2、RU_3、R_5、RD_3 和 RD_2，周向分布于回转体头部端面外缘，特征单元之间的夹角为 45°。

4.2.2.1　头部线型对砰击压力的影响

图 4-20 为 5 种模型以初始速度 30m/s 垂直入水时回转体头部中心特征单元(模型 a~模型 d 的 L_1 处，模型 e 的 R_3 处)的砰击压力时间历程曲线。图 4-20(a)为原始数据，图 4-20(b)为经过截止频率为 1kHz 低通滤波后的结果。

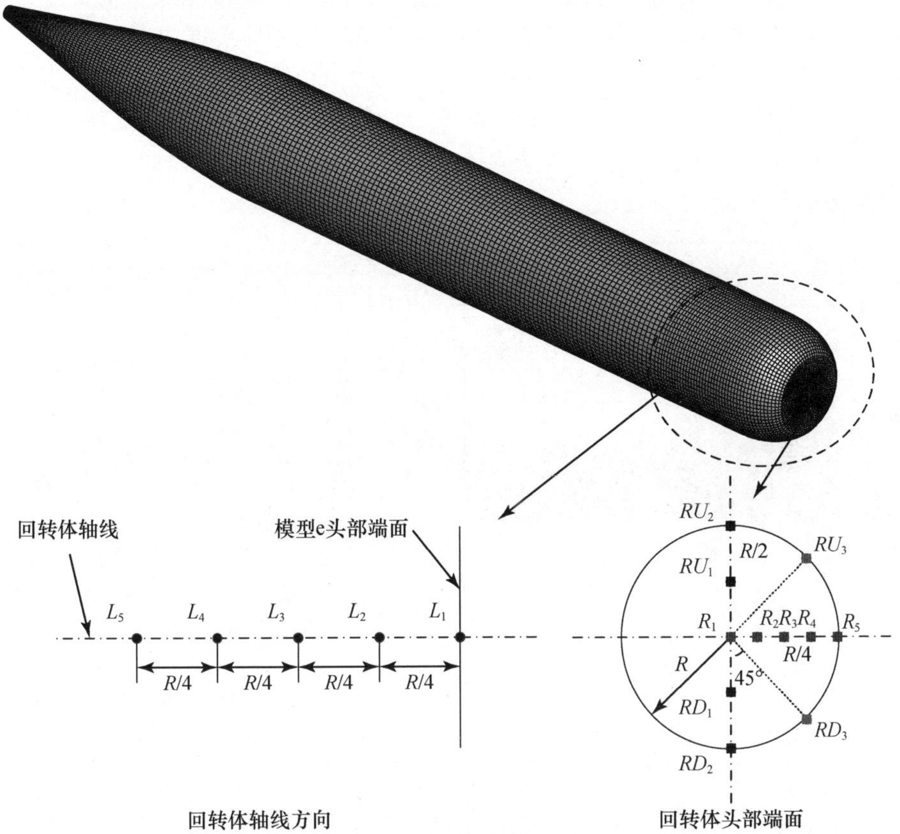

图 4-19　模型 e 特征单元示意图

从图中可以看出,5 种模型砰击压力具有相同的变化规律,即当特征单元接触到水时,产生第一次砰击压力峰值;之后迅速下降,并形成第二次砰击压力峰值,第二次砰击压力峰值约为第一次砰击压力峰值的 1/2;第二次砰击压力峰值后砰击压力在一个稳定值附近上下振荡。同时,从图中结果还可以看出,回转体头部的半球角越大,砰击压力的峰值就越大,砰击压力越大意味着模型遭受的冲击载荷也越大。模型 a 的砰击压力峰值最小约为 60MPa,模型 e 的砰击压力峰值最大约为 203MPa,接近模型 a 的 3.4 倍。

4.2.2.2　壳体厚度对砰击压力的影响

图 4-21 为不同壳体厚度的模型 a 和模型 e 以初始速度 30m/s、60°角斜入水时特征单元(模型 a 的 R_2 处,模型 e 的 RD_1 处)的砰击压力时间历程曲线。从图中可以看出,在其他条件相同的情况下,回转体壳体厚度越大,砰击压力峰值越小。对于模型 a,壳体厚度为 4mm 时,砰击压力峰值约为 60MPa;壳体厚度为 6mm 时,

砰击压力峰值约为21MPa;壳体厚度为8mm时,砰击压力峰值约为6MPa。对于模型e,壳体厚度为4mm时,砰击压力峰值约为116MPa;壳体厚度为6mm时,砰击压力峰值约为26MPa;壳体厚度为8mm时,砰击压力峰值约为15MPa。结果表明,壳体厚度对回转体砰击压力峰值有较大影响。回转体壳体厚度越大,结构的刚度也越大,相同初始条件下入水,流体和固体之间的耦合效应越小,因此对应的砰击压力也越小。

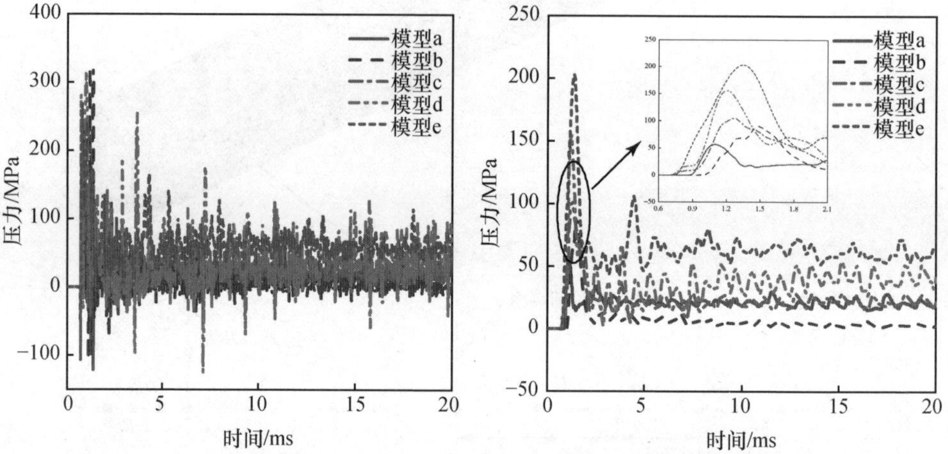

(a) 原始数据

(b) 低通滤波后结果

图4-20 5种模型以初始速度30m/s垂直入水时
头部中心特征单元砰击压力时间历程曲线

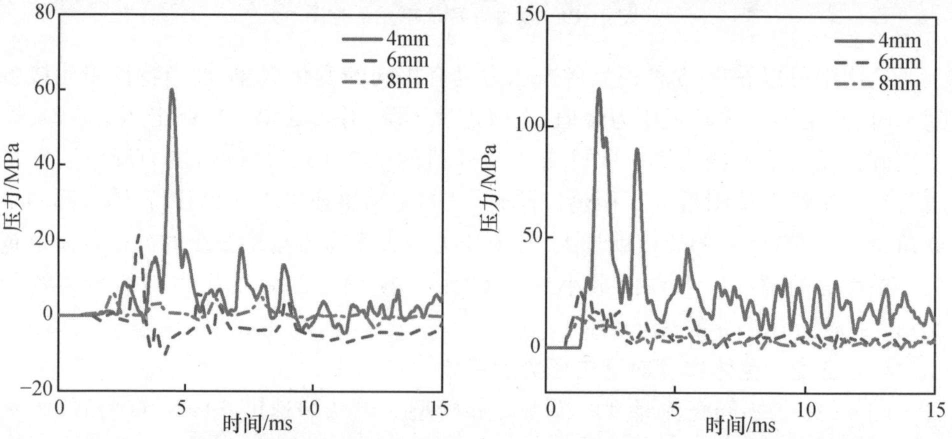

(a) 模型a

(b) 模型e

图4-21 不同壳体厚度的模型a和模型e以初始速度30m/s、
60°角斜入水时特征单元砰击压力时间历程曲线

4.2.2.3　入水速度对砰击压力的影响

图 4-22 和图 4-23 分别为模型 a 和模型 e 以 60°角、不同初始速度斜入水时特征单元(模型 a 的 R_2 处,模型 e 的 RD_1 处)的砰击压力时间历程曲线及砰击压力峰值与速度的拟合曲线。从图中可以看出,随着入水速度的增加,模型 a 和模型 e 的砰击压力峰值也越大。对于模型 a,初始速度为 30m/s 时,砰击压力峰值为 60MPa;初始速度为 40m/s 时,砰击压力峰值为 86MPa;初始速度为 50m/s 时,砰击压力峰值为 130MPa。对于模型 e,初始速度为 30m/s 时,砰击压力峰值为 117MPa;初始速度为 40m/s 时,砰击压力峰值为 151MPa;初始速度为 50m/s 时,砰击压力峰值为 175MPa。经过对砰击压力峰值做进一步分析可知,模型 a 和模型 e 的砰击压力峰值与速度的二次方近似成比例关系,数据拟合曲线如图 4-22(b)和图 4-23(b)所示。

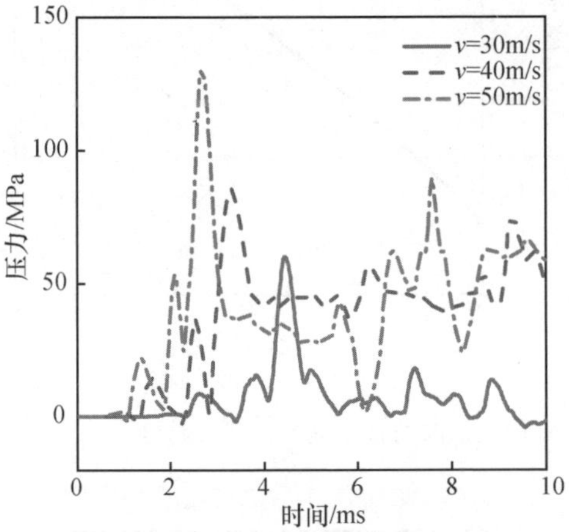

(a) 砰击压力时间历程曲线

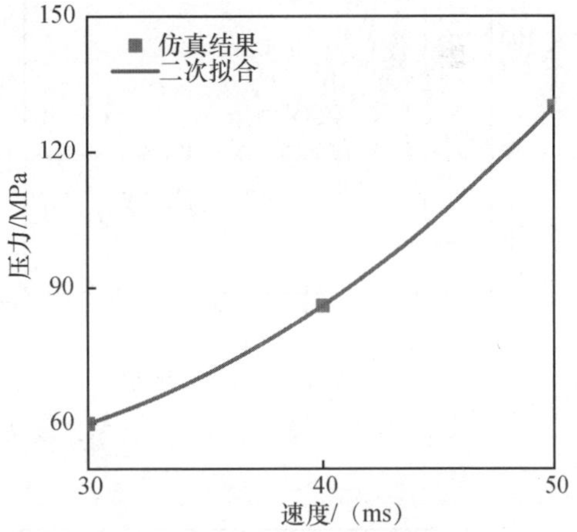

(b) 二次拟合曲线

图 4-22　模型 a 以不同初始速度、60°角斜入水时特征单元的砰击压力特性

同时,从图 4-22 和图 4-23 中还可以看出,入水速度越大,砰击压力到达峰值的时间也越早,这是因为速度越大,特征单元接触水面时所需的时间越短;但是,不同速度下砰击压力峰值的脉冲宽度接近,模型 a 的脉宽为 0.8ms,模型 e 的脉宽为 1.2ms。

4.2.2.4　入水角度对砰击压力的影响

图 4-24 和图 4-25 分别为模型 a 和模型 e 以初始速度 30m/s、不同角度入水时特征单元(模型 a 和模型 e 的 L_1 处)的砰击压力时间历程曲线及砰击压力峰值与入水角度的拟合曲线。从砰击压力时间历程曲线可以看出,回转体以不同角度入水时,模型 a 和模型 e 特征单元的砰击压力具有相同的变化规律,即特征单元在触水后形成峰值压力,之后压力迅速下降并在一个稳定值附近上下振荡。一个例外的情况是模型 a 以 80°角入水时在 10ms 左右出现了二次峰值,结合回转体的入水过程分析其

原因认为这可能是由数值计算噪声所致,对砰击压力峰值无影响,可忽略不计。同时还可以看出,入水角度越大,砰击压力峰值也越大。对于模型 a,60°角时砰击压力峰值约为 125MPa,70°角时砰击压力峰值约为 139MPa,80°角时砰击压力峰值约为 150MPa,90°角时砰击压力峰值约为 156MPa。对于模型 e,60°角时砰击压力峰值约为 91MPa,70°角时峰值约为 114MPa,80°角时砰击压力峰值约为 133MPa,90°角时砰击压力峰值约为 145MPa。对砰击压力峰值与入水角度进行拟合发现,砰击压力峰值与入水角度的二次方近似成比例关系,如图 4-24(b)和图 4-25(b)所示。

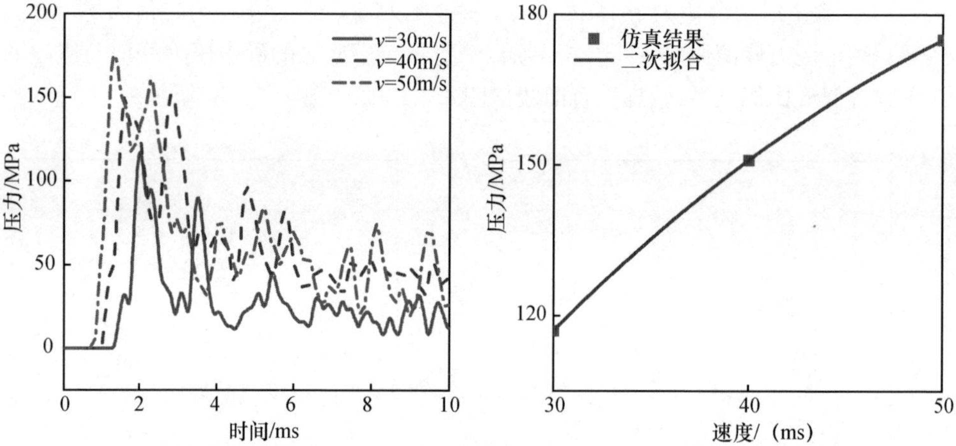

(a) 砰击压力时间历程曲线　　(b) 二次拟合曲线

图 4-23　模型 e 以不同初始速度、60°角斜入水时特征单元砰击压力特性

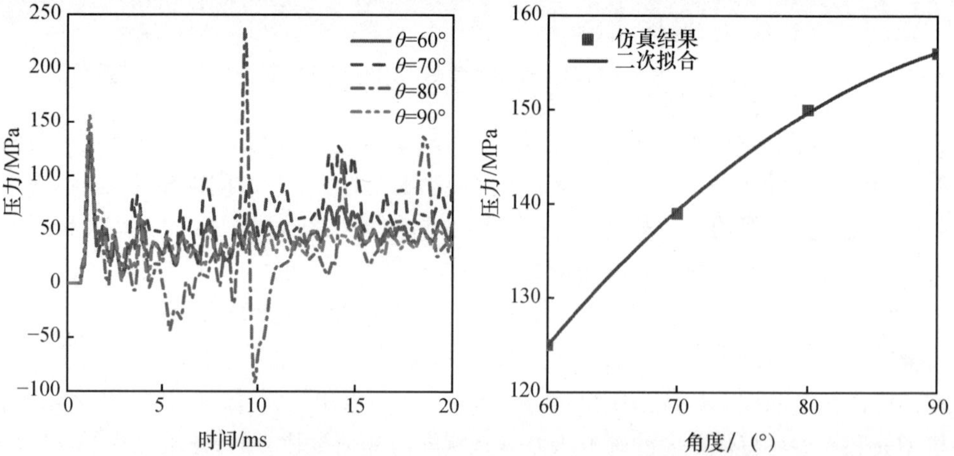

(a) 砰击压力时间历程曲线　　(b) 二次拟合曲线

图 4-24　模型 a 以不同入水角度、初始速度 30m/s 入水时特征单元砰击压力特性

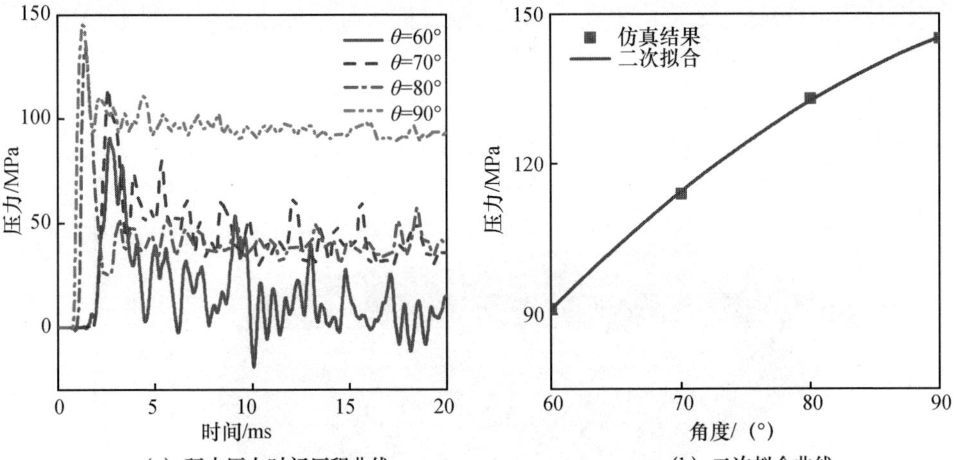

(a) 砰击压力时间历程曲线　　(b) 二次拟合曲线

图 4-25　模型 e 以不同入水角度、初始速度 30m/s 入水时特征单元砰击压力特性

4.3　回转体结构动态响应特性

求解动态响应就是在已知的动态激励和系统特性下求解动态输出。这里的动态激励是指入水冲击载荷,系统是回转体,输出是响应。弹性回转体入水过程中涉及流体和弹性结构耦合振动的物理过程,只有研究回转体结构的动态响应才能揭示结构所处的动态载荷环境。同时,掌握响应量随时间的变化规律,又是对壳体结构进行强度、刚度设计的必要条件。为此,本节分析不同初始条件下回转体结构应力和形变特性,研究回转体结构的动态响应特性。

4.3.1　不同入水条件下回转体结构应力特性

应力是衡量物体在承受外力作用时结构内力大小的物理量。冯 · 米塞斯应力是根据第四强度理论得到的等效应力,冯 · 米塞斯应力常作为衡量应力水平的指标,它可以清晰地描述出一种结果在整个模型中的变化,综合考虑了主应力和剪应力的影响,可由式(4-5)表示:

$$\sigma = \frac{1}{\sqrt{2}}\sqrt{(\sigma_x - \sigma_y)^2 + (\sigma_y - \sigma_z)^2 + (\sigma_z - \sigma_x)^2 + 6(\tau_{xy}^2 + \tau_{yz}^2 + \tau_{zx}^2)} \tag{4-5}$$

图 4-26 为模型 a 以初始速度 30m/s 垂直入水时冯 · 米塞斯应力分布云图。由图可知,在入水瞬间回转体受冲击载荷的作用下,触水区域产生较大的应力。随着回转体进一步入水,应力逐渐向尾部传播。入水瞬间回转体头部应力峰值约为

60MPa[图 4-26(b)];入水后 0.1ms 应力范围扩大且峰值迅速增加到 354MPa,超过材料的屈服应力,将会导致结构发生塑性变形[图 4-26(c)];入水后 0.5ms 时应力范围进一步扩大但是峰值略有下降,达 224MPa[图 4-26(d)]。这说明,在冲击载荷作用下回转体结构产生了较为明显的动态响应。

(a) 入水前瞬间

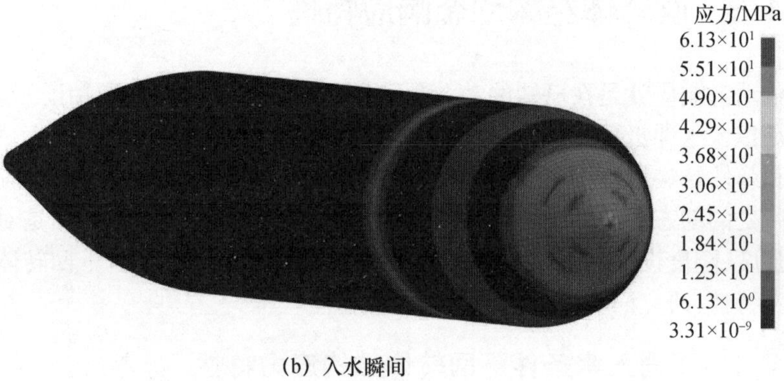

(b) 入水瞬间

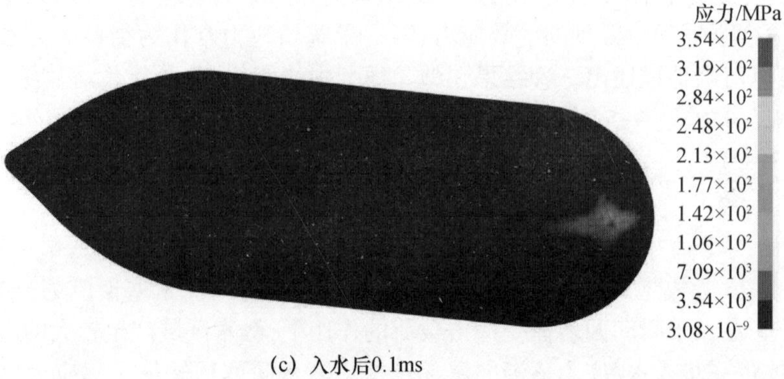

(c) 入水后0.1ms

(d) 入水后0.5ms

图 4-26　模型 a 以初始速度 30m/s 垂直入水时冯 · 米塞斯应力分布云图

图 4-27 为模型 e 以初始速度 30m/s 垂直入水时冯 · 米塞斯应力分布云图。从图中可以看出模型 e 的应力分布规律与模型 a 的应力分布规律相似,但是模型 e 头部平端面的存在使模型 e 的应力分布与模型 a 的应力分布有不同之处,即应力在回转体尾部传播的同时也沿着头部平端面由内向外传播。入水瞬间,头部应力峰值达 392MPa[图 4-27(b)];入水后 0.1ms 时,应力范围扩大,其峰值迅速增加到 410MPa[图 4-27(c)];入水后 0.5ms 时,应力范围进一步扩大,但峰值略有下降,达 364MPa[图 4-27(d)]。

从上面的应力云图分布规律可以看出,在入水过程中回转体结构在冲击载荷作用下会产生瞬态峰值较大的应力,且应力分布范围随着入水深度的增加而扩大。为了进一步揭示回转体结构的应力特性,下面以一些特征单元为例,详细讨论其应力变化与冲击载荷之间的关系。特征单元的具体位置如图 4-18 和图 4-19 所示。

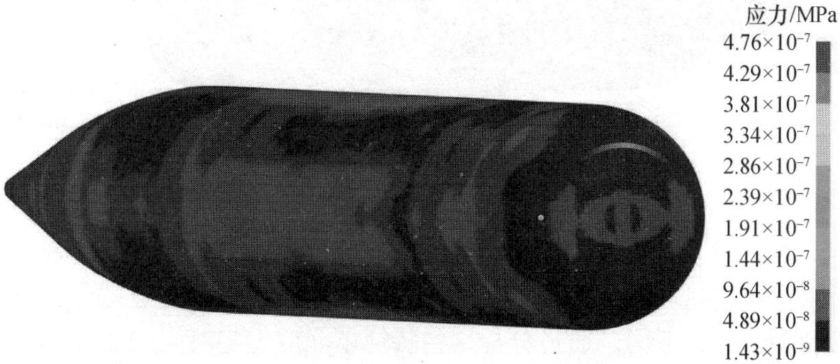

(a) 入水前瞬间

(b) 入水瞬间

(c) 入水后0.1ms

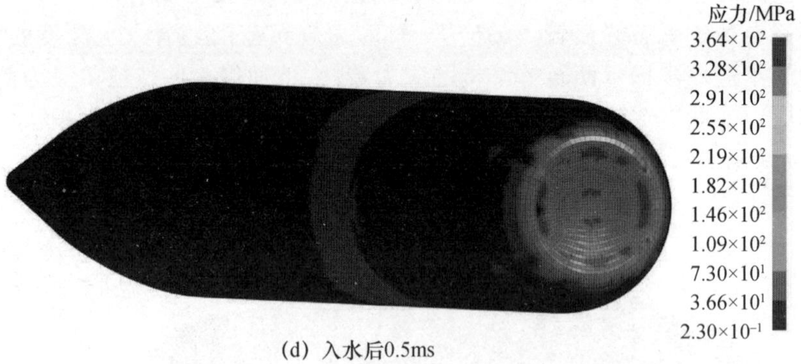

(d) 入水后0.5ms

图 4-27 模型 e 以初始速度 30m/s 垂直入水时冯·米塞斯应力分布云图

图 4-28 为模型 c 以初始速度 30m/s、60°角斜入水时径向特征单元($R_1 \sim R_5$)应力时间历程曲线。图 4-28(a)为原始数据,图 4-28(b)为经过截止频率为 1kHz 低通滤波后的数据,下同。通过分析这些特征单元应力随时间的变化情况,可以研究斜入水时回转体的应力特性。

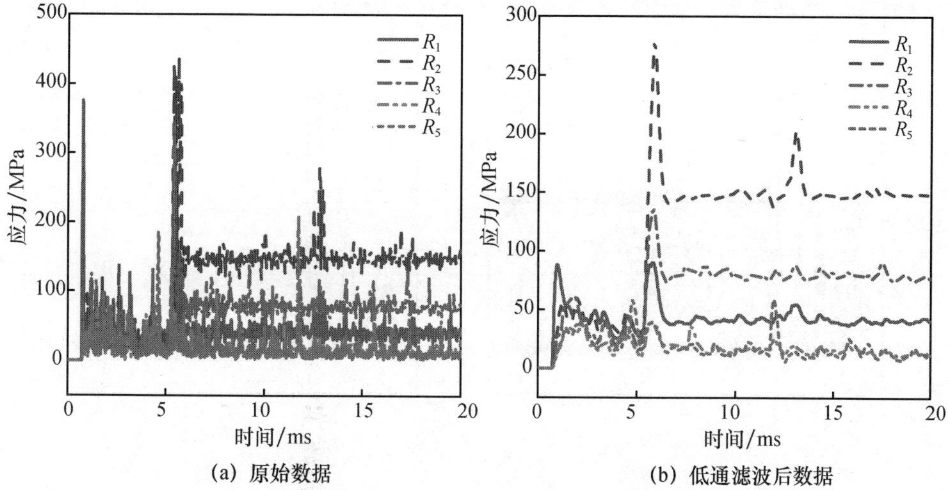

图 4-28　模型 c 以初始速度 30m/s、60°角斜入水时
特征单元($R_1 \sim R_5$)应力时间历程曲线

从图 4-28 中可知，5 个特征单元处的应力具有相同的变化规律，即入水之后在冲击载荷作用下，先出现第一次应力峰值；之后应力下降，在 5ms 左右出现第二次应力峰值，且第二次应力峰值远大于第一次。对比 R_1 和 R_5、R_2 和 R_4 的结果可知，R_1 的应力峰值约为 90MPa，R_5 的应力峰值约为 30MPa，R_2 的应力峰值约为 270MPa，R_4 的应力峰值约为 30MPa，表明迎水面(先触水)的单元应力大于背水面(后触水)的单元应力。同时，R_4 与 R_5 的应力时间历程曲线基本重合，表明触水位置对应力的分布具有重要影响。

图 4-29 为模型 c 以初始速度 30m/s、60°角斜入水时轴向特征单元($L_1 \sim L_5$)应力时间历程曲线。从图中可以看出，L_1 为最先接触水的单元，其应力首先到达峰值；在 5ms 左右，$L_2 \sim L_5$ 单元应力才到达峰值，这主要是因为斜入水时回转体应力呈不对称分布，同时应力的传播也需要时间，所以不同特征单元到达峰值的时间不一致。

图 4-30 为模型 e 以初始速度 30m/s、60°角斜入水时径向特征单元(R_1、RD_1、RD_2、RU_1 和 RU_2)应力时间历程曲线。RD_1 和 RD_2 为迎水面单元，RU_1 和 RU_2 为背水面单元。通过分析这 5 个单元的应力特性可以研究应力在头部端面的传播情况。由图可知，RD_2 和 RU_2 处的应力峰值基本相等约为 300MPa，RD_1 处的应力峰值约为 250MPa，RU_1 和 R_1 处的应力峰值约为 150MPa。这说明斜入水时，迎水面应力的峰值大于背水面的应力峰值，而且迎水面应力的变化频率也高于背水面的应力变化频率，表明迎水面的应力波动更加复杂。

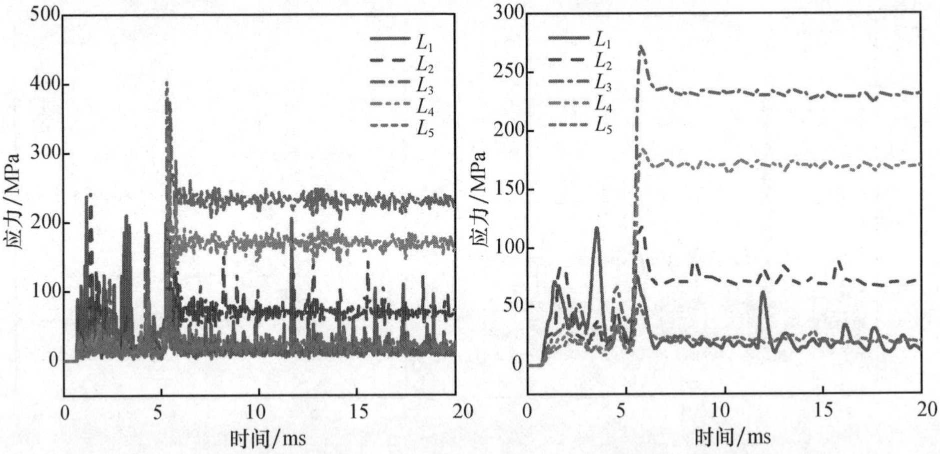

(a) 原始数据　　(b) 低通滤波后数据

图 4-29　模型 c 以初始速度 30m/s、60°角斜入水时轴向特征单元(L_1~L_5)应力时间历程曲线

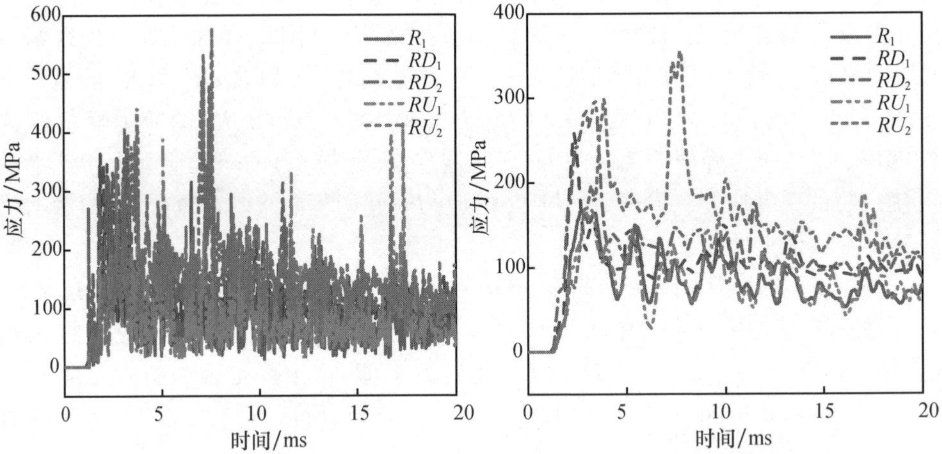

(a) 原始数据　　(b) 低通滤波后数据

图 4-30　模型 e 以初始速度 30m/s、60°角斜入水时径向特征单元(R_1、RD_1、RD_2、RU_1 和 RU_2)应力时间历程曲线

图 4-31 为模型 e 以初始速度 30m/s、60°角斜入水时径向特征单元(R_1~R_5)应力时间历程曲线。从图中可以看出,这 5 个特征单元的应力变化趋势基本一致,但 R_5 处的应力峰值明显大于其余 4 处,R_1 处的应力峰值最小。这说明特征单元越靠近边缘触水位置,其应力峰值越大。

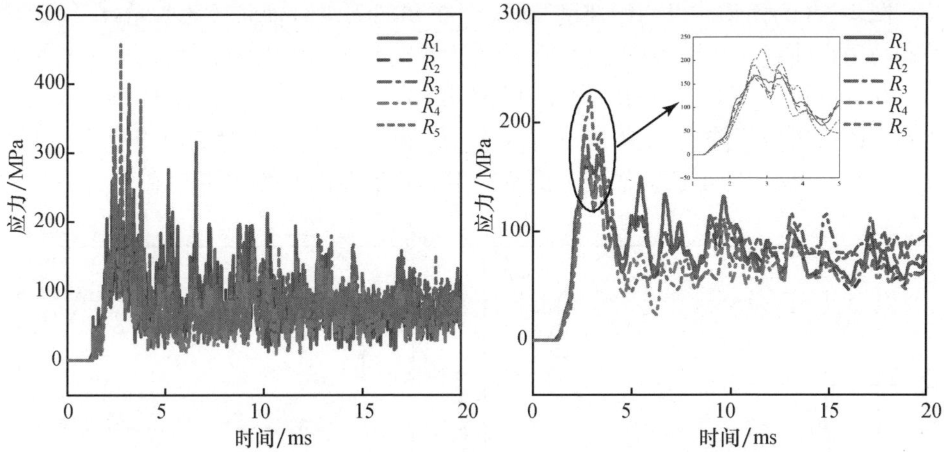

(a) 原始数据　　(b) 低通滤波后数据

图 4-31　模型 e 以初始速度 30m/s、60°角斜入水时径向特征单元（R_1 ~ R_5）应力时间历程曲线

图 4-32 为模型 e 以初始速度 30m/s、60°角斜入水时头部边缘周向特征单元（RD_2、RD_3、R_5、RU_3 和 RU_2）应力时间历程曲线。对比 RD_3 和 RU_3 处的应力时间历程曲线可知，两者应力的变化趋势基本一致，但是 RD_3 处的应力峰值为 320MPa，远大于 RU_3 处的应力峰值（200MPa）。应力时间历程曲线表明，斜入水时不同特征单元处的应力变化规律相同，但是迎水面的单元应力峰值大于背水面的单元应力峰值。

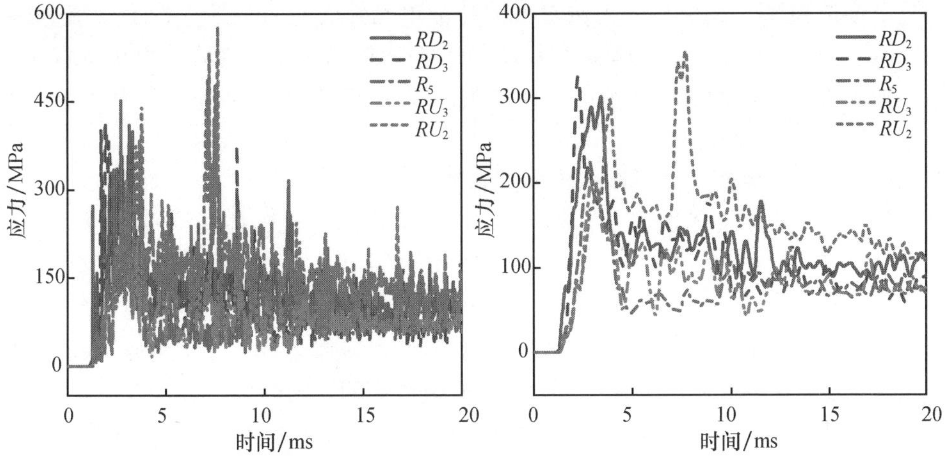

(a) 原始数据　　(b) 低通滤波后数据

图 4-32　模型 e 以初始速度 30m/s、60°角斜入水时头部边缘周向特征单元（RD_2、RD_3、R_5、RU_3 和 RU_2）应力时间历程曲线

图 4-33 为模型 e 以初始速度 30m/s、60°角斜入水时轴向特征单元($L_1 \sim L_5$)应力时间历程曲线。从图中可知,L_1 处的应力峰值约为 210MPa,L_2 处的应力峰值约为 170MPa,L_3、L_4 和 L_5 处的应力峰值基本相同,约为 25MPa。L_1 和 L_2 处的应力在达到峰值后迅速下降到 125MPa 左右。L_3、L_4 和 L_5 处的应力时间历程曲线基本重合,表明回转体在冲击载荷作用下的响应主要发生在模型的头部区域。

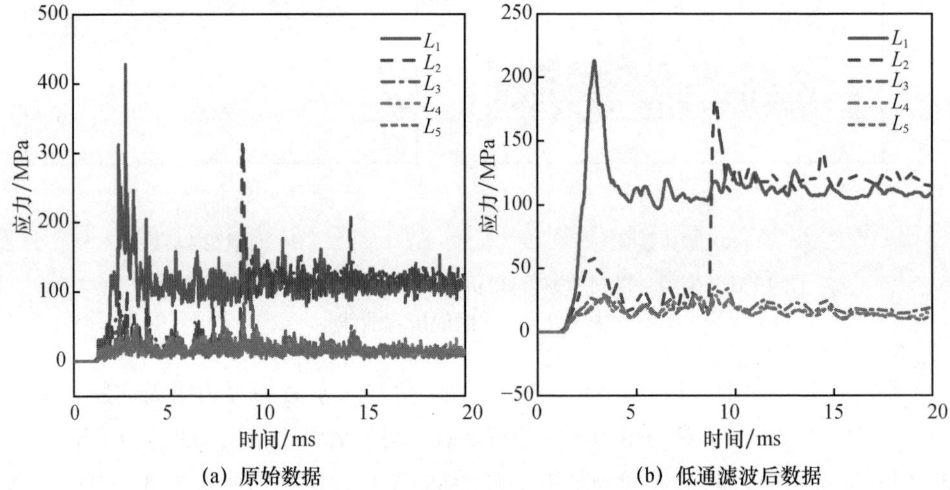

图 4-33　模型 e 以初始速度 30m/s、60°角斜入水时轴向特征单元($L_1 \sim L_5$)应力时间历程曲线

上面以模型 c 和模型 e 为例对不同特征单元处的应力特性进行了介绍,结果表明,应力响应主要集中于模型的头部,而且迎水面的单元应力峰值大于背水面的单元应力峰值。下面进一步说明回转体头部线型、壳体厚度、入水速度和入水角度对应力特性的影响。

4.3.1.1　头部线型对结构应力的影响

图 4-34 为 5 种模型以初始速度 30m/s 垂直入水时回转体特征单元(模型 a~模型 d 的 L_1 处,模型 e 的 RD_2 处)应力时间历程曲线。从图中可知,5 种模型的应力变化规律相同,在冲击载荷作用下,特征单元处的应力在触水后达到峰值,之后应力迅速下降并在一个稳定值附近波动。而且,回转体头部的半球角越大,应力峰值也越大,模型 a 的应力峰值约为 110MPa,模型 e 的应力峰值约为 350MPa。应力水平可以用于衡量结构的强度,应力峰值越大,对应结构越容易失效。模型 e 的应力峰值约为模型 a 的 3 倍,这表明相同条件下,模型 e 更容易出现结构失效甚至破坏的现象,在实际使用中需要采取相应的保护措施。

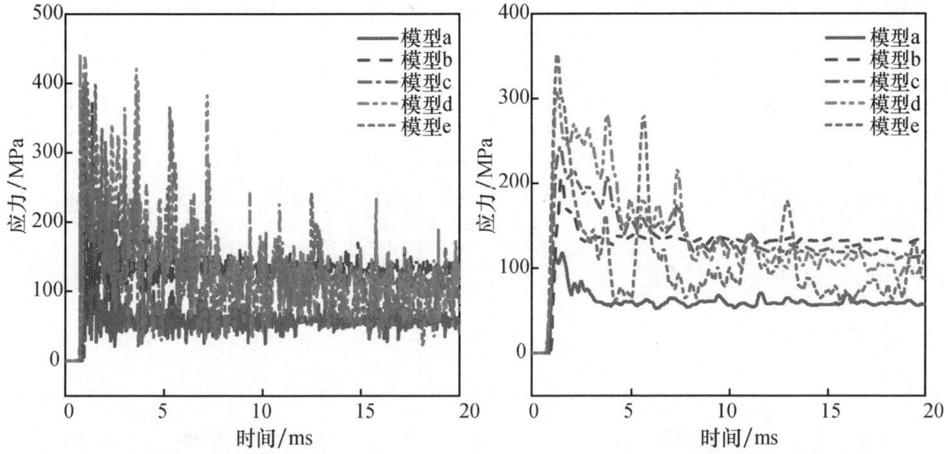

(a) 原始数据　　(b) 低通滤波后数据

图 4-34　5 种模型以初始速度 30m/s 垂直入水时回转体特征单元（模型 a~模型 d 的 L_1 处，模型 e 的 RD_2 处）的应力时间历程曲线

4.3.1.2　壳体厚度对结构应力的影响

图 4-35 为不同壳体厚度的模型 a 和模型 e 以初始速度 30m/s、60°角斜入水时特征单元（模型 a 和模型 e 的 R_1 处）应力时间历程曲线。从图中可以看出，在其他条件相同的情况下，回转体壳体厚度越大，应力峰值越小。对于模型 a，壳体厚度为 4mm 时，应力峰值约为 113MPa；壳体厚度为 6mm 时，应力峰值约为 45MPa；壳体厚度为 8mm 时，应力峰值约为 10MPa。对于模型 e，壳体厚度为 4mm 时，应力峰值约为 167MPa；壳体厚度为 6mm 时，应力峰值约为 118MPa；壳体厚度为 8mm 时，应力峰值约为 68MPa。结果表明，回转体结构的应力响应与壳体厚度密切相关，回转体壳体厚度的不山改变了结构的刚度和固有频率。因此，相同载荷条件下，壳体厚度越大，结构的刚度也越大，结构的应力响应越小。

4.3.1.3　入水速度对结构应力的影响

图 4-36 和图 4-37 分别为模型 a 和模型 e 以不同初始速度、60°角斜入水时特征单元（模型 a 的 R_2 处，模型 e 的 R_3 处）应力时间历程曲线及应力峰值与速度的拟合曲线。从应力时间历程曲线可以看出，随着入水速度的增加，模型 a 和模型 e 的应力峰值也越大。对于模型 a，30m/s 时应力峰值为 123MPa，40m/s 时应力峰值为 182MPa，50m/s 时应力峰值为 216MPa；对于模型 e，30m/s 时应力峰值为 191MPa，40m/s 时应力峰值为 248MPa，50m/s 时应力峰值为 279MPa。经过对应力峰值做进一步的分析可知，模型 a 和模型 e 的应力峰值与速度的二次方近似成比例关系，数据拟合曲线如图 4-36(b) 和图 4-37(b) 所示。

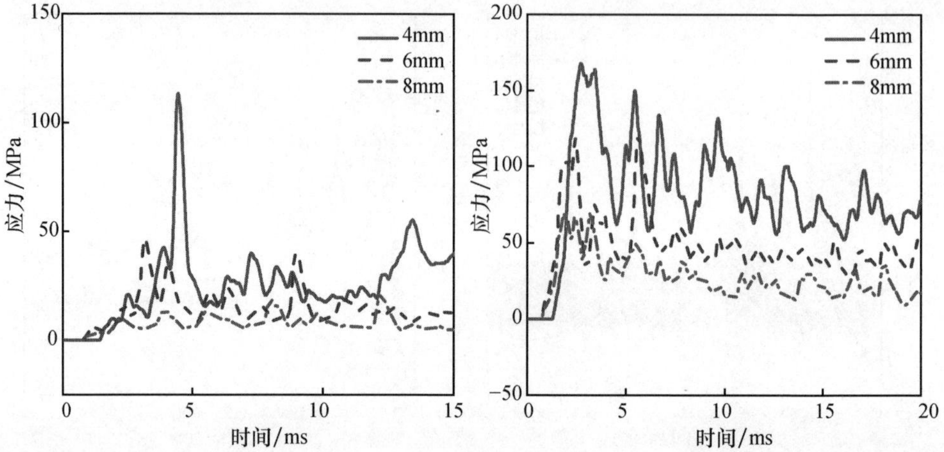

(a) 模型a (b) 模型e

图 4-35　不同壳体厚度的模型 a 和模型 e 以初始速度 30m/s、60°角斜入水时特征单元（模型 a 和模型 e 的 R_1 处）应力时间历程曲线

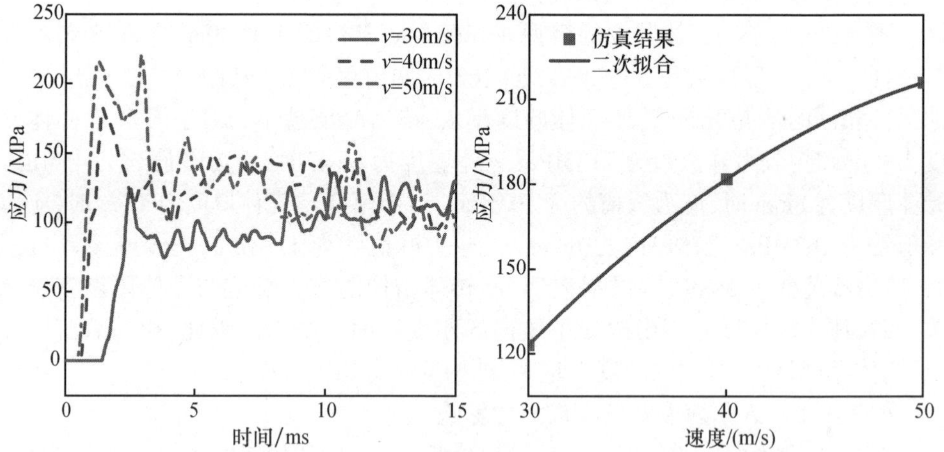

(a) 应力时间历程曲线 (b) 二次拟合曲线

图 4-36　模型 a 以不同初始速度、60°角斜入水时特征单元应力特性

回转体入水冲击过程是一个高度非线性的瞬态动力学过程，动力学问题的结构响应不仅与载荷大小有关，也与载荷的频率和结构的固有频率相关。入水速度的改变相当于改变了冲击载荷的幅值和频率，计算结果说明，在其他参数相同的条件下，冲击载荷的幅值越大、频率越高，回转体壳体结构的应力响应也越大。

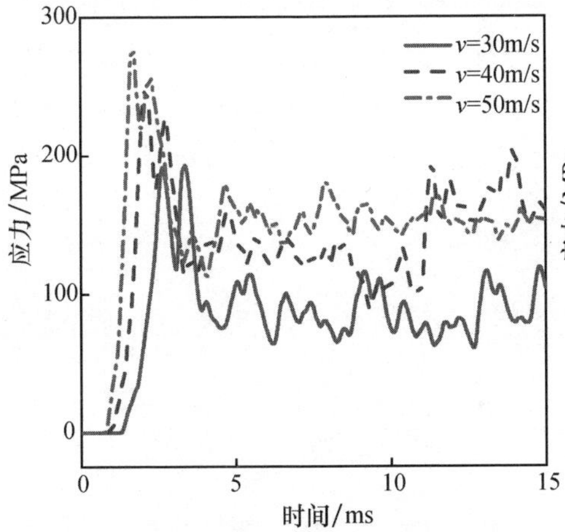

(a) 应力时间历程曲线

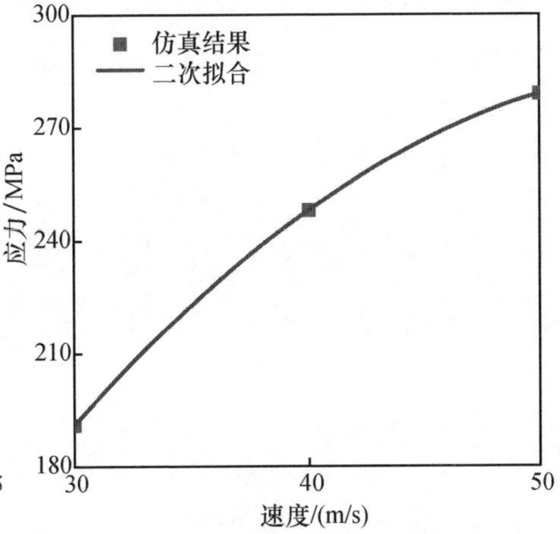

(b) 二次拟合曲线

图4-37 模型e以不同初始速度、60°角斜入水时特征单元应力特性

4.3.1.4 入水角度对结构应力的影响

图4-38和图4-39分别为模型a和模型e以初始速度30m/s、不同角度入水时特征单元(模型a和模型e的R_1处)应力时间历程曲线及应力峰值与速度的拟合曲线。

应力为结构的内力,与结构的外部载荷特性相关,对比分析特征单元应力时间历程曲线[图4-38(a)和图4-39(a)]和砰击压力时间历程曲线[图4-24(a)和图4-25(a)]可以看出,模型a和模型e的应力变化规律与砰击压力变化规律相同,即特征单元的应力在触水后达到峰值,之后应力峰值迅速下降并在一个稳定值上下振荡。同时还可以看出,随着入水角度的增大,应力峰值也越大。对于模型a,60°角时应力峰值约为216MPa,70°角时应力峰值约为279MPa,80°角时的应力峰值约为309MPa,90°角时的应力峰值约为320MPa;对于模型e,60°角时应力峰值约为168MPa,70°角时应力峰值约为187MPa,80°角时的应力峰值约为196MPa,90°角时的应力峰值约为200MPa。对应力峰值与入水角度进行拟合可知,应力峰值与入水角度的二次方近似成比例关系,如图4-38(b)和图4-39(b)所示。

对比分析模型a和模型e的结果可知,相同入水条件下,模型e特征单元的砰击压力大于模型a特征单元的砰击压力,但是模型e特征单元的应力小于模型a特征单元的应力。分析其原因认为,应力的大小不仅与载荷特性相关,同时还与结构的固有频率相关,由于模型a和模型e的固有频率不同,载荷激起的结构响应也不一样,故而会出现上述现象。

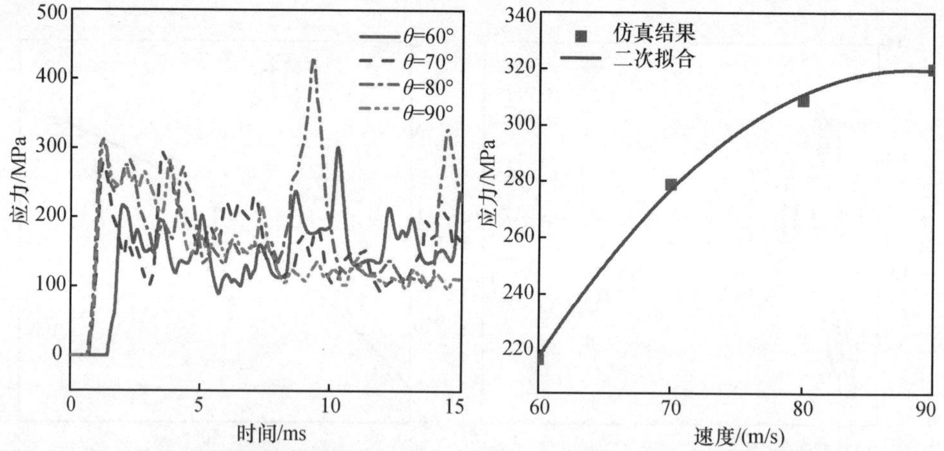

(a) 应力时间历程曲线　　(b) 二次拟合曲线

图 4-38　模型 a 以初始速度 30m/s、不同角度入水时特征单元应力特性

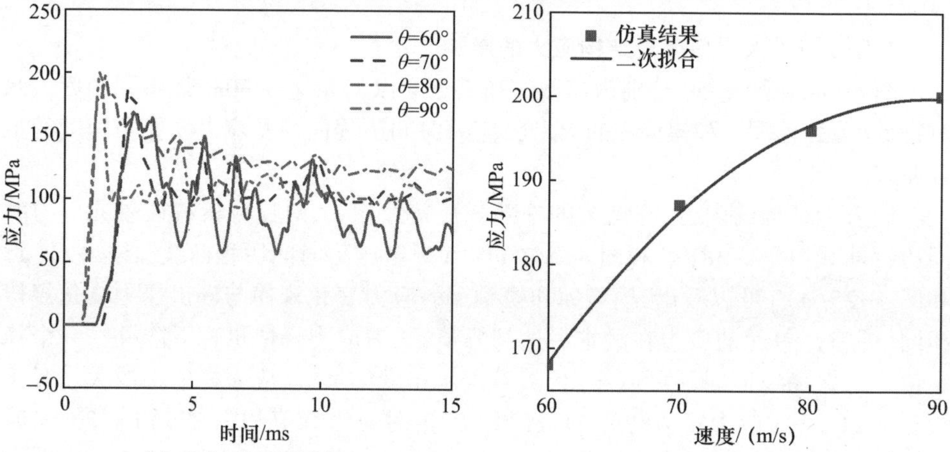

(a) 应力时间历程曲线　　(b) 二次拟合曲线

图 4-39　模型 e 以初始速度 30m/s、不同角度入水时特征单元应力特性

4.3.2　结构应力的频域特性

为研究结构应力响应与壳体结构固有频率之间的关系，对特征单元的应力进行了快速傅里叶变换（FFT）。图 4-40 为模型 a 以初始速度 30m/s、60°角斜入水时径向及轴向特征单元应力频域特性曲线。从径向特征单元的应力频域结果[图 4-40(a)]可以看出，5 个特征单元应力频谱的特点和规律相同，频率分量主要集中在 2kHz 以内的低频部分，在 240Hz 和 391Hz 两个频率处有较为明显的峰值。由轴向特征单元应力的频域结果[图 4-40(b)]可知，5 个特征单元的频域能量同

样主要集中在 2kHz 以内的低频部分，在 391Hz 频率处有明显的峰值；同时，还可以看出，特征单元距离回转体头部的距离越远，其对应的频域曲线峰值越小，即 L_5 处的频域曲线峰值远小于 L_1 处的频域曲线峰值，表明特征单元 L_5 的能量小于 L_1。进一步分析可知，径向和轴向特征单元均在 391Hz 处有一个峰值，结合 3.4.1 节模态分析结果可知，该分量与回转体第 8 阶模态的固有频率（346.6Hz）较为接近。两者频率的差异主要是因为前文模态分析得到的结果为干模态，而 FFT 分析的结果为回转体部分沾湿条件下的湿模态。

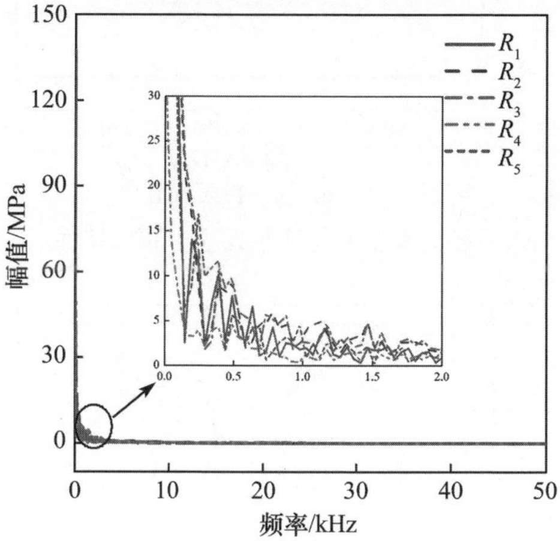

(a) 径向特征单元

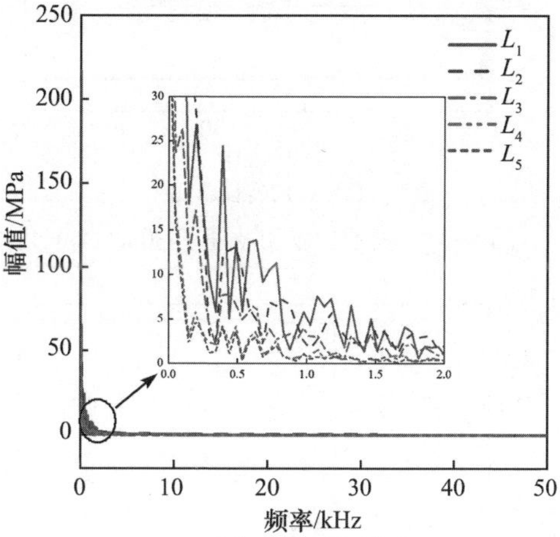

(b) 轴向特征单元

图 4-40　模型 a 以初始速度 30m/s、60°角斜入水时径向及轴向特征单元应力频域特性

图 4-41 为模型 e 以初始速度 30m/s、60°角斜入水时径向及轴向特征单元应力频域特性曲线。从计算结果可知，径向及轴向特征单元应力的频域能量主要集中在 1.5kHz 以内的低频部分，且均在 195Hz 处有一个峰值。径向的 5 个特征单元应力频域峰值基本相同，而轴向的 5 个特征单元应力频域峰值有较大的差异，距离回转体头部越近的单元应力频域峰值也越大，即所包含的能量也越大。

4.3.3　不同入水条件下回转体结构形变特性

弹性回转体壳体在入水冲击载荷作用下会产生局部形变，图 4-42 为模型 a 以初始速度 30m/s、不同角度入水时头部壳体结构形变图，图中的形变是基于地面坐标系（全局坐标系）求解的。

从图中可以看出，形变主要发生在模型头部很小的区域内。60°角斜入水时［图 4-42(a)］，形变主要发生在接触水的一面，最大形变量为 3.27mm；垂直入水时［图 4-42(b)］，最大形变量为 3.44mm。模型 b、模型 c 和模型 d 与模型 a 的头部外形相似，这里不再单独介绍它们的局部形变结果。

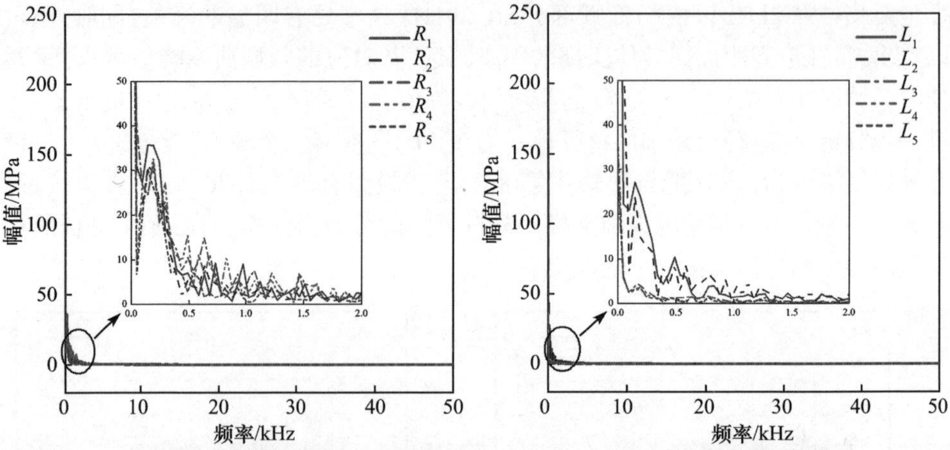

(a) 径向特征单元　(b) 轴向特征单元

图 4-41　模型 e 以初始速度 30m/s、60°角斜入水时径向及轴向特征单元应力频域特性

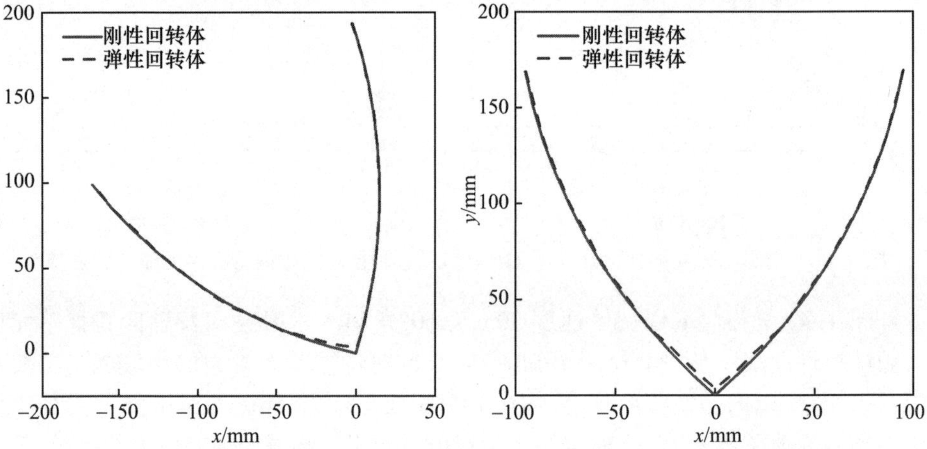

(a) 入水角度60°　(b) 入水角度90°

图 4-42　模型 a 以初始速度 30m/s、不同角度入水时头部壳体结构形变图

图 4-43 为模型 e 以初始速度 30m/s、不同角度入水时地面坐标系（全局坐标系）下头部壳体结构的形变图。从图中可以看出，模型 e 的形变主要发生在头部的平端面上。60°角入水时［图 4-43（a）］，最大形变量为 2.67mm；垂直入水时［图 4-43（b）］，头部端面的形变关于模型的轴线对称，最大形变量为 6.81mm。

由上述分析可知，在入水冲击载荷的作用下，回转体的壳体结构会产生形变，且主要发生在回转体的头部区域。下面以模型 e 为例，进一步介绍壳体厚度、入水速度和入水角度对回转体结构形变的影响规律，为了方便对比，下面所有的形变结果均基于体坐标系（局部坐标系）建立。

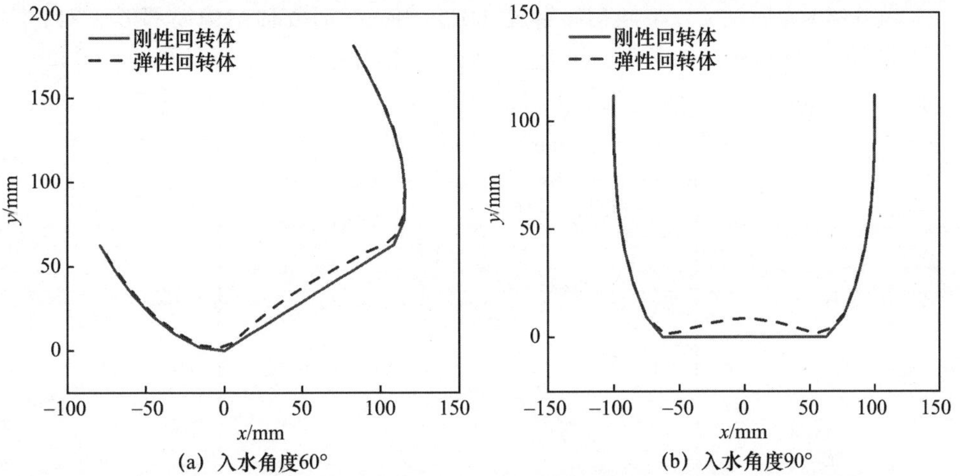

图 4-43　模型 e 以初始速度 30m/s、不同角度入水时地面坐标系（全局坐标系）下头部壳体结构形变图

图 4-44 为不同壳体厚度的模型 e 以初始速度 30m/s、60°角斜入水时壳体结构局部形变图。从图中可以看出，回转体的壳体厚度越小，头部的形变量越大。壳体厚度为 4mm 时，最大形变量为 2.67mm；壳体厚度为 6mm 时，最大形变量 0.77mm；壳体厚度为 8mm 时，最大形变量为 0.73mm。计算结果表明，形变对回转体的壳体厚度非常敏感，壳体厚度增加时，结构的形变急剧减小。这说明，壳体厚度越薄，弹性效应越显著。

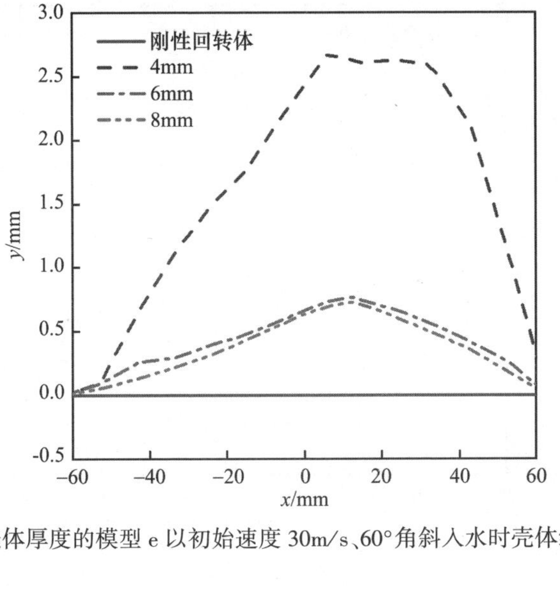

图 4-44　不同壳体厚度的模型 e 以初始速度 30m/s、60°角斜入水时壳体结构局部形变图

图 4-45 为模型 e 以不同初始速度、60°角斜入水时壳体结构局部形变图。从图中可以看出,回转体的入水速度越大,入水冲击载荷越大,头部的形变量也越大。30m/s 入水时,最大形变量为 2.67mm;40m/s 入水时,最大形变量为 6.30mm;50m/s 入水时,最大形变量为 9.34mm。

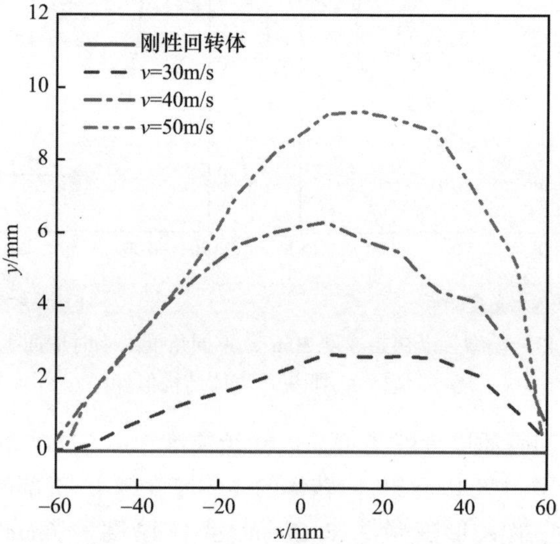

图 4-45　模型 e 以不同初始速度、60°角斜入水时壳体结构局部形变图

图 4-46 为模型 e 以初始速度 30m/s、不同角度入水时壳体结构局部形变图。从图中可以看出,回转体的入水角度越大,头部的形变量也越大。60°角斜入水时,

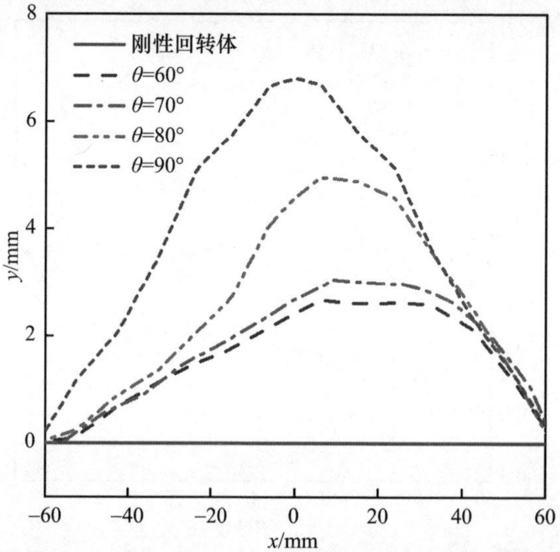

图 4-46　模型 e 以初始速度 30m/s、不同角度入水时壳体结构局部形变图

最大形变量为 2.67mm；70°角入水时，最大形变量为 3.04mm；80°角入水时，最大形变量为 4.96mm；90°角入水时，最大形变量为 6.81mm。同时，从形变曲线中还可以看出，斜入水时（60°、70°和 80°）回转体头部端面的形变关于回转体的中轴线不对称；而垂直入水时，形变关于回转体的中轴线基本对称。

第5章 回转体高速入水缓冲降载技术

第4章对弹性回转体入水冲击载荷特性及结构动态响应特性进行了介绍，阐述了回转体入水冲击载荷及结构动态响应随头部线型、壳体厚度、入水速度及入水角度的变化规律。回转体在入水速度较大、壳体厚度较薄等情况下入水时，回转体壳体结构可能会出现失效、破损等情况，因此需要开展回转体入水冲击载荷的缓冲降载技术研究，以保证回转体能够安全可靠入水。本章主要介绍缓冲头帽在回转体入水冲击载荷缓冲方面的应用，重点介绍缓冲器长度、缓冲材料密度、入水速度以及入水角度等初始条件对缓冲头帽降载效果的影响。

5.1 入水缓冲降载技术简介

在回转体入水初期，回转体头部与水面撞击，在沾水部位上形成一个峰值相当高的瞬间（由前面分析可知，基本在微秒级）脉冲压力；随后，回转体进入水中，沾水面上作用的入水冲击载荷使回转体承受一个较大幅值的短时（毫秒级）过载。这两种作用在回转体头部沾湿面上的载荷将会激起回转体功能与结构的动态响应。前者是指冲击载荷给回转体内部器件以所需的载荷环境信号，后者是指冲击载荷给回转体结构、内部机构和器件等带来的各种不利影响。这种响应主要表现在：①撞水时产生的沾湿面砰击压力可能使回转体沾湿部位壳体皱折及失稳、破坏回转体头部器件或者大幅值压/应力波在回转体结构内传播和反射，并导致薄弱部位产生裂纹与损伤；②入水冲击载荷（角加速度或加速度）使结构的完整性被破坏，如结构损伤、失稳和断裂等，并且能够引发工艺故障，如结构连接处松动、分离，电气短路或者断开等，最终使回转体功能丧失。

当回转体入水速度较高时，其承受的冲击环境要比一般状态下恶劣得多，尤其是撞水阶段将会遭受巨大的冲击载荷，该冲击载荷往往会引起结构损坏甚至解体。同时，较大的冲击载荷对回转体结构的强度也提出了较高的要求。为解决这个难题,除采用新材料、新技术提高回转体的结构强度外,也可以通过采取隔离冲击和吸能降载等措施,以保证回转体结构及内部器件的安全性。

目前,较为常用的缓冲降载方法有两种:一种是在回转体尾部增加降落伞,以降低回转体入水时的速度;另一种是在回转体头部加装入水缓冲头帽[13-14]。入水缓冲头帽在空中可以为回转体提供良好的气动外形,减小飞行阻力;在入水过程中,头帽受到入水冲击力的作用而破裂解体,并脱离回转体,既不影响回转体入水后的正常工作,又能保护壳体结构并减小冲击载荷对回转体内部仪器的影响,在工程实际中得到了广泛应用。例如,20世纪70年代美国研制的ASROC、SUBROC和Stingray等高速反潜鱼雷和深弹都配备了这类头帽。同时,已有资料表明,MK46鱼雷战斗部加装的MK7-2和MK8-1型头帽,质量分别为1.13kg和1.23kg,能保护鱼雷承受初始速度50m/s时入水的冲击与过载;深弹战斗部加装MK26-1型实心头帽,质量为6.59kg,能使深弹兵器承受入水速度高达260m/s时的冲击和过载,足见其功效[14]。此外,中国船舶科学研究中心也开展了头帽的入水缓冲特性及解体试验研究,得到了相关的变化规律。本书主要介绍缓冲头帽在回转体入水冲击载荷缓冲中的作用。

5.2　缓冲头帽降载原理

缓冲头帽的关键部件为缓冲材料,缓冲材料一般为多孔轻质吸能材料,如硬质聚氨酯泡沫塑料、泡沫铝等材料,本节从材料吸能与材料间应力波传递特性介绍缓冲头帽降载原理。

5.2.1　多孔轻质材料吸能特性

硬质聚氨酯泡沫塑料为常用的多孔轻质吸能材料,该种材料具有良好的能量吸收特性,能够起到缓冲、减振和降低应力幅值等作用,且受压后能够呈现出很大的塑性变形,具有压实强化后容易破裂的特点,因此常作为制作缓冲器的首选材料。以该材料为例,介绍多孔轻质材料能量吸收特性,图5-1为典型的硬质聚氨酯泡沫塑料动态压缩力学特性曲线,即应力-应变曲线。

从图中可以看出,曲线具有明显的三个阶段:第一阶段为材料开始受载到开始屈服的阶段,材料的力学性能表现出典型的线性黏弹性,其应变范围一般为0.02~0.04;第二阶段为材料从开始屈服到开始强化阶段,即应变从ε_y到ε_t,此阶段材料的应变增加幅值很大,应力增加幅值很小,该阶段的应变范围很宽,是材料发生变形并大量吸收加载能量的阶段;第三阶段为材料压缩后的强化阶段,即应变从ε_t到ε_u,此阶段应变增加幅值很小,应力增加幅值很大,最后强化压碎。

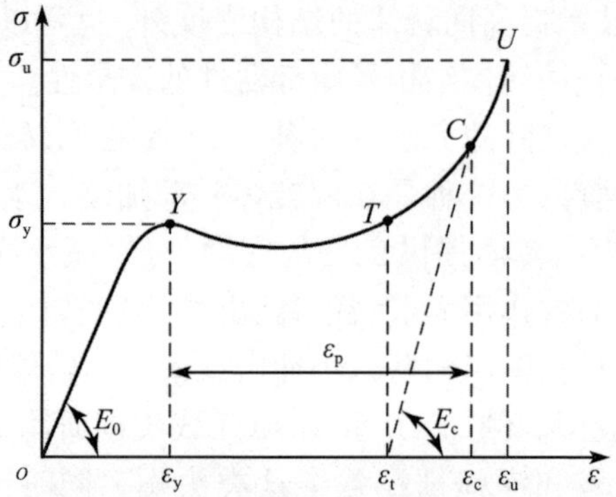

图 5-1　典型的硬质聚氨酯泡沫塑料应力-应变曲线

硬质聚氨酯泡沫塑料的变形特性可以很好地说明其吸能机理，吸能缓冲作用主要取决于材料屈服曲线的高度和宽度，因此屈服应力 σ_y 和屈服区域宽度(ε_y - ε_t)是决定材料吸能强弱的两个关键因素。屈服区域的宽度主要取决于泡沫塑料被全部压实的应变 ε_t，屈服区域越宽，ε_t 越大。泡沫塑料之所以广泛地应用于缓冲领域，主要是因为泡沫塑料在其被压实之前具有较大的应力屈服区域宽度，加载能量在近似不变应力状态下被吸收，而且其能将不超过屈服应力 σ_y 的应力传递至回转体上。

为获取缓冲材料的力学特性，需要通过开展冲击试验测试获取相应的力学特性数据，然后分别依据受压状态下缓冲材料的弹性、塑性以及压实后的线性化方程，研究缓冲材料的动态缓冲卸载行为。胡时胜等通过大量试验测试对硬质聚氨酯泡沫塑料的动态力学性能进行了深入研究，并提出了考虑材料应力、应变、应变率和密度等变量的本构方程[15]：

$$\sigma = \left(\frac{\rho}{\rho_0}\right)^{A}\left(1 + C\lg\frac{\dot{\varepsilon}_0}{\ }\right)\varepsilon^{B(\rho/\rho_0-1)}\sum_{i=1}^{6}A_i\varepsilon^i \tag{5-1}$$

式中：ρ_0 为硬质聚氨酯泡沫塑料的参考密度，其值为 92kg/m^3；$\dot{\varepsilon}_0$ 为参考应变率，其值为 $1.7\times10^{-3}/\text{s}$。

对硬质聚氨酯泡沫塑料而言，式(5-1)中的常数取值见表 5-1。

表 5-1　硬质聚氨酯泡沫塑料本构方程中的常数值

A	B	A_1	A_2	A_3	A_4	A_5	A_6
2.052	0.07053	25	−235	1070	−2500	2930	−1360

5.2.2　双层材料能量吸收特性

采用多层缓冲材料能够实现更好的能量吸收效果，以更好地确保回转体高速入水过程中结构的安全性,下面对双层材料能量吸收特性进行介绍。

假定被保护物体固定在水平面上,前端有两层泡沫盖板,受到水平方向的冲击载荷,分析双层泡沫吸收的能量,如图 5-2 所示。

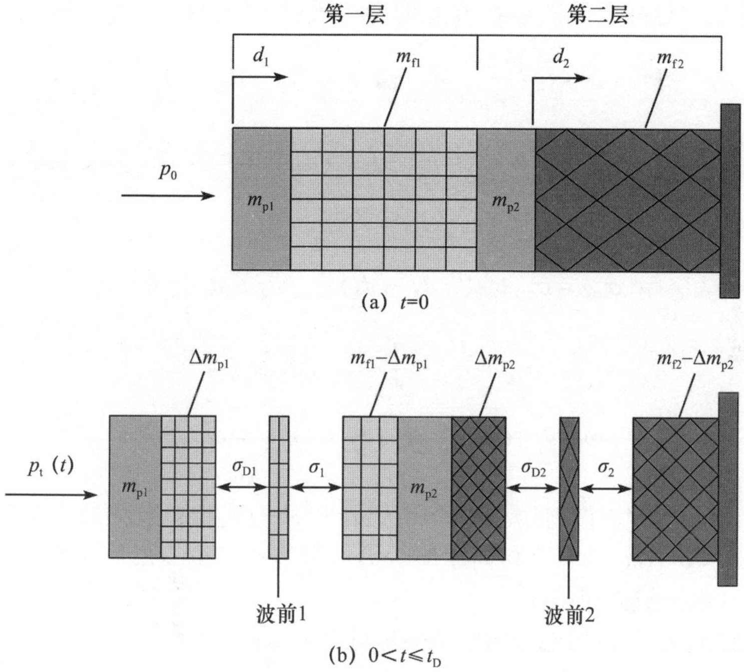

图 5-2　受到脉冲压力作用的两层覆板泡沫

冲击载荷可以简化为一个三角形压力脉冲:

$$p_t(t)=\begin{cases}p_0(1-t/t_0) & (t\leqslant t_D)\\ 0 & (t>t_D)\end{cases} \tag{5-2}$$

式中:p_0 为压力脉冲峰值;t_D 为压力脉冲宽度。

假设压力脉冲均匀作用在结构上,泡沫厚度为单位厚度,基于一维波传播理论分析泡沫的能量吸收性能。保护结构由两层泡沫组成,首先接触压力脉冲的为第一层泡沫,紧挨被保护物体(图中最右侧部分)的为第二层泡沫,每层泡沫均有一个刚性盖板,被保护物体被固定。

泡沫初始密度为 ρ_p,质量为 m_f,屈服应力为 σ_s,强化应变为 ε_D,泡沫盖板的质量为 m_p,第一层泡沫相关参数的下标为 1,第二层泡沫相关参数的下标为 2。单层泡沫可以看作双层泡沫的特例。

泡沫的变形量与盖板的位移相同,当 $t=0$ 时,泡沫和被保护物体静止,有

$$d_1=d_2=0 \tag{5-3}$$

$$\dot{d}_1 = \dot{d}_2 = 0 \tag{5-4}$$

当$0<t\leqslant t_0$时,压力脉冲作用在第一层泡沫盖板上,泡沫被压缩,应力增大。冲击波前端和后端泡沫的速度和应力不同,冲击波后端被压实的泡沫随着盖板一起移动,泡沫压缩过程中质量守恒,单位时间内盖板 1 和盖板 2 的质量变化为

$$\Delta m_{p1} = \frac{\rho_{p1} S_f}{\varepsilon_{D1}}(d_1 - d_2) \quad (d_1 - d_2 \geqslant 0) \tag{5-5}$$

$$\Delta m_{p2} = \frac{\rho_{p2} S_f}{\varepsilon_{D2}} d_2 \quad (d_2 \geqslant 0) \tag{5-6}$$

根据动量守恒定律,冲击波前端泡沫的应力为

$$\sigma_{D1} = \sigma_1 + \frac{\rho_{p1}}{\varepsilon_{D1}}(\dot{d}_1 - \dot{d}_2)^2 \quad (\dot{d}_1 - \dot{d}_2 \geqslant 0) \tag{5-7}$$

$$\sigma_{D2} = \sigma_2 + \frac{\rho_{p2}}{\varepsilon_{D2}}\dot{d}_2^2 \quad (\dot{d}_2 \geqslant 0) \tag{5-8}$$

$$m_c v_c = (m_{p1} + m_{f1})\dot{d}_1 + (m_{p1} + m_{f1})\dot{d}_2 \tag{5-9}$$

$$m_c = m_{p1} + m_{f1} + m_{p2} + \Delta m_{p2} \tag{5-10}$$

式中:σ_1 和 σ_2 为冲击波前端泡沫的应力,由于冲击波前端泡沫未被压实,因此有 $\sigma_1 \leqslant \sigma_{s1}$、$\sigma_2 \leqslant \sigma_{s2}$;$m_c$ 为具有相同速度的第一层泡沫和第二层泡沫部分的质量;v_c 为这一部分泡沫的相同速度。

在静态情况下,两层泡沫吸收的能量可以近似地表示为

$$Q_s = l_{f1} S_f \varepsilon_{D1} \sigma_{s1} + l_{f2} S_f \varepsilon_{D2} \sigma_{s2} \tag{5-11}$$

式中:l_{f1} 和 l_{f2} 分别为两层泡沫长度;S_f 为泡沫的截面积;ε_{D1} 和 ε_{D2} 分别为两层泡沫的强化应变;σ_{s1} 和 σ_{s2} 分别为两层泡沫的强化应力。

当泡沫受到冲击载荷作用时,压缩屈服阶段和强化阶段消耗冲击动能,未变形阶段不消耗冲击能量,受到冲击载荷作用处于过渡阶段的部分泡沫,单位质量吸收的冲击能量为

$$\Delta Q = \frac{1}{2}(\sigma_D + \sigma_s)\left(\frac{1}{\rho_p} - \frac{1}{\rho_D}\right) \tag{5-12}$$

$$\rho_D = \frac{\rho_p}{1 - \varepsilon_D} \tag{5-13}$$

式中:ρ_D 为被压实强化的泡沫的密度;ε_D 为压实强化的泡沫的应变。

结合式(5-7)和式(5-8),可以得到每段泡沫处于过渡阶段的部分,单位质量吸收的能量为

$$\Delta Q_1 = \frac{\sigma_{s1}\varepsilon_{D1}}{\rho_{p1}} + \frac{(\dot{d}_1 - \dot{d}_2)^2}{2} \quad (\dot{d}_1 - \dot{d}_2 \geqslant 0) \tag{5-14}$$

$$\Delta Q_2=\frac{\sigma_{s2}\varepsilon_{D2}}{\rho_{p2}}+\frac{\dot{d}_2^2}{2}\quad(\dot{d}_2\geqslant 0)\tag{5-15}$$

式(5-14)和式(5-15)右侧第一项为处于准静态泡沫单位质量吸收的冲击能量,等式右侧第二项为冲击波作用下多吸收的能量。冲击波后端泡沫是被强化的泡沫,因此泡沫吸收的能量可以被积分表示为

$$Q_i(t)=\int_0^t(\Delta Q_i)\frac{\mathrm{d}(\Delta m_{pi})}{\mathrm{d}t'}\mathrm{d}t'\quad(i=1,2)\tag{5-16}$$

参考式(5-5)和式(5-15),可以得到第一层泡沫吸收的能量为

$$Q_1(t)=\int_0^t\left(\frac{\sigma_{s1}\varepsilon_{D1}}{\rho_{p1}}+\frac{(\dot{d}_1(t')-\dot{d}_2(t'))^2}{2}\right)\frac{(\dot{d}_1(t')-\dot{d}_2(t'))}{\varepsilon_{D1}}\rho_{p1}S_f\mathrm{d}t'\tag{5-17}$$

参考式(5-6)和式(5-15),可以得到第二层泡沫吸收的能量为

$$Q_2(t)=\int_0^t\left(\frac{\sigma_{s2}\varepsilon_{D2}}{\rho_{p2}}+\frac{\dot{d}_2(t')^2}{2}\right)\frac{\dot{d}_2(t')}{\varepsilon_{D2}}\rho_{p2}S_f\mathrm{d}t'\tag{5-18}$$

第一层泡沫完全被压实时,碰撞过程中损失的能量为

$$Q_3=\frac{1}{2}(m_{p1}+m_{f1})\dot{d}_1^2+\frac{1}{2}(m_{p2}+m_{f2})\dot{d}_2^2-\frac{1}{2}m_c v_c^2\tag{5-19}$$

结合式(5-6),两层泡沫覆层的动能为

$$Q_k(t)=\frac{1}{2}(m_{p1}+\Delta m_{p1})\dot{d}_1(t)^2+\frac{1}{2}(m_{f1}-\Delta m_{p1}+m_{f2}+\Delta m_{p2})\dot{d}_2(t)^2\tag{5-20}$$

外部冲击传递给两层泡沫的总能量,等于冲击载荷所做的功

$$W_t(t)=\int_0^t p_t(t')S_f\dot{d}_1(t')\mathrm{d}t'\tag{5-21}$$

根据能量守恒,有

$$W_t(t)=Q_1(t)+Q_2(t)+Q_3+Q_k(t)\tag{5-22}$$

可以看出,双层泡沫能量有碰撞损失能 Q_3 这项,比单层泡沫吸能效果好。同时,双层泡沫从第一层到第二层逐渐被压缩,因此硬化段变短,对冲击的缓冲性能好。

5.2.3　材料层间应力传播特性

当弹性结构受动载荷激励时,其内部会产生弹性波。弹性波分为两类:第一类弹性波的粒子振动方向与波的传播方向一致,被称为纵波(即 P 波);第二类弹性波的粒子振动方向与波的传播方向垂直,被称为横波(即 S 波)。P 波与弹性体的胀缩

效应有关,故又被称为胀缩波;S 波与弹性体的剪切效应有关,故又被称为剪切波。

假设一个无限平面空间被分割为两个半无限平面空间,每个半平面空间被一种材料填充,且材料分界面为一条直线,与弹性波的传播路径垂直,如图 5-3 所示。

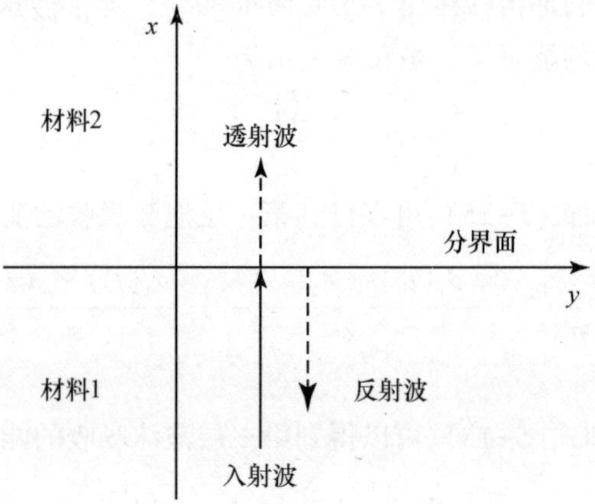

图 5-3　弹性波在材料分界面处的传播

弹性波在入射至材料分界面处时将会发生反射与折射,选取弹性波的传播方向为 x 轴正方向,粒子位移表示为 x 坐标与时间的函数:

$$\begin{cases} d_{\mathrm{P}} = d_{\mathrm{P}}(x,t) \\ d_{\mathrm{S}} = d_{\mathrm{S}}(x,t) \end{cases} \tag{5 - 23}$$

式中:x 为 x 轴坐标;t 为时间;d_{P} 为 P 波引致的粒子位移;d_{S} 为 S 波引致的粒子位移。

根据弹性理论,几何方程为

$$\begin{cases} \varepsilon_x = \dfrac{\partial d_{\mathrm{P}}}{\partial x} \\ \varepsilon_y = \dfrac{\partial d_{\mathrm{S}}}{\partial y} \\ \varepsilon_{xy} = \dfrac{\partial d_{\mathrm{S}}}{\partial x} + \dfrac{\partial d_{\mathrm{P}}}{\partial y} \end{cases} \tag{5 - 24}$$

式中:ε_x、ε_y 为正应变;ε_{xy} 为切应变。

本构方程为

$$\begin{cases} \sigma_x = \lambda(\varepsilon_x + \varepsilon_y) + 2G\varepsilon_x \\ \sigma_y = \lambda(\varepsilon_x + \varepsilon_y) + 2G\varepsilon_y \\ \sigma_{xy} = G\varepsilon_{xy} \end{cases} \tag{5 - 25}$$

式中：σ_x、σ_y 为正应力；σ_{xy} 为切应力；λ 为拉梅常数；G 为剪切模量。

拉梅常数 λ 和剪切模量 G 分别表示为

$$\lambda = \frac{\mu E_{\mathrm{Y}}}{(1+\mu)(1-2\mu)} \tag{5-26}$$

$$G = \frac{E_{\mathrm{Y}}}{2(1+\mu)} \tag{5-27}$$

式中：E_{Y} 为杨氏模量；μ 为泊松比。

把式(5-23)和式(5-24)代入式(5-25)，可得

$$\begin{cases} \sigma_x = (\lambda + 2G)\dfrac{\partial d_{\mathrm{P}}}{\partial x} \\ \sigma_y = \lambda \dfrac{\partial d_{\mathrm{P}}}{\partial x} \\ \sigma_{xy} = G\varepsilon_{xy} \end{cases} \tag{5-28}$$

根据波动理论，弹性粒子位移满足以下关系

$$\begin{cases} \dfrac{\partial d_{\mathrm{P}}}{\partial x} = i(-1)^n \dfrac{\omega}{c_{\mathrm{P}}} d_{\mathrm{P}} \\ \dfrac{\partial d_{\mathrm{S}}}{\partial x} = i(-1)^n \dfrac{\omega}{c_{\mathrm{S}}} d_{\mathrm{S}} \end{cases} \tag{5-29}$$

式中：ω 为角频率；c_{P} 为 P 波波速；c_{S} 为 S 波波速；n 为与波传播方向有关的常数：对于入射波和透射波来说，$n=1$；对于反射波来说，$n=0$。

P 波波速和 S 波波速分别表示为

$$c_{\mathrm{P}} = \sqrt{\frac{\lambda + 2G}{\rho}} \tag{5-30}$$

$$c_{\mathrm{S}} = \sqrt{\frac{G}{\rho}} \tag{5-31}$$

式中：ρ 为材料密度。

P 波和 S 波的阻抗分别表示为

$$z_{\mathrm{P}} = \rho c_{\mathrm{P}} \tag{5-32}$$

$$z_{\mathrm{S}} = \rho c_{\mathrm{S}} \tag{5-33}$$

由式(5-26)、式(5-27)、式(5-30)、式(5-33)可得

$$\frac{z_{\mathrm{S}}}{z_{\mathrm{P}}} = \frac{c_{\mathrm{S}}}{c_{\mathrm{P}}} = \sqrt{\frac{1-2\mu}{2(1-\mu)}} \tag{5-34}$$

将式(5-29)代入式(5-28)可得

$$\begin{cases}\sigma_x = i(-1)^n 2\pi f z_P d_P \\ \sigma_y = i(-1)^n 2\pi f \dfrac{1}{2(1-\mu)} z_P d_P \\ \sigma_{xy} = i(-1)^n 2\pi f z_S d_S\end{cases} \tag{5-35}$$

式中：$f=\omega/2\pi$ 为波频。

材料分界面的位移连续性由下式给出

$$\begin{cases}d_{Pi} + d_{Pr} = d_{Pt} \\ d_{Si} + d_{Sr} = d_{St}\end{cases} \tag{5-36}$$

由式(5-35)的前两个方程可以推导出

$$\sigma_x = 2(1-\mu)\sigma_y \tag{5-37}$$

由式(5-37)可知，当两个材料的泊松比相等时，两个正应力均连续；否则，要么 σ_x 连续，要么 σ_y 连续。根据弹性波的传播方向，可以判定 σ_x 是恒连续的。因而，材料分界面的应力连续性可表示为

$$\begin{cases}\sigma_{x,i} + \sigma_{x,r} = \sigma_{x,t} \\ \sigma_{xy,i} + \sigma_{xy,r} = \sigma_{xy,t}\end{cases} \tag{5-38}$$

将式(5-35)的第一个方程和第三个方程代入式(5-38)可得

$$\begin{cases}d_{Pi} - d_{Pr} = \dfrac{z_{P2}}{z_{P1}} d_{Pt} \\ d_{Si} - d_{Sr} = \dfrac{z_{S2}}{z_{S1}} d_{St}\end{cases} \tag{5-39}$$

式(5-36)和式(5-39)联立求解可得

$$\begin{cases}d_{Pt} = \dfrac{2z_{P1}}{z_{P1} + z_{P2}} d_{Pi} \\ d_{St} = \dfrac{2z_{S1}}{z_{S1} + z_{S2}} d_{Si}\end{cases} \tag{5-40}$$

将式(5-40)代入式(5-35)可得

$$\begin{cases}\sigma_{x,t} = \dfrac{2z_{P2}}{z_{P1} + z_{P2}} \sigma_{x,i} \\ \sigma_{y,t} = \left(\dfrac{1-\mu_1}{1-\mu_2}\right) \dfrac{2z_{P2}}{z_{P1} + z_{P2}} \sigma_{y,i} \\ \sigma_{xy,t} = \dfrac{2z_{S2}}{z_{S1} + z_{S2}} \sigma_{xy,i}\end{cases} \tag{5-41}$$

式(5-41)表明,透射应力与入射应力的关系取决于分界面两侧材料的特性阻抗和泊松比。在一些关于弹性波理论的文献中,胀缩效应和剪切效应一般是分开考虑的,故得到式(5-41)的第一个和第三个表达式。本节综合考虑胀缩效应和剪切效应,推导出了平面透射应力与入射应力关系的完整形式,是对现有文献的一个有益补充。一般来说,常用工程材料泊松比的变化范围较小,因而,透射应力与入射应力的关系主要取决于分界面两侧材料的特性阻抗。由式(5-41)可知,当应力波从特性阻抗较大的材料向特性阻抗较小的材料传播时,透射应力小于入射应力,故动态应力有缩小的趋势;当应力波从特性阻抗较小的材料向特性阻抗较大的材料传播时,透射应力大于入射应力,故动态应力有放大的趋势。

5.3　缓冲头帽结构设计

从 20 世纪 80 年代中期开始,在分析影响入水初期冲击载荷诸多因素的基础上,国内外学者对入水缓冲技术进行了广泛研究,探讨了鱼雷缓冲头帽的功能、构造、设计方法和试验制作等问题。本节以《空投鱼雷技术》一书为参考[14],介绍适用于回转体高速入水的缓冲头帽结构设计。

5.3.1　缓冲头帽性能要求

回转体缓冲头帽的设计不仅要考虑入水过程中的缓冲性能,同时也要考虑回转体的投送和运动过程等环境条件,因此,缓冲头帽的设计一般需要满足以下的主要性能要求:

(1) 利用头帽受载后的响应特性,头帽可以缓和冲击、降低和限制入水过载,以确保回转体壳体结构的安全;

(2) 头帽要具有良好的气动外形,适合飞机空投、火箭助飞和带降落伞飞行等;

(3) 能改善回转体入水状况,避免出现大的忽扑,以有利于入水初期弹道的稳定性;

(4) 入水过程中,头帽能够碎裂、解体,不影响回转体在后续水下运动时的性能;

(5) 重量轻、尺寸合宜,能为总体设计所容纳,并能兼顾到总体性能设计所需的其他功能;

(6) 回转体在运载、投射、空中飞行等环境条件下,头帽与回转体能够结合良好,不脱离也不发生损坏,同时能经受得住湿度、温度、盐雾、振动和冲击等环境条件。

5.3.2 缓冲头帽构成与功能

回转体的入水缓冲头帽主要由罩壳、缓冲器和连接件组成。其中,罩壳使得回转体具有良好的气动头部线型,并在入水前能够保证头帽整体结构的稳定性,入水时能够整体破裂解体;缓冲器在入水时能够隔离冲击,降低与限制入水冲击载荷;连接件用于保证回转体与缓冲头帽牢固可靠连接。

由第 3 章和第 4 章的结果可知,半球角小的头部线型所承受的入水冲击载荷小,因此,本章以承受冲击载荷最大的模型 e 为例说明缓冲头帽的降载效果。缓冲头帽线型的设计借鉴模型 a,采用"小球头-尖拱体-回转体"外形,罩壳的厚度为 3mm,小球头的半径为 6.8mm,尖拱体的内径为 162mm,罩壳与回转体相连接部位的长度为 43mm,缓冲器根据罩壳的内部尺寸做成回转体外形,其长度为 L。缓冲头帽结构如图 5-4 所示。

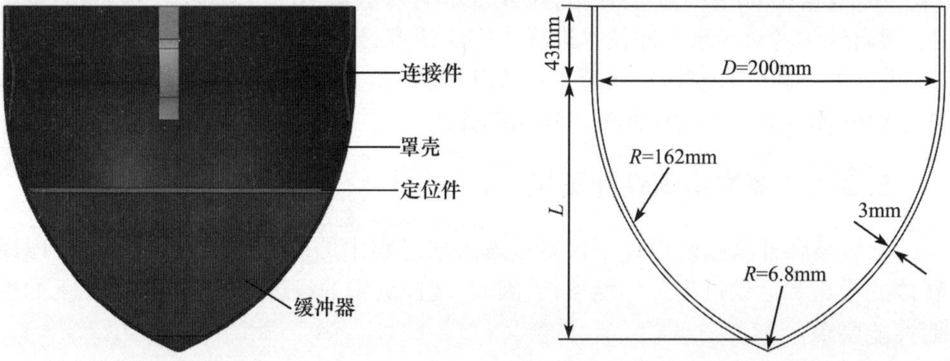

(a) 空间组成　　(b) 尺寸示意图

图 5-4　缓冲头帽结构图

罩壳既要有一定的结构强度,同时又能在入水时破碎解体,这是一对矛盾的要求。考虑到树脂型复合材料可以通过改变组成成分比例和控制成型工艺来调整其强度和结构特性,因此采用以不饱和聚酯树脂为基体、短切无捻玻璃纤维为增强基的复合材料作为罩壳材料。该复合材料具有密度小、成型工艺简单等优点,且纤维的分散和取向的均匀程度难以精确控制,必然导致性能离散,其结构的脆性可以使头帽入水时发生破裂。

缓冲器由泡沫塑料缓冲器和定位件组成。缓冲材料采用硬质聚氨酯泡沫塑料,这种材料在被压缩过程中,不但能够吸收大量的冲击能量,而且由它传给被保护物体的应力不超过其破坏强度。由于硬质聚氨酯泡沫塑料的缓冲性能良好,且具有比重小、价格低、成型容易和种类繁多等优势,已经广泛应用于易损物体的包装、重要设备的防护以及结构物内部的填充。缓冲器为回转体外形，利用同质材料的环状定位件将缓冲器稳固地压紧在罩壳的内腔前部，而定位件由黏结剂牢固地粘合在罩壳内壁上。头帽安装就位后，回转体端面恰好同缓冲器后端面贴合，成为回转体与头帽结合的支撑面和支撑点。

在加工得十分精细的回转体头部曲面和平直段上难以固装其他附件，因此，需要使用连接件使回转体与缓冲头帽可靠连接。连接件采用弹簧夹装置实现，弹簧夹的簧片均布、牢固黏结在罩壳尾部平直段的内壁上。弹簧夹安装就位后产生的弹性结合力提供缓冲头帽与回转体之间的摩擦结合力，使两者可靠结合，能抵抗回转体在载送和运行过程中的各种冲击、振动等力学环境下的脱体载荷。

根据缓冲头帽的构成及功能可知，回转体入水时，冲击载荷首先作用于罩壳的撞水面，同时通过罩壳向后传递，经由缓冲器作用于回转体头部。缓冲头帽在入水过程中沾水部位在冲击载荷作用下发生局部破裂，同时所承受的横向弯矩使罩壳后端尾部因翘弯作用而断裂；随着入水过程的进行，在轴向冲击载荷作用下缓冲头帽向回转体头部挤压，最终尾部整体胀裂，与回转体壳体脱离。

5.3.3　缓冲头帽强度设计可行域

缓冲头帽的特殊功能决定了其严格的强度设计要求，既要能承受空中高速飞行时的气动压力，即强度有下边界；又要保证入水冲击时能破裂解体脱离回转体，即强度有上边界。而缓冲头帽空中飞行和入水冲击工况复杂，上下边界均是离散的区域带，如图 5-5(a)所示。缓冲头帽强度设计的边界并无明确的定义，加上入水过程涉及复杂的力学性能，难以进行理论分析，使得缓冲头帽的设计一直为一大难点。

由第 3 章和第 4 章的分析可知，在回转体结构确定时，其承受的入水冲击载荷与入水速度、入水角度、入水攻角等因素相关。但是在实际应用中，入水角度和入水攻角均在较小的范围内变化，因此，入水速度为影响入水冲击载荷变化的主要因素，也就是说，缓冲头帽入水破碎的临界强度主要与入水速度相关。所以，在最大飞行气动载荷及入水速度上限已知的条件下，缓冲头帽强度设计的可行区间定义为：在入水速度-缓冲头帽强度坐标系中，由入水速度上限、最大飞行气动载荷对应的应力水平，以及入水时破坏强度上限组成的区域，如图 5-5(b)所示。图中，入水破坏强度曲线上各点对应着该入水速度下缓冲头帽破碎的临界强度。当入水速度 $v<v_{\min}$ 时，问题无解，此条件下回转体无需缓冲头帽也能够实现安全入水；当 $v_{\min}\leqslant v\leqslant v_{\max}$ 时，缓冲头帽的强度设计区间为(σ_1,σ_2)，在该区间内头帽既能承受空气中的气动载荷，又能满足入水时的破坏要求；当 $v>v_{\max}$ 时，问题同样无解，此时所设计的缓冲头帽均无法满足回转体安全可靠入水的要求。

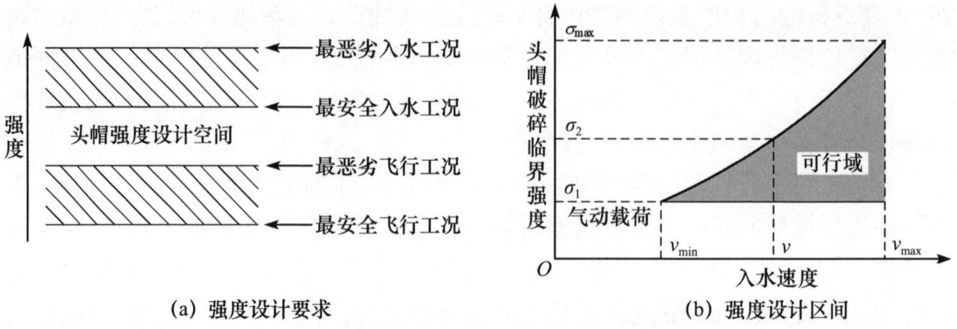

图 5-5　缓冲头帽强度设计要求与设计区间

5.4　缓冲头帽降载性能

研究缓冲头帽对于回转体入水冲击载荷的缓冲效果具有重要意义,国内外已有部分学者在理论上从入水载荷、应力状态等方面对缓冲头帽的降载性能进行了研究。但是,在前期分析中,由于数值计算能力不足,运用了较多的经验公式,而且对头帽组件的几何形状也进行了较大的简化处理,所得到的分析结果只能估算出大概的趋势和范围,无法准确地计算各个组件的应力状态。为此,本节基于 ALE 方法对回转体带缓冲头帽时的入水冲击载荷特性进行介绍,阐述缓冲头帽的破碎过程及其降载性能随缓冲器长度、密度、入水速度及入水角度的变化规律,为缓冲头帽的设计及性能改进提供技术支持。

5.4.1　数值计算模型及材料属性

由于定位件和连接件对缓冲头帽的降载性能影响不大,为了提高计算效率,在分析中忽略了这两个组件。根据第 2 章建立的网格划分策略,最终得到的有限元网格如图 5-6 所示。为了清晰地展示回转体与头帽之间的空间结构关系,图中隐藏了空气域和水域。

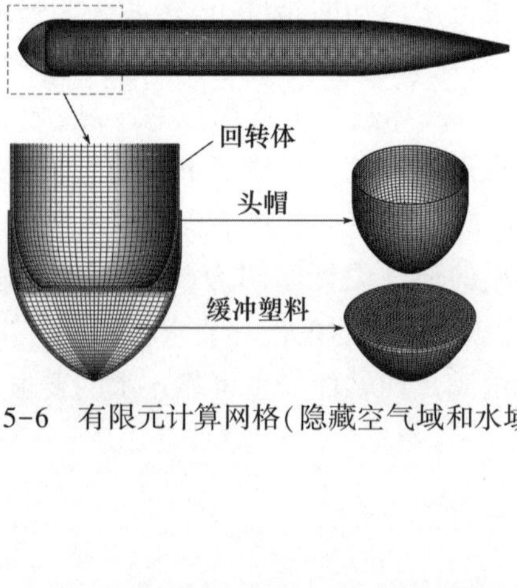

图 5-6　有限元计算网格(隐藏空气域和水域)

计算中,罩壳和缓冲器的材料本构模型均采用 * MAT_PLASTIC_KINEMATIC 模型,并设置失效应变用于模拟罩壳及缓冲器的破碎失效过程,即当某个单元的应变超过材料所允许的失效应变时该单元失效,计算中删除该单元不再参与计算,所使用到的具体材料参数如表 5-2 和表 5-3 所示。

表 5-2　罩壳材料参数

密度	杨氏模量	泊松比	屈服应力	剪切模量	失效应变
1500kg/m^3	9.2GPa	0.3	45MPa	10MPa	0.1

表 5-3　缓冲器泡沫塑料材料参数

密度	杨氏模量	泊松比	屈服应力	剪切模量	失效应变
100~160kg/m^3	1.0GPa	0.02	1.06MPa	0MPa	0.5

由表 5-3 中可知,典型的硬质聚氨酯泡沫塑料的密度范围为 100~160kg/m^3,本章后面会介绍不同材料密度对降载性能的影响。数值计算中具体的边界条件设置与第 4 章中相同。为了获得缓冲头帽的降载性能,首先需要对缓冲头帽入水过程中罩壳的强度分布及其破碎机理进行分析。图 5-7 为带缓冲头帽的回转体以初始速度 50m/s 垂直入水时罩壳破碎过程,图中的颜色表示瞬时应力分布。

由图 5-7 中可以看出,从缓冲头帽触水开始,罩壳在冲击载荷作用下逐渐发生破裂。破裂最早发生在罩壳的头部区域,与此同时,冲击载荷沿着罩壳壳体向后传播[图 5-7(b)和图 5-7(c)];随着入水过程的进行,罩壳的破裂范围逐渐向其尾部扩大,同时罩壳及缓冲器在冲击载荷的挤压作用下发生变形,图 5-7(e)和图 5-7(f)清晰地显示出罩壳头部的挤压变形情况;随着时间的推移,破裂的范围进一步扩大,缓冲器也进一步被压实强化,入水冲击产生的横向弯矩使罩壳的尾部发生翘曲,如图 5-7(j)所示。由上述分析可知,在回转体以初始速度 50m/s 垂直入水条件下,罩壳在入水后的 4.5ms 内即出现严重的破损。在这个过程中,缓冲器在挤压作用下被压实强化,并降低了作用于回转体的冲击载荷。在入水后 5ms 时,缓冲器与回转体头部分离不再发挥卸载的作用,此时回转体头部直接承受冲击载荷,如图 5-8 所示。

图 5-9 为带缓冲头帽的回转体以初始速度 50m/s、60°角斜入水时罩壳破碎过程。从图 5-9 中可以看出,斜入水时罩壳的破碎过程与垂直入水时相似,但是斜入水时罩壳的破裂呈现出明显的非对称性,即迎水面的破损程度远大于背水面的破损程度。这表明,冲击载荷的作用位置对罩壳的破裂过程和碎裂形态具有重要的影响。

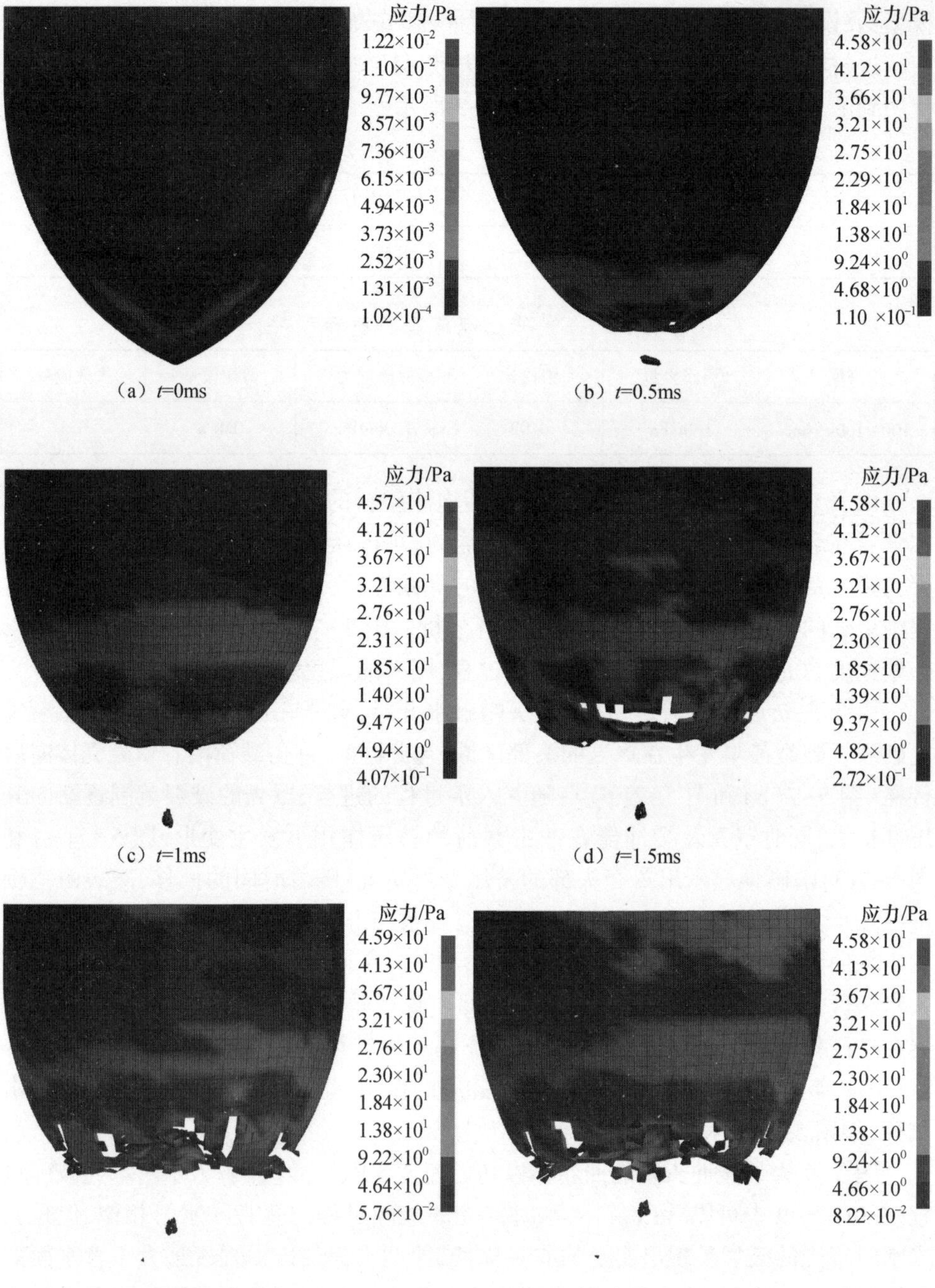

（a）t=0ms　（b）t=0.5ms

（c）t=1ms　（d）t=1.5ms

（e）t=2ms　（f）t=2.5ms

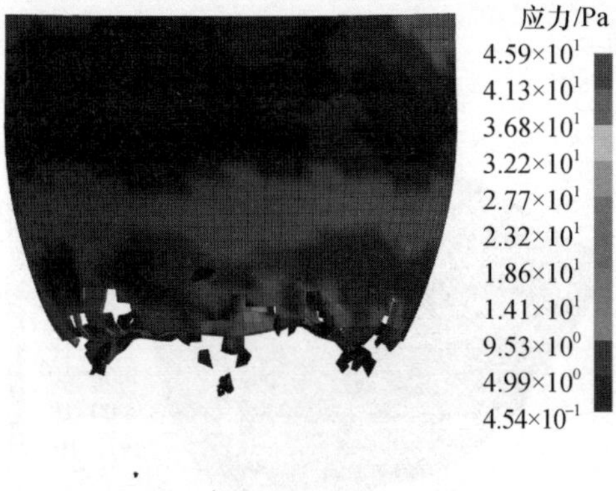

（g）t=3ms

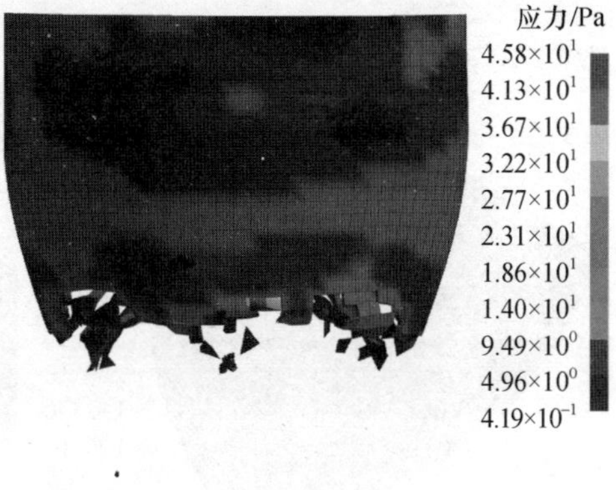

（h）t=3.5ms

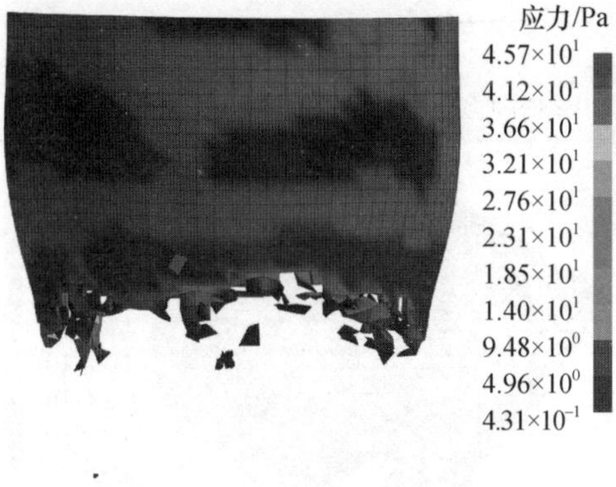

（i）t=4ms

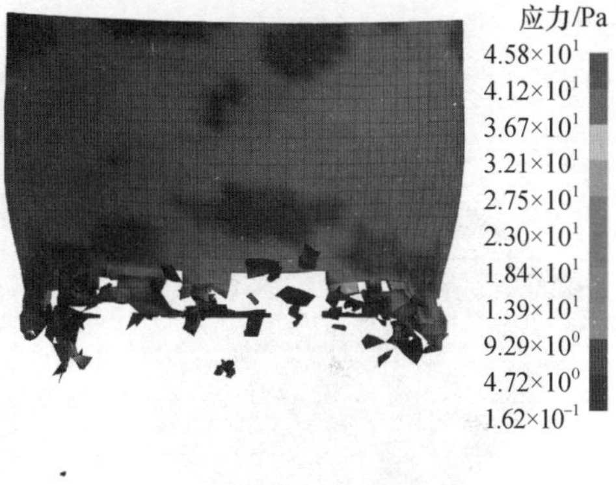

（j）t=4.5ms

图 5-7　带帽缓冲头帽的回转体以初始速度 50m/s 垂直入水时罩壳破碎过程

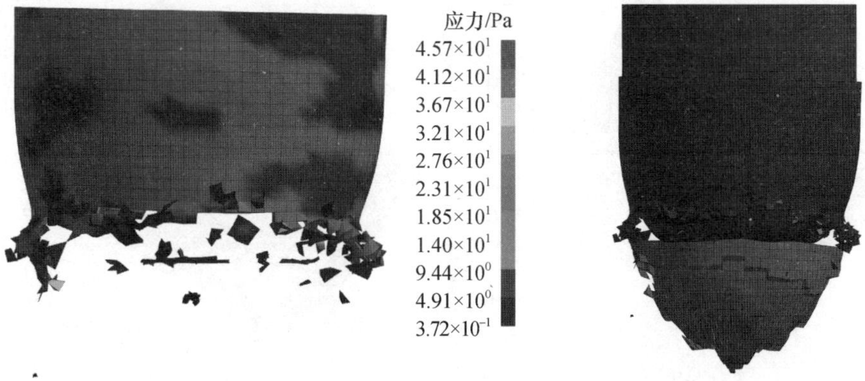

图 5-8　带缓冲头帽的回转体以初始速度 50m/s 垂直入水时缓冲器与回转体头部分离(t=5ms)

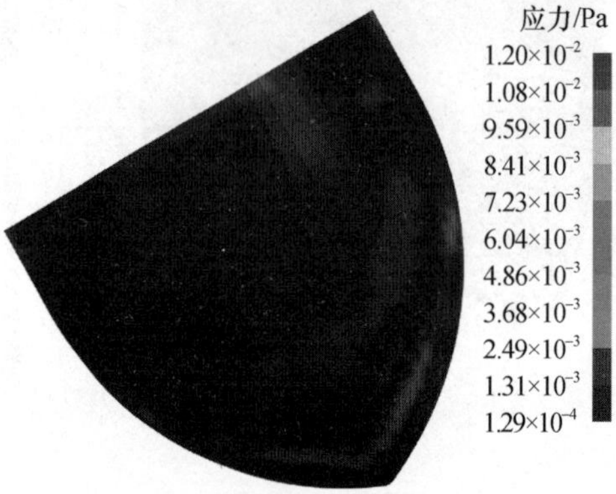

（a）t=0ms

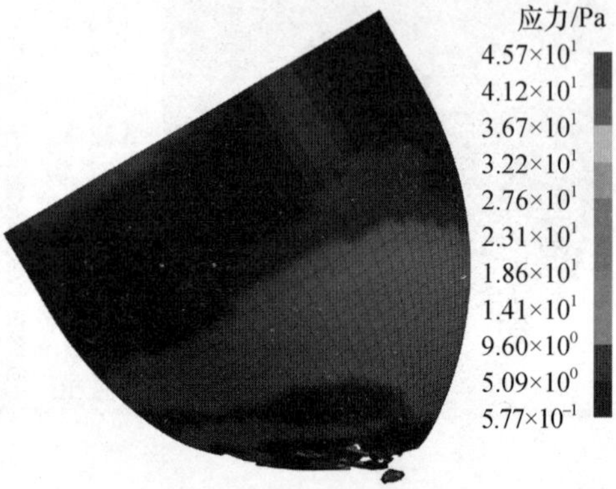

（b）t=0.5ms

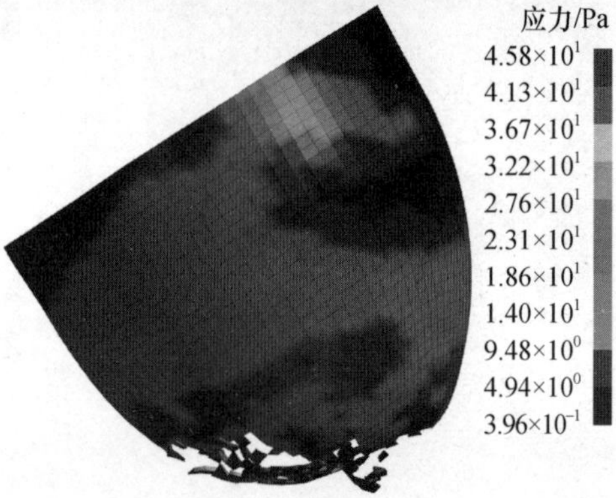

（c）t=1ms

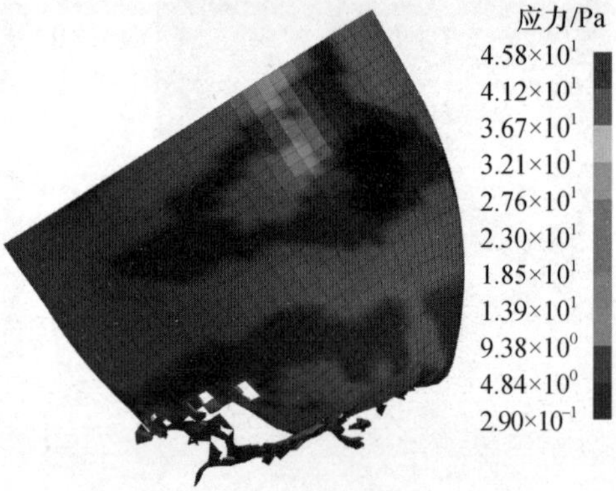

（d）t=1.5ms

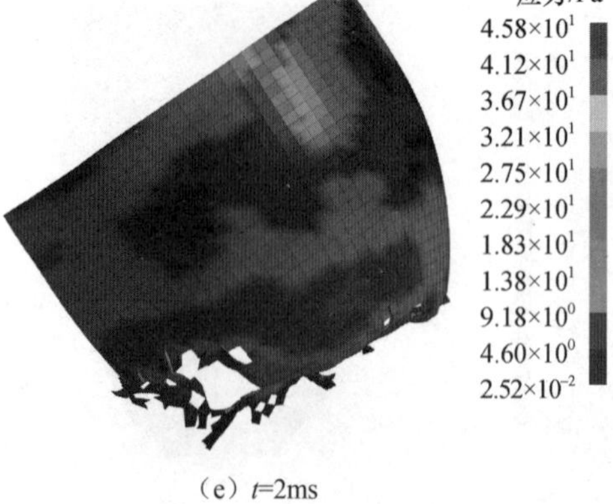

（e）t=2ms

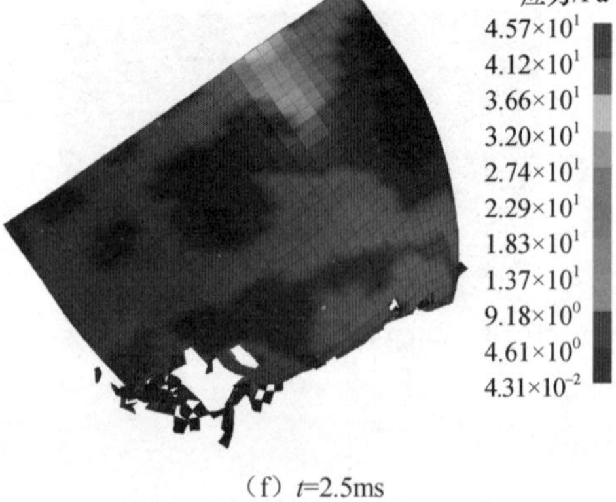

（f）t=2.5ms

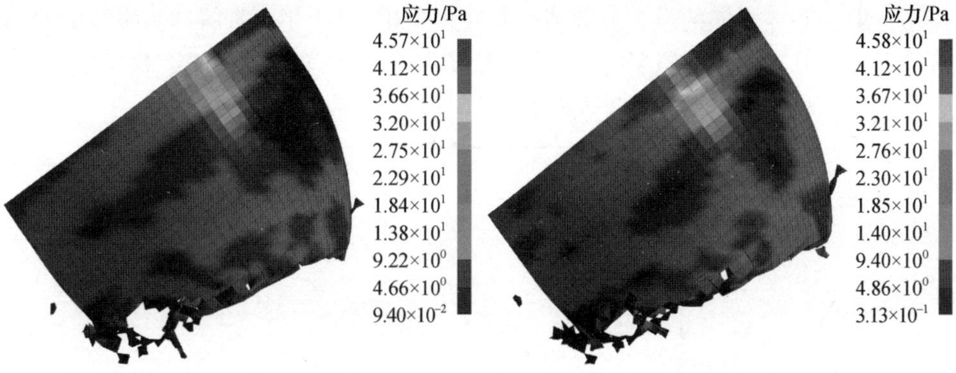

（g）t=3ms　　　　（h）t=3.5ms

图 5-9　带缓冲头帽的回转体以初始速度 50m/s、60°角斜入水时罩壳破碎过程

入水后 4ms 左右时，缓冲器与回转体头部分离，如图 5-10 所示。与图 5-8 的结果对比可知，斜入水时罩壳尾部的翘曲程度大于垂直入水时。

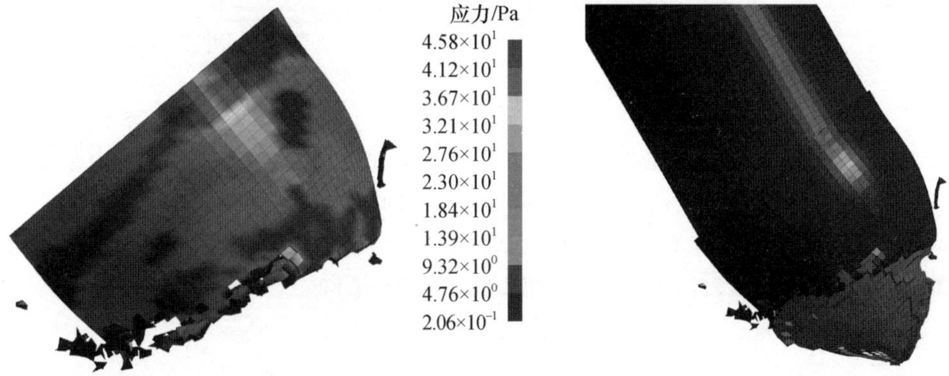

图 5-10　带缓冲头帽的回转体以初始速度 50m/s、60°角斜入水时缓冲器与回转体头部分离(t=4ms)

下面将从回转体壳体结构应变、入水冲击加速度、砰击压力、应力及形变 5 个方面的变化规律，具体介绍缓冲器长度、缓冲材料密度、初始入水速度和初始入水角度对缓冲头帽降载性能的影响规律。

5.4.2　缓冲器长度对降载性能的影响

本节中初始入水速度为 50m/s、入水角度为 90°、缓冲材料密度 $\rho=120\text{kg/m}^3$，分别取缓冲器长度为 100mm、150mm、200mm 和 250mm，研究缓冲器长度对缓冲头帽降载性能的影响。

图 5-11 为回转体壳体最大等效塑性应变随缓冲器长度的变化规律，从图中可以看出，随着缓冲器长度的增加，最大等效塑性应变逐渐减小。缓冲器长度为

100mm 时回转体壳体的最大等效塑性应变为 0.07，远小于不带缓冲头帽时的壳体的最大等效塑性应变(0.1536)，应变越小说明结构承受的入水冲击载荷越小，这说明缓冲头帽较好地减小了回转体承受的入水冲击载荷。

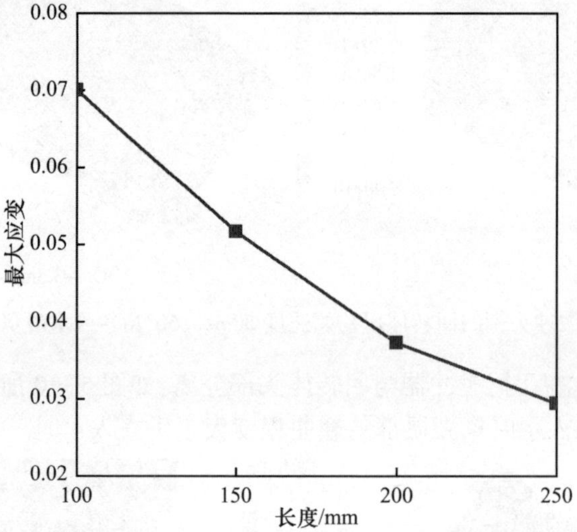

图 5-11　不同缓冲器长度下回转体壳体最大等效塑性应变

图 5-12 为回转体冲击加速度峰值系数随缓冲器长度的变化规律。由第 4 章结果可知，入水速度较大时弹性回转体壳体结构可能会发生损坏，此时无法获得对应的冲击加速度峰值系数。为便于数据的对比分析，图中给出了相应工况下不带缓冲头帽的刚性回转体入水冲击加速度峰值系数，下同。

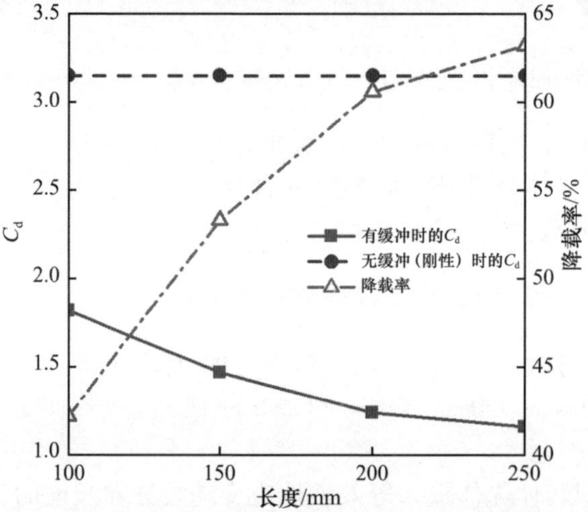

图 5-12　不同缓冲器长度下回转体冲击加速度峰值系数

加速度峰值系数的降载率用下式描述：

$$降载率 = \frac{C_{d_{Rigid}} - C_{d_{Buffer}}}{C_{d_{Rigid}}} \times 100\% \tag{5-42}$$

从图 5-12 中可以看出，随着缓冲器长度的增加，回转体加速度峰值系数越小，对应的降载率越大。长度为 100mm 时，加速度峰值系数为 1.82，降载率为 42.2%；长度为 150mm 时，加速度峰值系数为 1.47，降载率为 53.3%；长度为 200mm 时，加速度峰值系数为 1.24，降载率为 60.6%；长度为 250mm 时，加速度峰值系数为 1.16，降载率为 63.2%。但需要注意的是缓冲器的长度越长，其脱离回转体壳体所需要的时间也越长，这将会对回转体的正常使用功能造成不利影响，因此使用中需要根据实际需求设计长度适应的缓冲器。

图 5-13 和图 5-14 分别为不同缓冲器长度下回转体特征单元砰击压力和应力时间历程曲线，同时图中还给出了不带缓冲头帽的回转体特征单元砰击压力和应力时间历程曲线，图中选取的特征单元位置为回转体头部的 R_4 处（图 4-19），下同。

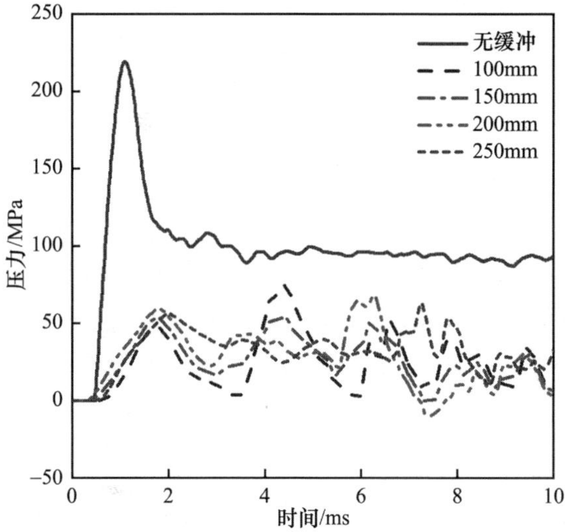

图 5-13　不同缓冲器长度下回转体特征单元砰击压力时间历程曲线

从砰击压力时间历程曲线中可以看出，带缓冲头帽的回转体特征单元砰击压力曲线有两个峰值。第一个峰值出现在 2ms 左右，且峰值脉宽为 2ms 左右，在该峰值持续时间内缓冲器在冲击载荷的作用下被压实，并将冲击载荷传递到回转体。随着入水深度的增加，缓冲器进一步被压实硬化并不断破碎，砰击压力出现第二个峰值。缓冲器长度不一样，导致第二次峰值出现的时间不一样。缓冲器长度为 100mm 时的砰击压力二次峰值出现的时间最早，大约在 4.2ms；缓冲器长度为

250mm 时的砰击压力二次峰值出现的时间最晚,大约在 7ms。对比 4 种缓冲器长度下的二次峰值可知,缓冲器长度越长,二次峰值越小。这说明缓冲器长度越长,缓冲头帽的降载效果越好。同时由到达峰值的时间可知,缓冲器长度越长,其脱离回转体所需的时间也越长。进一步与不带缓冲头帽时的砰击压力曲线对比可知,不带缓冲头帽时的砰击压力峰值约为 220MPa,峰值之后砰击压力的整体水平约为 100MPa;带缓冲头帽时的砰击压力峰值约为 60MPa,远小于不带头帽时。这表明,缓冲头帽较好地降低了作用于回转体的砰击压力水平。

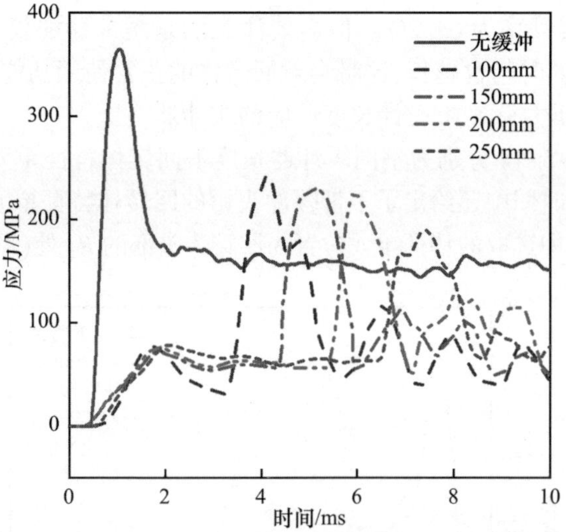

图 5-14　不同缓冲器长度下回转体特征单元应力时间历程曲线

从回转体特征单元应力时间历程曲线可以看出,带缓冲头帽时的应力时间历程曲线同样存在两个峰值,第一个峰值在 2ms 左右出现,这个阶段内缓冲器与回转体处于连接未分离状态;随着入水过程的进行,缓冲器持续被压实破碎,最终与回转体脱离,然后出现第二峰值。两次峰值之间应力变化平缓,说明这段时间内缓冲器一直发挥着缓冲卸载的作用。缓冲器的长度越长,对应的平缓段持续时间也越长。

与不带缓冲头帽时的应力时间历程曲线对比可知,不带缓冲头帽时的应力峰值约为 365MPa,峰值之后应力整体水平维持在 160MPa 左右;带缓冲头帽时的最大应力峰值约为 250MPa,峰值之后应力整体水平维持在 50MPa 左右,均小于不带头帽时。

图 5-15 为不同缓冲器长度下回转体壳体结构局部形变图。从图中可知,缓冲器长度越长,对应的回转体壳体形变越小。缓冲器长度为 100mm 时,最大形变量为 1.54mm;缓冲器长度为 150mm 时,最大形变量为 1.33mm;缓冲器长度为 200mm 时,最大形变量为 1.13mm;缓冲器长度为 250mm 时,最大形变量为

0.96mm。结合图 4-46 结果(不带缓冲头帽的回转体以初始速度 30m/s 垂直入水时,最大形变量为 6.81mm)可知,缓冲头帽能有效地减小回转体壳体结构的形变,即可以降低作用于回转体的冲击载荷。

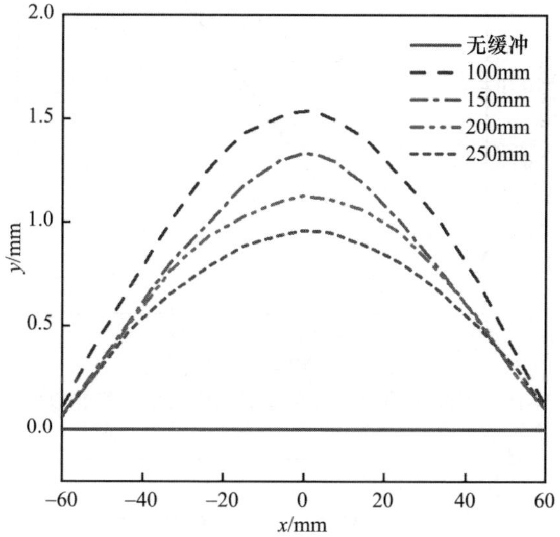

图 5-15　不同缓冲器长度下回转体壳体结构局部形变图

5.4.3　缓冲材料密度对降载性能的影响

本节中初始入水速度为 50m/s、入水角度为 90°、缓冲器长度为 100mm,分别取缓冲材料密度为 $100kg/m^3$、$120kg/m^3$、$140kg/m^3$ 和 $160kg/m^3$,介绍缓冲材料密度对缓冲头帽降载性能的影响。

图 5-16 为回转体壳体结构最大等效塑性应变随缓冲材料密度的变化规律,从图中可知,缓冲材料的密度越大,对应的最大等效塑性应变越大。缓冲材料密度为 $100kg/m^3$ 时壳体的最大等效塑性应变为 0.0555,而密度为 $160kg/m^3$ 时壳体的最大等效塑性应变为 0.1446,均小于不带缓冲头帽时的最大等效塑性应变(0.1536)。这说明,密度小的缓冲材料降载性能比密度大的好,这主要是由硬质聚氨酯泡沫塑料的吸能缓冲特性决定的[16],当吸收相同的冲击能量时,小密度材料应变率比大密度材料高,从而可以得到更好的缓冲效果。

图 5-17 为回转体冲击加速度峰值系数随缓冲材料密度的变化规律。从图中可知,缓冲材料密度越大,对应的冲击加速度峰值系数越大,降载率越小。材料密度为 $100kg/m^3$ 时,对应的峰值系数为 1.61,降载率为 48.9%;密度为 $160kg/m^3$ 时,对应的峰值系数为 2.18,降载率为 30.8%。

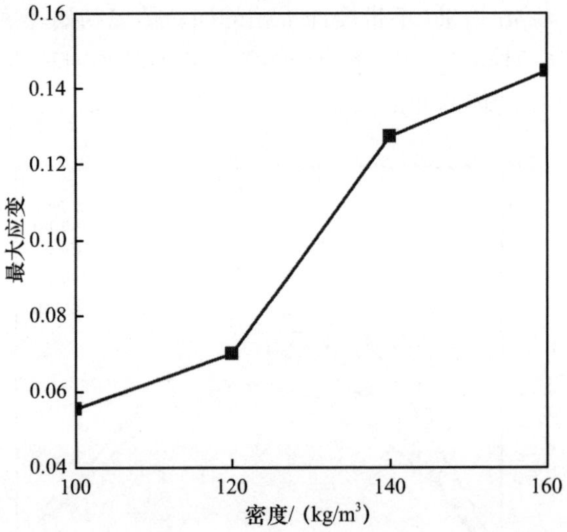

图 5-16　不同缓冲器材料密度下壳体的最大等效塑性应变

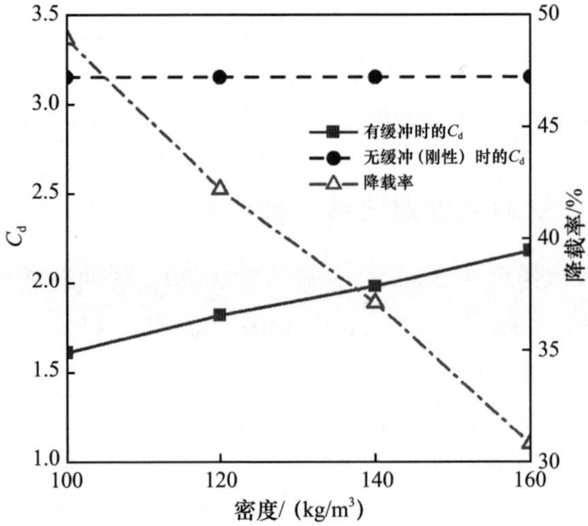

图 5-17　不同缓冲材料密度下回转体冲击加速度峰值系数

图 5-18 为不同缓冲材料密度下回转体特征单元砰击压力时间历程曲线。由图可知,不同缓冲材料密度下特征单元砰击压力具有相同的变化规律,不同缓冲材料密度下砰击压力达到峰值的时间基本相同,在 1.7ms 左右到达第一次峰值,在 4.6ms 左右到达第二次峰值。但是第二次峰值的大小不一样,密度为 100kg/m^3 时,峰值为 75MPa;密度为 120kg/m^3 时,峰值为 90MPa;密度为 140kg/m^3 时,峰值为 105MPa;密度为 160kg/m^3 时,峰值为 107MPa。不带缓冲头帽的回转体特征单元砰击压力峰值为 220MPa,远大于带缓冲头帽时的砰击压力峰值。

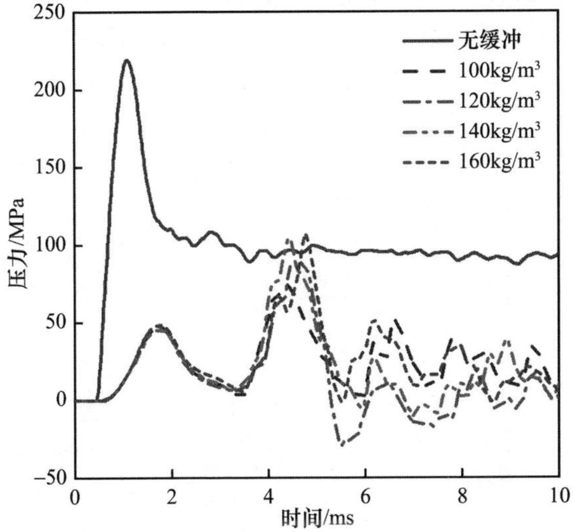

图 5-18　不同缓冲材料密度下回转体特征单元砰击压力时间历程曲线

图 5-19 为不同缓冲材料密度下回转体特征单元应力时间历程曲线。由图可知,不同缓冲材料密度下回转体特征单元应力变化规律与砰击压力变化规律相同。不同缓冲材料密度对应的应力到达二次峰值的时间相同,峰值的大小不同但差异较小,第一次峰值约为 75MPa,第二次峰值约为 240MPa。不带缓冲头帽的回转体特征单元应力峰值为 365MPa,远大于带头帽时的应力峰值。

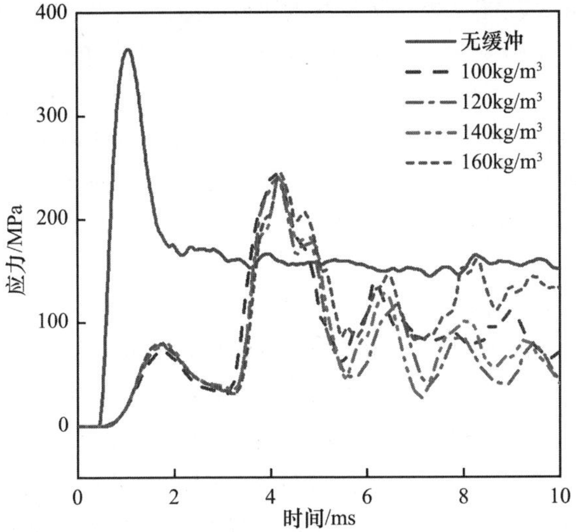

图 5-19　不同缓冲材料密度下回转体特征单元应力时间历程曲线

图 5-20 为不同缓冲材料密度下回转体壳体结构局部形变图。由图可知，缓冲材料密度越小，对应的结构形变越小。密度为 100kg/m^3 时，最大形变量为 1.32mm；密度为 120kg/m^3 时，最大形变量为 1.54mm；密度为 140kg/m^3 时，最大形变量为 1.64mm；密度为 160kg/m^3 时，最大形变量为 1.87mm。

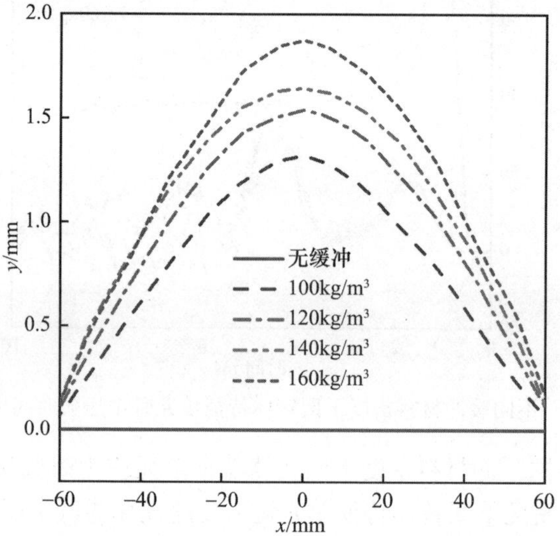

图 5-20　不同缓冲材料密度下回转体壳体结构局部形变图

5.4.4　初始入水速度对降载性能的影响

本节中入水角度为 90°、缓冲器长度为 100mm、缓冲材料密度为 120kg/m^3，分别取初始入水速度为 40m/s、50m/s、60m/s 和 70m/s，介绍缓冲头帽的降载性能随初始入水速度的变化规律。

图 5-21 为不同速度入水时罩壳在入水后 1.5ms 时的破裂状态。由罩壳破裂状态可知，相同条件下，入水速度越大，罩壳的破裂范围越大。入水速度为 40m/s 时，罩壳前端发生局部破裂；而入水速度为 70m/s 时，罩壳前端完全开裂并发生挤压变形。

图 5-22 为回转体壳体结构最大等效塑性应变随初始入水速度的变化规律。由图可知，入水速度越大对应的最大等效塑性应变也越大。入水速度为 40m/s 时，最大应变为 0.0231；入水速度为 50m/s 时，最大应变为 0.07；入水速度为 60m/s 时，最大应变为 0.165；入水速度为 70m/s 时，最大应变为 0.2116。而由第 4 章结果可知，不带缓冲头帽、初始入水速度为 50m/s 时的最大应变为 0.1536；初始入水速度为 70m/s 时的最大应变为 0.3270，且壳体头部结构出现破损。这表明，缓冲头帽较好地降低了回转体入水过程中承受的冲击载荷。

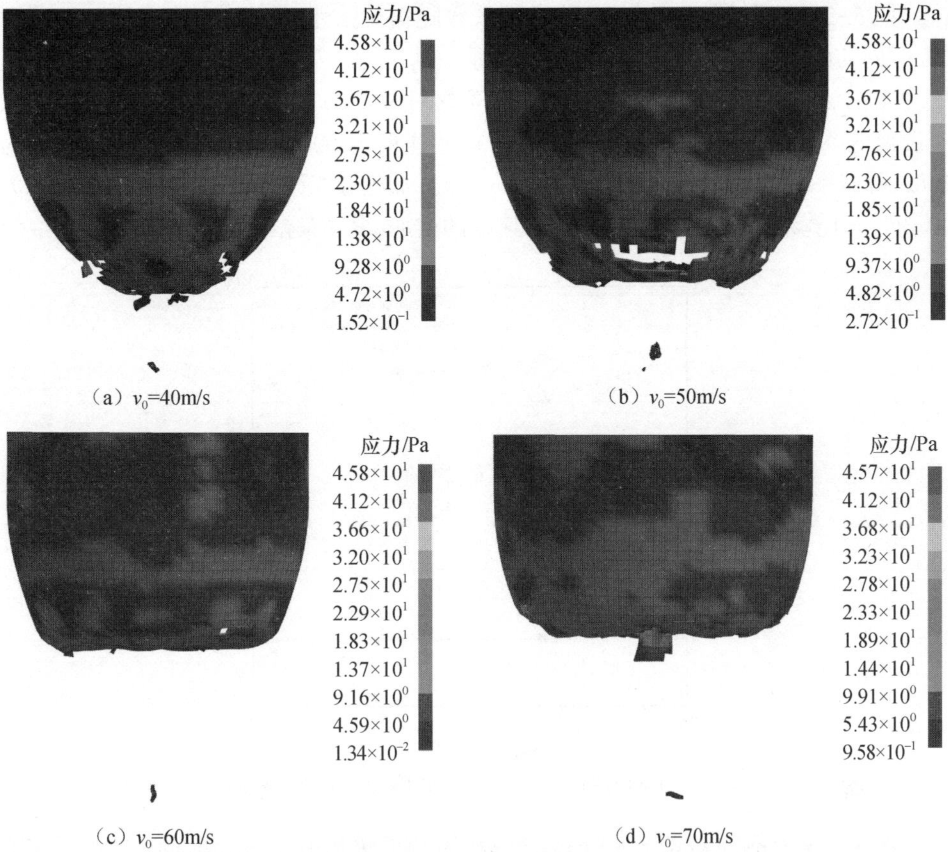

图 5-21　不同初始速度入水时罩壳破碎状态(入水后 1.5ms)

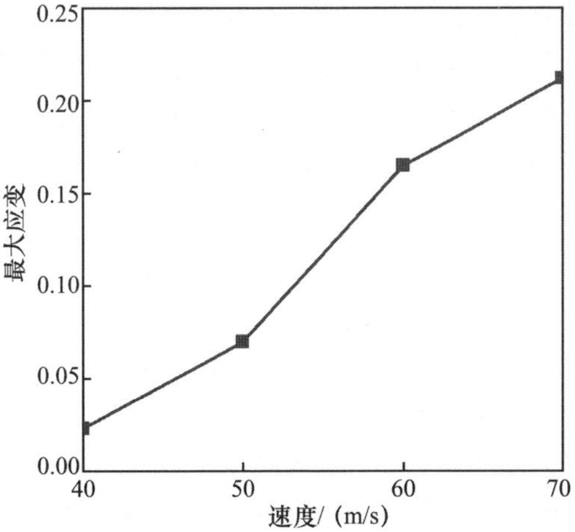

图 5-22　不同初始入水速度时回转体壳体结构最大等效塑性应变

图 5-23 为回转体冲击加速度峰值系数随初始入水速度的变化规律。由图可知,不同初始入水速度下冲击加速度峰值系数基本为一常数,变化范围较小。初始速度为 40m/s 时,加速度峰值系数为 1.84,降载率为 42.5%;初始速度为 50m/s 时,加速度峰值系数为 1.82,降载率为 42.2%;初始速度为 60m/s 时,加速度峰值系数为 1.82,降载率为 40.9%;初始速度为 70m/s 时,加速度峰值系数为 1.81,降载率为 40.3%。计算结果表明,随着初始入水速度的增加,缓冲头帽的降载性能略有下降。

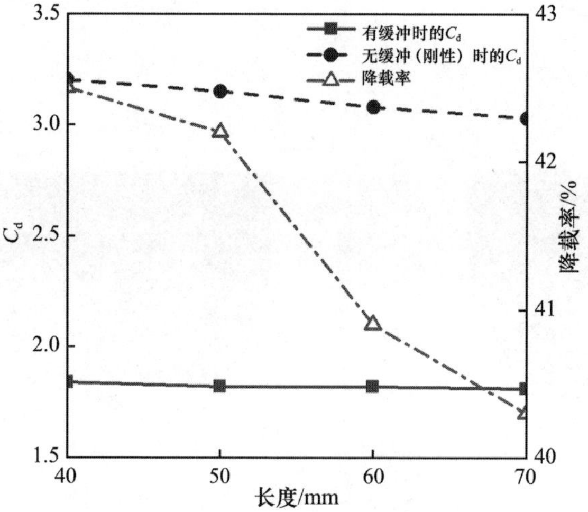

图 5-23　不同初始入水速度时回转体冲击加速度峰值系数

图 5-24 为不同初始入水速度时回转体特征单元砰击压力时间历程曲线,图中同时给出了不带缓冲头帽的回转体以初始速度 50m/s 入水时特征单元砰击压力时间历程曲线作为对比。由图中可知,入水速度越大,第一个峰值的脉宽越小,而且到达第二峰值所需的时间也越短;同时,缓冲器与回转体头部分离后作用于回转体的砰击压力峰值越大。初始速度为 40m/s 时,第二个峰值为 35MPa;初始速度为 50m/s 时,第二个峰值为 75MPa;初始速度为 60m/s 时,第二个峰值为 186MPa;初始速度为 70m/s 时,第二个峰值为 205MPa。这表明,初始入水速度对砰击压力峰值具有重要的影响,与不带缓冲头帽时的计算结果对比可知,在不同初始入水速度下缓冲头帽均具有较好的卸载能力。

图 5-25 为不同初始入水速度时回转体特征单元应力时间历程曲线,图中同时给出了不带缓冲头帽的回转体以初始速度 50m/s 入水时特征单元应力时间历程曲线作为对比。应力随初始入水速度的变化规律与压力随初始入水速度的变化规律相似,但也有不同之处,具体表现为带缓冲头帽的回转体以初始速度 60m/s 和 70m/s 入水时,第二个应力峰值均大于不带头帽的回转体;而对应条件下带缓

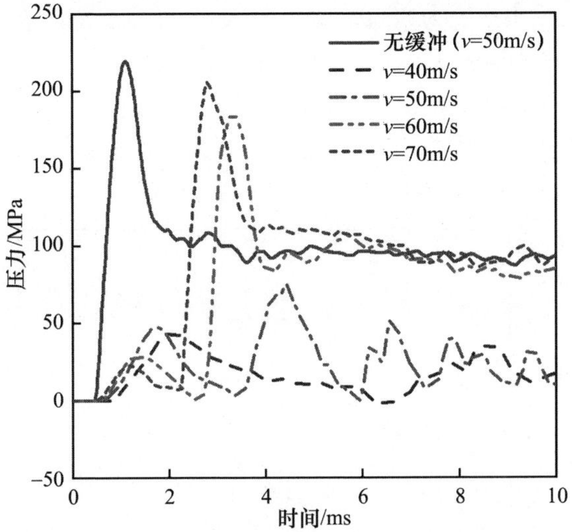

图 5-24　不同初始入水速度时回转体特征单元砰击压力时间历程曲线

冲头帽的回转体特征单元应力峰值均小于不带缓冲头帽的回转体。应力反映的是在外力作用下结构的动态响应，说明初始入水速度对结构的动态响应具有重要的影响，初始入水速度越大对缓冲头帽的降载性能要求也越高。

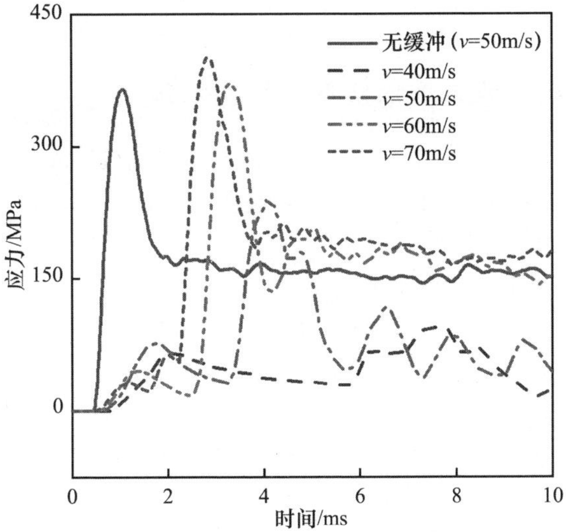

图 5-25　不同初始入水速度时回转体特征单元应力时间历程曲线

图 5-26 为不同初始入水速度时回转体壳体结构局部形变图。从图中可以看出，初始入水速度越大，回转体壳体结构的形变越显著。入水速度为 40m/s 时，最大

形变量为 0.16mm；入水速度为 50m/s 时，最大形变量为 1.54mm；入水速度为 60m/s 时，最大形变量为 12.16mm；入水速度为 70m/s 时，最大形变量为 15.88mm。计算结果表明，在入水速度为 40m/s 时，头部壳体结构的形变基本可以忽略，在入水速度为 60m/s 和 70m/s 时，头部壳体结构的形变量远大于入水速度为 50m/s 时。这说明，同一缓冲头帽在入水速度越大时所呈现出的降载效果越差。

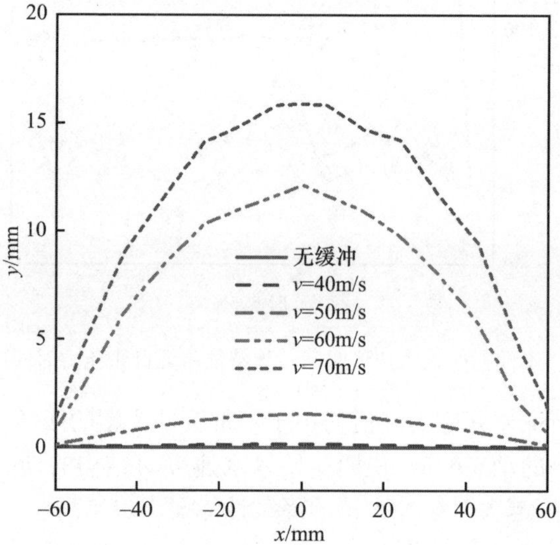

图 5-26　不同初始入水速度时回转体壳体结构局部形变图

5.4.5　初始入水角度对降载性能的影响

本节中初始入水速度为 50m/s、缓冲器长度为 100mm、缓冲材料密度为 120kg/m^3，分别取初始入水角度为 60°、70°、80°和 90°，介绍缓冲头帽的降载性能随初始入水角度的变化规律。

图 5-27 为不同角度入水时罩壳在入水后 1.5ms 时的破裂状态。由图可知，相同条件下，入水角度越大，罩壳破裂的范围越小，即越不容易发生破裂，缓冲头帽的承载性能越好。同时，入水角度越小时罩壳破裂范围的不对称性越显著。入水角度改变了罩壳的触水部位，从而使不同角度下缓冲头帽呈现不同的降载效果。

图 5-28 为不同初始入水角度时回转体壳体结构最大等效塑性应变的变化规律。从图中可以看出，入水角度越小，壳体结构最大等效塑性应变越大。入水角度为 60°时，最大等效塑性应变为 0.1848；入水角度为 70°时，最大等效塑性应变为 0.1218；入水角度为 80°时，最大等效塑性应变为 0.0727；入水角度为 90°时，最大等效塑性应变为 0.07。进一步说明，缓冲头帽在不同角度入水时所呈现出的降载效果不同。

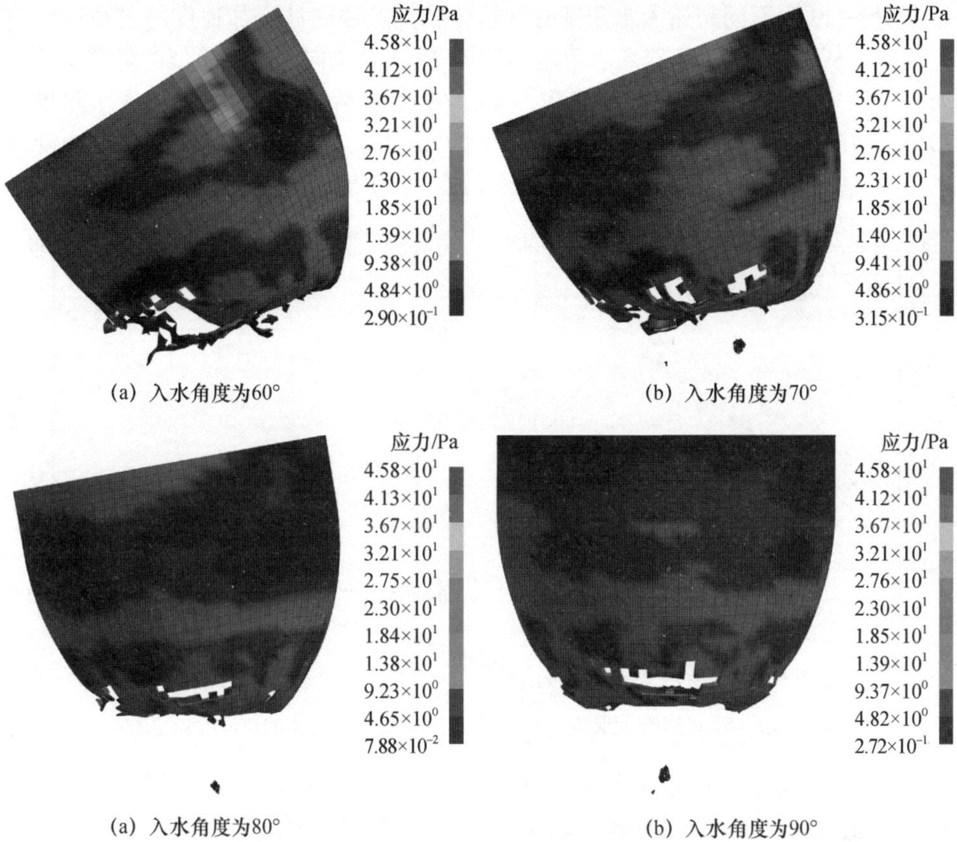

图 5-27　不同初始角度入水时罩壳破碎状态(入水后 1.5ms)

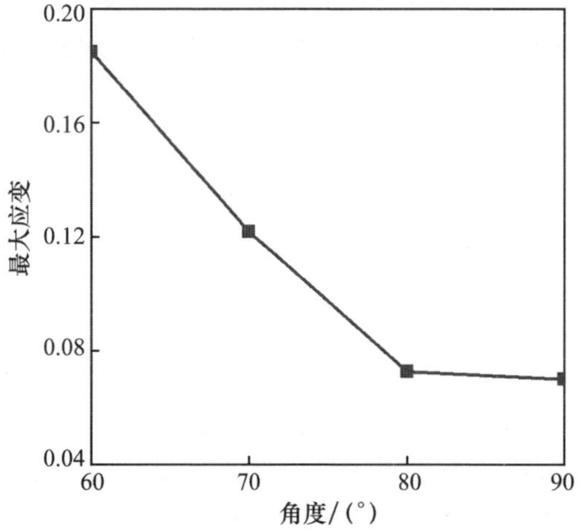

图 5-28　不同初始入水角度时回转体壳体结构最大等效塑性应变

图 5-29 为不同初始入水角度时回转体轴向及法向冲击加速度峰值系数的变化规律。从图中可知,随着入水角度的增加,轴向及法向加速度峰值的降载率均增加。入水角度为 60°时,轴向降载率为 28.8%,法向降载率为 27.8%;入水角度为 70°时,轴向降载率为 36.6%,法向降载率为 28.4%;入水角度为 80°时,轴向降载率为 40.3%,法向降载率为 29.5%;入水角度为 90°时,轴向降载率为 42.2%。

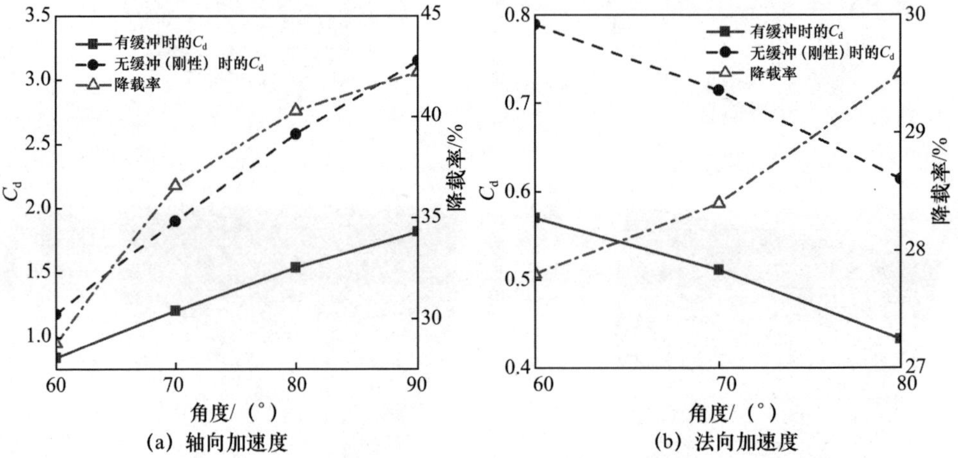

图 5-29　不同初始入水角度时回转体轴向及法向冲击加速度峰值系数

图 5-30 为不同初始入水角度时回转体特征单元砰击压力时间历程曲线,同时给出了不带缓冲头帽的回转体以 90°角入水时的砰击压力时间历程曲线。由图可知,回转体以不同角度入水时,砰击压力的变化规律相同,但砰击压力的峰值略有差异。对第二次压力峰值而言,入水角度为 60°时,压力峰值为 88MPa;入水角度为 70°时,压力峰值为 91MPa;入水角度为 80°时,压力峰值为 120MPa;入水角度为 90°时,压力峰值为 127MPa。

图 5-31 为不同初始入水角度时回转体特征单元应力时间历程曲线,同时给出了不带缓冲头帽的回转体以 90°角入水时的应力时间历程曲线。由图可知,不同角度入水时应力的变化规律与砰击压力的变化规律相同,但两次应力峰值均有较大差异。对第一次应力峰值而言,入水角度越小,应力峰值越大,使得罩壳越容易发生破裂,从而降低了缓冲头帽的降载性能;对第二次应力峰值而言,入水角度越小,应力峰值越小,说明作用于回转体的冲击载荷也越小。应力的变化特征较好地反映出局部头帽降载性能随入水角度的变化规律。

图 5-32 为不同初始入水角度时回转体壳体结构局部形变图。由图可知,入水角度为 60°时,最大形变量为 1.1mm;入水角度为 70°时,最大形变量为 1.18mm;入水角度为 80°时,最大形变量为 1.33mm;入水角度为 90°时,最大形变量为

1.54mm。同时可知,垂直入水时壳体形变关于中轴线对称,而斜入水时壳体形变呈不对称性。结合图 4-45 的结果(不带缓冲头帽的回转体以初始速度 50m/s、60°角斜入水时,最大形变量为 9.34mm)可知,缓冲头帽可以较好地降低作用于回转体的冲击载荷。

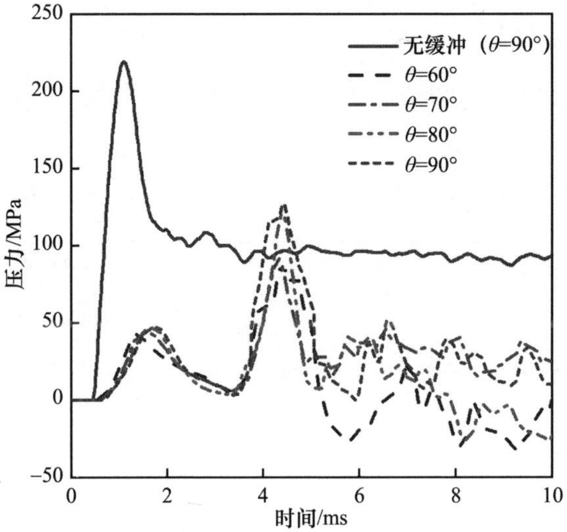

图 5-30　不同初始入水角度时回转体特征单元砰击压力时间历程曲线

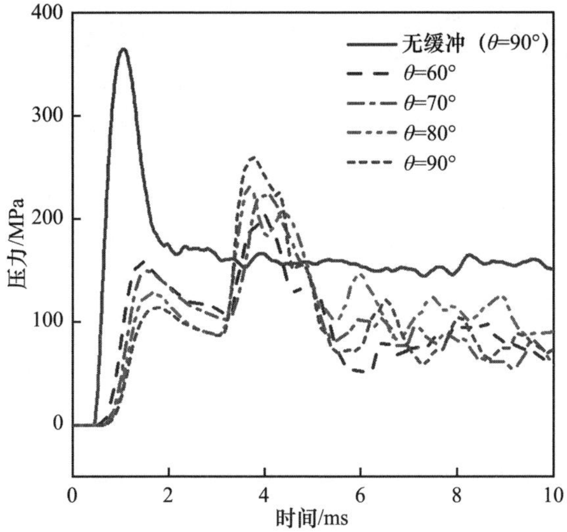

图 5-31　不同初始入水角度时回转体特征单元应力时间历程曲线

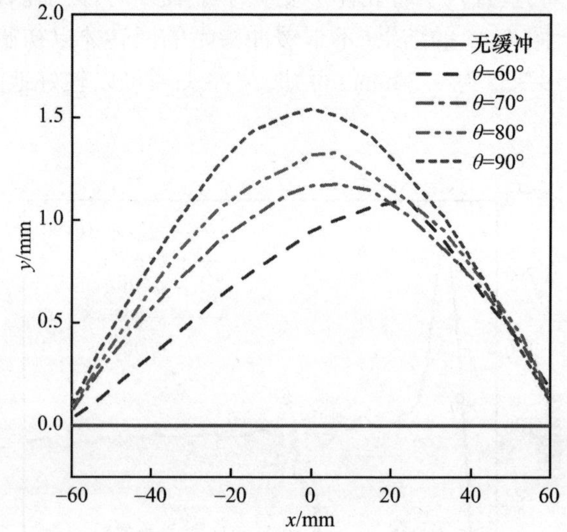

图 5-32　不同初始入水角度时回转体壳体结构局部形变图

第6章 回转体高速入水试验测试技术

数值计算结果往往不能完全考虑实际中各种因素的影响,入水冲击试验研究是入水冲击理论研究和数值计算方法研究的重要补充,也是研究流固耦合问题不可缺少的一个重要手段。本章介绍回转体高速入水试验测试技术,包括相似性分析、试验测试设备及数据处理方法等内容,并介绍了真实的高速入水试验测试案例。

6.1 高速入水试验相似性分析

高速入水试验测试对测试平台与测试场地均具有较高的要求,在回转体原型上进行试验会耗费大量的人力、物力,并且可能难以达到预期的试验效果,因此通常设计一定比例的模型,开展缩比模型试验。为了能够在模型流动上表现出原型流动的现象和性能,必须使模型流动与原型流动之间保持力学相似关系,即模型流动与原型流动在对应点上的对应物理量都应有一定的比例关系。具体而言,力学相似包括几何相似、运动相似及动力相似。

6.1.1 几何相似

几何相似是指模型流动与原型流动具有相似的边界形状,一切对应的线性尺寸呈同一比例。线性尺寸包括物体的长度 L、直径 D、表面粗糙度 Δ 以及任意空间对应点间的线段,有如下比例关系:

$$\frac{L_{\mathrm{m}}}{L_{\mathrm{p}}}=\frac{D_{\mathrm{m}}}{D_{\mathrm{p}}}=\frac{\Delta_{\mathrm{m}}}{\Delta_{\mathrm{p}}}=\cdots=C_L \tag{6-1}$$

式中:下标 p 为原型;下标 m 为模型;C_L 为线性比例系数。

对于面积 S 和体积 V,有如下比例关系:

$$\frac{S_{\mathrm{m}}}{S_{\mathrm{p}}}=\left(\frac{L_{\mathrm{m}}}{L_{\mathrm{p}}}\right)^2=C_L^2 \tag{6-2}$$

$$\frac{V_{\mathrm{m}}}{V_{\mathrm{p}}}=\left(\frac{L_{\mathrm{m}}}{L_{\mathrm{p}}}\right)^{3}=C_L^3 \tag{6-3}$$

6.1.2 运动相似

运动相似是指模型流动与原型流动的速度场相似,即满足几何相似的两个流动中,对应瞬时和对应空间点处流体质点的速度方向相同且大小呈同一比例,有如下比例关系:

$$\frac{v_{\mathrm{m}}}{v_{\mathrm{p}}}=C_v \tag{6-4}$$

式中:C_v 为速度比例系数。

$$C_t=\frac{t_{\mathrm{m}}}{t_{\mathrm{p}}}=\frac{L_{\mathrm{m}}/v_{\mathrm{m}}}{L_{\mathrm{p}}/v_{\mathrm{p}}}=\frac{C_L}{C_v} \tag{6-5}$$

式中:C_t 为时间比例系数,运动相似意味着对应流体质点通过对应空间距离的时间间隔相似。

$$C_a=\frac{a_{\mathrm{m}}}{a_{\mathrm{p}}}=\frac{v_{\mathrm{m}}/t_{\mathrm{m}}}{v_{\mathrm{p}}/t_{\mathrm{p}}}=\frac{C_v^2}{C_L} \tag{6-6}$$

式中:C_a 为加速度比例系数,运动相似则模型流动与原型流动的流线几何相似。

6.1.3 动力相似

动力相似是指模型流动与原型流动应受同种外力作用,而且在对应瞬时和对应空间点上的同名力方向相同且大小呈同一比例,有如下比例关系:

$$\frac{F_{1\mathrm{m}}}{F_{1\mathrm{p}}}=\frac{F_{2\mathrm{m}}}{F_{2\mathrm{p}}}=\frac{F_{3\mathrm{m}}}{F_{3\mathrm{p}}}=C_F \tag{6-7}$$

式中:C_F 为作用力比例系数。

在回转体高速入水问题中,作用在流体质点上的外力可能有压力(压差)、重力、摩擦力、弹性力、表面张力、惯性力等。有如下关系:

$$\text{惯性力}=-\text{质量}\times\text{加速度}\propto \rho L^3\frac{v}{t}=\rho L^2v^2 \tag{6-8}$$

$$\text{重力}=\text{质量}\times\text{重力加速度}\propto \rho L^3 g \tag{6-9}$$

$$\text{压力}=\text{压强}\times\text{面积}\propto pL^2 \tag{6-10}$$

$$\text{弹性力}=\text{压缩引起的压强增量}\times\text{面积}\propto E_{\mathrm{V}}L^2 \tag{6-11}$$

$$\text{摩擦力}=\text{摩擦应力}\times\text{面积}=\mu\frac{\mathrm{d}v}{\mathrm{d}L}S\propto \mu vL \tag{6-12}$$

$$\text{表面张力}=\text{表面张力系数}\times\text{长度}\propto \sigma L \tag{6-13}$$

式中：L 为流动的特征长度；v 为特征速度；t 为特征时间；ρ 为密度。

有如下无量纲相似准则数：

$$\frac{\text{惯性力}}{\text{重力}} \propto \frac{\rho L^2 v^2}{\rho L^3 g} = \frac{v^2}{Lg}(\text{弗劳德数 } Fr) \tag{6-14}$$

$$\frac{\text{惯性力}}{\text{压力}} \propto \frac{\rho L^2 v^2}{p L^2} = \frac{\rho v^2}{p}(\text{欧拉数 } Eu) \tag{6-15}$$

$$\frac{\text{惯性力}}{\text{摩擦力}} \propto \frac{\rho L^2 v^2}{\mu v L} = \frac{\rho L v}{\mu}(\text{雷诺数 } Re) \tag{6-16}$$

$$\frac{\text{惯性力}}{\text{弹性力}} \propto \frac{\rho L^2 v^2}{E_V L^2} = \frac{\rho v^2}{E_V} = \frac{v^2}{c^2}(\text{马赫数 } Ma) \tag{6-17}$$

$$\frac{\text{惯性力}}{\text{表面张力}} \propto \frac{\rho L^2 v^2}{\sigma L} = \frac{\rho L v^2}{\sigma}(\text{韦伯数 } We) \tag{6-18}$$

如果模型流动与原型流动动力相似，则两个流动对应处作用在流体质点上的惯性力与其他各种力的比值应相等，即上述无量纲相似准则数相等。

几何相似是运动相似与动力相似的前提和依据，动力相似是决定两种流动运动相似的主导因素，运动相似则是几何相似与动力相似的表象，三种相似是密切相关的一个整体。当满足几何相似、运动相似及动力相似时，则可认为两个流场力学相似。

在实际试验时，对于原型与模型系统，若两者尺度不同，则不可能实现以上相似准则数的完全相等，而只能设法保证主要的相似准则数相等，实现两个系统的局部相似。对于回转体高速入水问题而言，由于入水速度较大，回转体的主要受力为弹性力，重力、摩擦力及表面张力等因素与弹性力相比作用较小，因此在高速入水试验时，除了满足几何相似外，主要保证模型系统与原型系统的马赫数 Ma 相等，即开展等速试验。

6.2　高速入水试验设备与布局

回转体高速入水试验设备一般包括模型发射系统、数据采集系统及高速摄像系统。本节简要介绍模型发射系统的发射原理及试验测试中各种设备的布局。

6.2.1　模型发射系统

相较于火炮发射装置来说，空气炮发射装置的安全系数较高。空气炮发射装置通过高压气体推动模型加速，可以使模型在承受较小压力作用时持续加速，并达到很高的速度,同时避免模型在发射过程中的损坏。空气炮发射模型示意图如图 6-1 所示,模型的长度为 1,即单位长度,总质量为 m,作用在模型尾部的压力为 P,模型的运动速度为 v,发射管的直径为 D,横截面积为 S,总长度为 l。

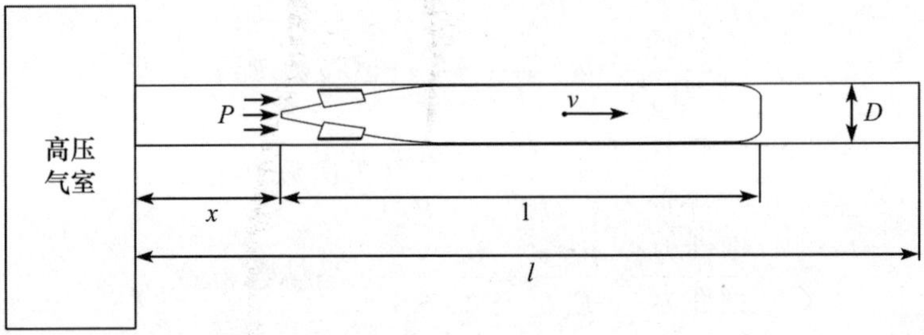

图 6-1　空气炮发射模型示意图

假设在模型发射过程中无损耗,根据牛顿第二定律有

$$PS = m\frac{\mathrm{d}v}{\mathrm{d}t} = mv\frac{\mathrm{d}v}{\mathrm{d}x} \tag{6-19}$$

对式(6-19)进行积分可得

$$v^2 = \frac{2S}{m}\int_0^l P(x)\,\mathrm{d}x \tag{6-20}$$

假设在模型发射过程中高压气体未出现泄漏,则作用在模型尾部的压力 P 可由气体绝热物态方程进行计算:

$$P_0V^{r_a} = P(V + Sx)^{r_a} \tag{6-21}$$

式中:P_0 为高压气室的初始压力;V 为高压气室的容积;r_a 为高压气体的比热比。

在模型发射的实际过程中,高压气体膨胀做功主要转换为以下几种能量:

(1) 模型的动能 E_1;

(2) 模型与发射管之间摩擦消耗的能量 E_2;

(3) 发射管后坐运动耗散的能量 E_3;

(4) 气体剩余能量 E_4。

总能量为 $E=E_1+E_2+E_3+E_4$,采用等效的方法进行计算:假设模型的质量由 m 增加为 φm,φ 为除动能外的能量计算系数,则总能量可以由式(6-22)进行计算。

$$E = E_1 + E_2 + E_3 + E_4 = \varphi E_1 = \varphi \cdot \frac{1}{2}mv^2 \tag{6-22}$$

因此,式(6-19)可以写成含有除动能外的能量计算系数 φ 的形式:

$$PS = \varphi m\frac{\mathrm{d}v}{\mathrm{d}t} \tag{6-23}$$

联立上述计算式,对模型的出管速度进行求解,可得

$$v_0 = \sqrt{\frac{2P_0V}{(r_a - 1)\varphi m}\left[1 - \left(\frac{V}{V + Sl}\right)^{(r_a-1)}\right]} \tag{6 - 24}$$

从式(6-24)中可以看出,在发射管总长度不变的情况下,通过调节高压气室内的初始压力 P_0、模型质量 m,即可调节模型的出管速度,从而改变模型的入水速度。

6.2.2　试验场地布局

在实验室开展室内试验时,试验现场各种设备的布置如图 6-2 所示。模型发射系统采用高压气体作为加速模型的动力来源,使模型达到预定的入水速度与入水角度;数据采集系统包括加速度传感器、数据存储模块等,主要功能为采集模型入水过程中的加速度信息并进行存储;高速摄像系统包含地面高速相机、水下高速相机及辅助照明灯等部件,能够清晰地记录模型的入水姿态、水下空泡及运动弹道等信息。

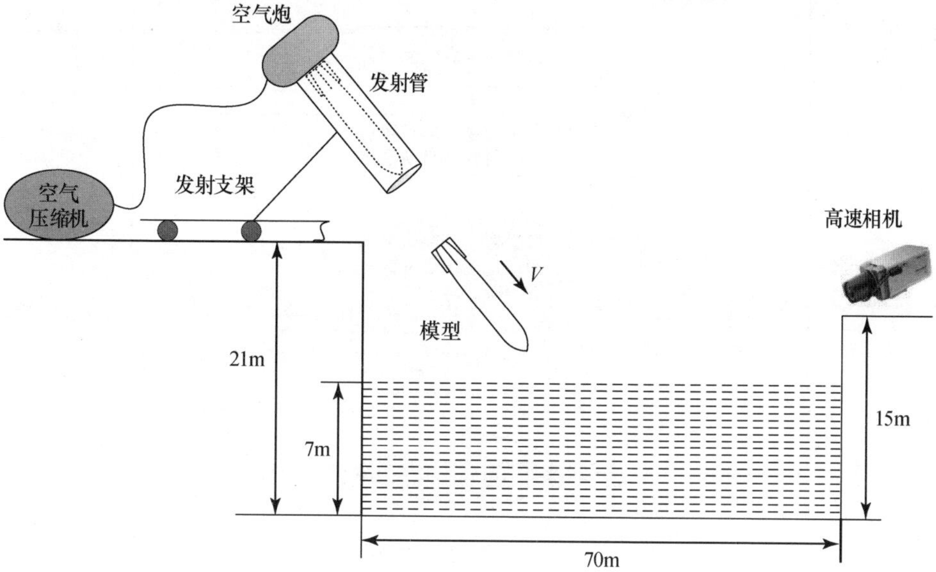

图 6-2　试验现场布局图

模型发射装置一般位于试验水池边上,并采用相关措施固定在水池壁上,以确保模型发射时整体装置的稳定性。试验中可能由于发射平台距离水面较远,从而导致模型空中姿态发生变化的问题,因此为了准确确定模型入水瞬间的速度及姿态,可在水池周围布置两台地面高速相机:其中一台沿着模型的发射方向,以确定模型的横滚、翻转等变化情况;另一台垂直于模型的发射方向,以确定模型的入水角度及入水速度。同时为了捕捉模型入水过程中瞬间的空泡形态,在水面下方一

定距离处安装高速相机,并加装水下照明灯以提升拍摄效果。具体的入水冲击试验测试流程如图 6-3 所示。

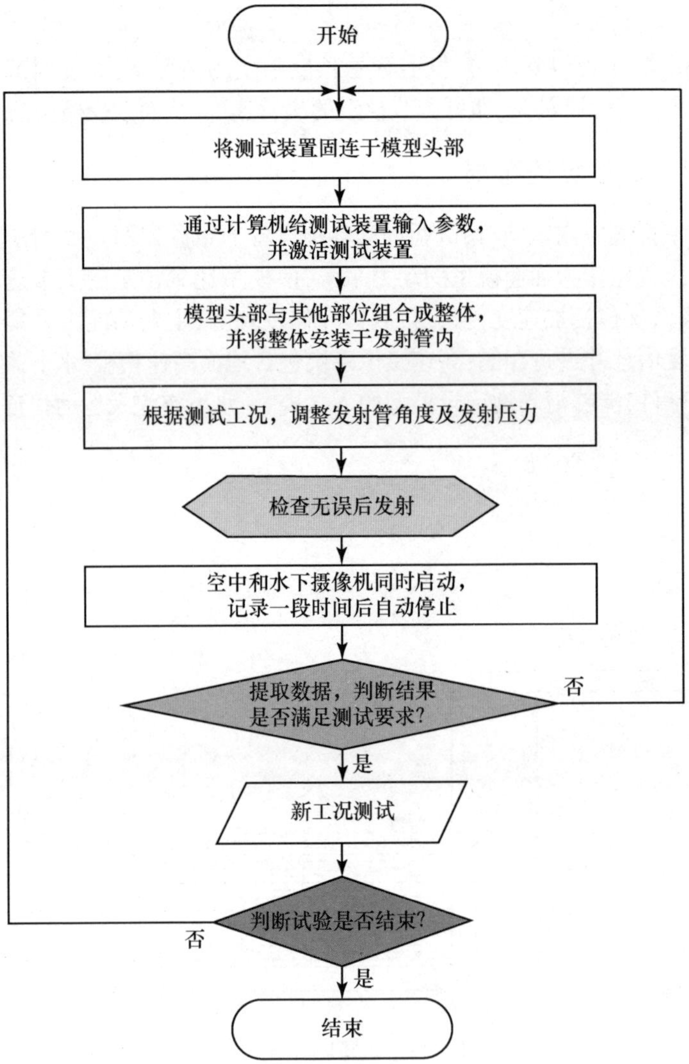

图 6-3　具体的入水冲击试验测试流程

6.3　试验测试数据处理方法

本节介绍试验测试结束后测试数据的处理方法,包括入水空泡轮廓与模型姿态提取方法、试验数据的预处理方法、冲击加速度信号的成分、冲击加速度信号的分解。

6.3.1　空泡轮廓与模型姿态提取方法

入水空泡是指物体以一定速度下落，头部撞击水面，导致流体流动产生的一个含气空腔，该过程中大量气体被入水物体裹带进入空泡内部，形成气液交界面，即入水空泡边缘轮廓。入水空泡边缘轮廓形态及其特征对入水物体的运动状态与运动路径具有较大影响，因此针对入水空泡边缘轮廓的形态特征展开研究有着广泛的应用前景，基于图像边缘检测技术进行边缘提取能够较好地获取入水空泡边缘轮廓的定量信息。

图像边缘是图像最基本的特征，边缘是指图像局部特性的不连续性。灰度或结构等信息的突变处称为边缘，如灰度级的突变、颜色的突变、纹理结构的突变等。边缘是一个区域的结束，也是另一个区域的开始。入水空泡边缘提取方法一般基于图像增强与边缘检测原理进行构建，首先通过图像增强技术对入水空泡图片进行图片预处理，预处理主要包括对灰度图片（一般高速相机的拍摄结果为黑白图片）进行中值滤波、灰度变换及直方图均匀化处理。通过边缘检测算子对图片进行边缘检测，对边缘检测结果进行边缘轮廓识别与轮廓筛选后，得到入水空泡较为完整的外边缘轮廓，并基于入水空泡边缘轮廓输出边缘坐标，其方法流程如图6-4所示。

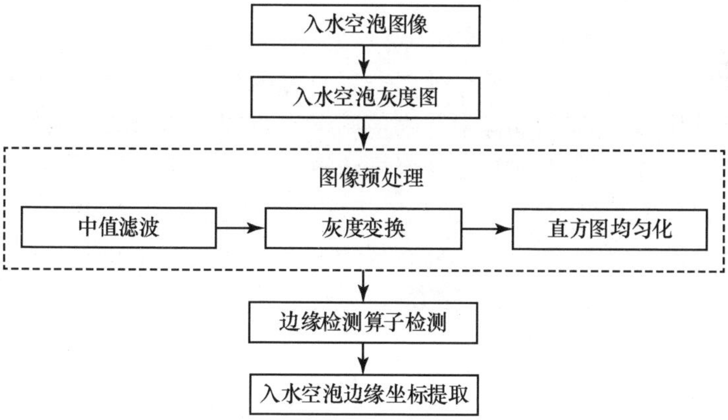

图6-4　入水空泡边缘检测流程图

中值滤波是一种非线性滤波方法，可在去除噪声的同时兼顾边缘信息的保留，采用中值滤波可以对入水空泡图像进行平滑处理并去除图像中的异常点。中值滤波算法利用某像素邻域内灰度的中值代替该像素的值，如有一维像素点序列 l_1，l_2，…，l_n，中值滤波算法选取其中 k 个连续的像素点 l_{i-v}，…，l_{i-1}，l_i，l_{i+1}，…，l_{i+v}，其中 l_i 为中心像素点，$v=(k-1)/2$，将这 k 个像素点从大到小排列，把中间值作为滤

波邻域中心点的输出,表示为

$$y_i = \mathrm{Med}\{l_{i-v},\cdots,l_i,\cdots,l_{i+v}\} \quad [i \in Z, v = (k-1)/2] \tag{6-25}$$

将式(6-25)转化为可应用于图像处理上的二维滤波表达式,为

$$g(x,y) = \mathrm{Med}\{f(x-i,y-i),(i,j) \in Z\} \tag{6-26}$$

式中:$f(x,y)$为原始图像;$g(x,y)$为完成滤波后的图像。

中值滤波处理对椒盐噪声、干扰脉冲和点噪声具有良好的去噪效果。

灰度变换是一种点运算,算子 T 作用于每个像素点,图像的输出 $g(x,y)$ 只与位置(x,y)处输入的$f(x,y)$有关,实现的是像素点之间的处理。该点输出的结果只与该点原像素的灰度值及变换函数有关,与该点邻域内其他点的灰度值无关。灰度变换中线性变换是通过一个一维线性函数对像素点的灰度值进行变换处理,可以达到对输入图像的灰度做线性扩张或压缩的效果,线性灰度变换的表达式为

$$g(x,y) = af(x,y) + b \tag{6-27}$$

式中:参数 a 的大小会影响输出图像的对比度,当 $a>1$ 时,原图像的对比度将会被扩大;当 $a<1$ 时,图像的对比度将会被缩小;当 $a=1$ 时,图像的对比度不变。参数 b 则会影响图像的亮度,b 为正值,亮度增加;b 为负值,亮度减小。由于在入水空泡拍摄过程中光照较为强烈,在空泡边缘薄弱处有可能会因为亮度过大而影响后续边缘检测效果,所以需要对入水空泡原图进行线性灰度变化处理,降低图片亮度,进一步突出空泡边缘并弱化背景。

灰度直方图是数字图像处理中经常用到的一个工具,可显示出灰度图像中灰度级分布的统计,是图像的重要特征之一。直方图均衡化主要用于增强动态范围偏小的图像的反差,可以增加像素灰度值的动态范围以达到增强图像整体对比度的效果,从而使图像的细节变得更加明显清晰。

完成上述处理后采用边缘检测算子识别入水空泡轮廓,如果一个像素落在图像中某个物体的边界上,那么其邻域将成为一个灰度级变化的带。对这种变化最有用的两个特征是灰度的变化率和方向,它们分别用梯度矢量的幅度值和方向来表示。

常见的边缘检测梯度算子有 Roberts 算子、Sobel 算子、Prewitt 算子及 Canny 算子等。

1. Roberts 算子

Roberts 算子利用局部差分算子寻找边缘,边缘定位精度较高,但容易丢失一部分边缘,不具备抑制噪声的能力。该算子对具有陡峭边缘且含噪声少的图像效果较好,尤其是边缘正负 45°较多的图像,但定位准确率较差。

2. Sobel 算子

Sobel 算子考虑了综合因素,对噪声较多的图像处理效果较好,且具有较好的

边缘定位效果,但检测出的边缘容易出现多像素宽度。

3. Prewitt 算子

Prewitt 算子对灰度渐变的图像提取效果较好,但未考虑相邻点的距离远近对当前像素点的影响,与 Sobel 算子类似,不同之处在于平滑部分的权重大小存在差异。

4. Canny 算子

Canny 算子是高斯函数的一阶导数,是针对信噪比和定位乘积的最优化逼近算子。相较于 Roberts 算子、Sobel 算子及 Prewitt 算子等,Canny 算子不仅可以通过高斯滤波器进一步平滑图像中存在的椒盐噪声,而且 Canny 算子具有的双阈值特性在图像处理过程中可以得到较为完整的空泡边缘。

Canny 算子在图像边缘检测之前需要对图像进行高斯滤波处理,原始图像 $f(x,y)$ 经过高斯滤波器 $h(x,y)$ 后的图像 $g(x,y)$ 为

$$g(x,y)=f(x,y)\cdot h(x,y) \tag{6-28}$$

$g(x,y)$ 的梯度幅值及方向角由式(6-29)与式(6-30)计算

$$|\nabla g(x,y)|=\sqrt{(g_x)^2+(g_y)^2} \tag{6-29}$$

$$\theta(x,y)=\arctan(g_x/g_y) \tag{6-30}$$

对检测出来的梯度幅值进行非极大值抑制,完成边缘细化,最终利用双阈值算法进行检测,完成图像边缘连接。双阈值算法中高阈值参数设定尽可能滤除目标轮廓中存在的虚假边缘,低阈值参数设定尽可能将断裂的边缘完整地连为一个整体轮廓,在选取过程中可先设定初始阈值 T_1 与 T_2,并保持 $T_1=a\times T_2$,其中 a 约为 0.4,基于此关系对具体图像进行识别并动态调整 T_1,直至得到的图像可有效表征空泡边缘轮廓为止。

进一步地,可对模型入水姿态角、位置信息进行提取,一般包括以下几个步骤(图 6-5):

(1) 将模型入水前的背景图像与待处理识别的入水图像转化为灰度图。

(2) 根据模型所处图像中的位置对灰度图进行区域划分,划分出目标所在区域,对划分出的区域通过矩阵运算进行背景剔除处理。

(3) 调整图像的对比度,利用圆盘形的结构元素对图像进行膨胀腐蚀处理,防止提取的轮廓出现不连续的现象。

(4) 选取合适的梯度阈值将图像转换为二值图像,在保留模型轮廓的条件下消除图像中除头部以外的空泡轮廓,去除图像中的干扰空腔,填充模型内部存在的空腔,并进行图像平滑处理。

(5) 对处理完成的图像区域进行边缘轮廓提取,对提取完成的边缘轮廓进行薄层处理,使模型边缘仅有一层散点,对散点进行折射校正,并进行像素坐标变换,

从而得到相应坐标系下的空泡轮廓散点。

(6) 利用霍夫直线检测对得到的边缘散点进行直线边缘检测,获得模型身段边缘所处的直线方程;根据得到的直线方程求出直线的斜率信息,从而获得当前模型的姿态角信息。

(7) 将身段边缘直线进行平移从而得到模型的轴线方程,求解轴线方程与模型边缘轮廓的交点得到模型底部中点的位置,进而得到模型重心的位置信息。

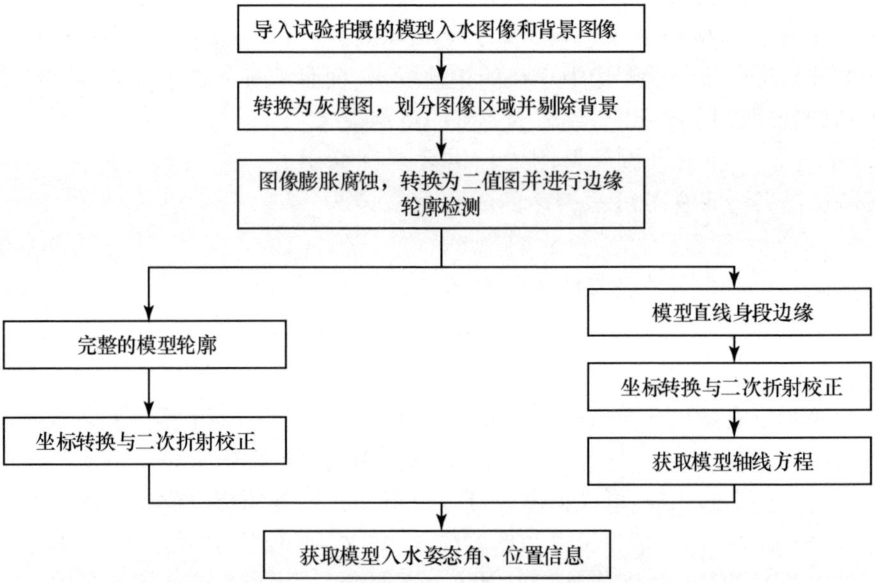

图 6-5　模型姿态位置信息提取流程图

6.3.2　试验数据的预处理方法

在分析试验数据前,首先需要对数据的准确性和可信性进行验证与确信。在冲击测试过程中,由于放大器随温度变化产生的零点漂移、传感器频率范围外低频性能的不稳定及传感器周围的环境变化等干扰因素的存在,测试系统采集到的数据往往会偏离基线,甚至偏离基线的程度还会随时间变化。偏离基线随时间变化的整个过程称为信号的趋势项。趋势项将会直接影响信号的正确性,应该将其去除。例如,对加速度信号进行积分变换求测点的速度和位移是冲击信号处理中常用的方法,信号中的低频成分对位移振动幅值的大小起着决定性的作用,而在测试信号中往往因测试系统温度变化造成的零点漂移含有长周期趋势项,由于长周期趋势项的存在,得到的变换结果可能完全失真。因此,在分析试验数据之前首先需要进行试验数据预处理,以消除趋势项对试验数据的干扰,将试验数据尽可能真实地还原成实际冲击状态。常用消除趋势项的方法为多项式最小二乘法，下面对其基本原理进行简要介绍[17]。

多项式最小二乘法是常用的去除趋势项方法，其既能消除呈线性状态的基线偏移，又能消除具有高阶多项式的趋势项。具体实施方法如下：

假设冲击加速度信号的采样数据为$\{x_k\}$($k=1,2,3,\cdots,n$)，采样数据为按等时间间隔采样，时间间隔$\Delta t=1\mathrm{s}$。

用 m 阶多项式来拟合实际采样信号，则有

$$\tilde{x}_k = a_0 + a_1 k + a_2 k^2 + \cdots + a_m k^m \quad (k = 1,2,3,\cdots,n) \tag{6-31}$$

根据最小二乘法原理，需选择合适的多项式系数 $a_0, a_1, a_2, \cdots, a_{\mathrm{m}}$，使 $\tilde{x}_k$ 与 x_k 差值的平方和 E_{D} 最小。

$$E_{\mathrm{D}} = \sum_{k=1}^{n} (x_k - \tilde{x}_k)^2 = \sum_{k=1}^{n} \left(\sum_{j=0}^{m} x_k - a_j k^j \right)^2 \tag{6-32}$$

根据极值条件，如果 E_{D} 具有极值，那么 E_{D} 对 a_i 的偏导数均为 0，即

$$\frac{\partial E_{\mathrm{D}}}{\partial a_i} = 2\sum_{k=1}^{n} k^i \left(\sum_{j=0}^{m} x_k - a_j k^j \right) = 0 \quad (i = 0,1,2,\cdots,m) \tag{6-33}$$

依次取 E_{D} 对 a_i 的偏导数，可以得到一个 $m+1$ 元线性方程组，如式(6-34)所示：

$$\sum_{k=1}^{n} k^i \sum_{j=0}^{m} x_k - \sum_{k=1}^{n} \sum_{j=0}^{m} a_j k^{(i+j)} = 0 \quad (i = 0,1,2,\cdots,m) \tag{6-34}$$

求解式(6-34)可得到 $m+1$ 个待定系数 a_j($j=0,1,2,\cdots,m$)。

当 $m=0$ 时求得的趋势项为常数，有

$$\sum_{k=1}^{n} x_k k^0 - \sum_{k=1}^{n} a_0 k^0 = 0 \tag{6-35}$$

求解式(6-35)，得

$$a_0 = \frac{1}{n} \sum_{i=1}^{n} x_k \tag{6-36}$$

从式(6-36)可以看出，当 $m=0$ 时求得的趋势项为信号采样数据的算术平均值，消除常数趋势项的公式为

$$y_k = x_k - \tilde{x}_k = x_k - a_0 \quad (k = 1,2,3,\cdots,m) \tag{6-37}$$

当 $m=1$ 时求得的趋势项为线性趋势项，有

$$\left.\begin{aligned} \sum_{k=1}^{n} x_k k^0 - \sum_{k=1}^{n} a_0 k - \sum_{k=1}^{n} a_1 k = 0 \\ \sum_{k=1}^{n} x_k k - \sum_{k=1}^{n} a_0 k - \sum_{k=1}^{n} a_1 k^2 = 0 \end{aligned}\right\} \tag{6-38}$$

解式(6-38)得

$$\left.\begin{aligned} a_0 &= \frac{2(2n-1)\sum_{k=1}^{n} x_k - 6\sum_{k=1}^{n} x_k k}{n(n-1)} \\ a_1 &= \frac{12\sum_{k=1}^{n} x_k k - 6(n-1)\sum_{k=1}^{n} x_k}{n(n-1)(n+1)} \end{aligned}\right\} \tag{6-39}$$

消除线性趋势项的计算公式为

$$y_k = x_k - \tilde{x}_k = x_k - (a_0 - a_1 k) \quad (k = 1,2,3,\cdots,n) \tag{6-40}$$

当 $m \geqslant 2$ 时为曲线趋势项，在实际冲击加速度信号的处理中，通常取 $m = 3$ 去除采样数据中所包含的曲线趋势项。

6.3.3 冲击加速度信号的成分

模型入水过程中承受的负加速度通常称为模型的入水冲击加速度，其数值远大于模型在水下正常航行时的过载。而且入水冲击加速度信号呈现出峰值幅值大、峰值脉宽短以及持续时间长等特点，且信号的组成成分复杂。经过对试验测试数据的分析，一般认为入水冲击加速度信号主要由以下三部分组成[18]：

(1) 刚体加速度：假设模型为刚性，由模型入水过程中承受的阻力所形成的加速度，也称刚体过载。这部分过载与模型结构性能无关，其数值的大小遵循牛顿定律。

(2) 结构响应产生的加速度：模型入水过程中由于模型壳体振动所形成的加速度信号，包括壳体的轴向振动及横向振动。

(3) 其他干扰因素产生的加速度：如加速度传感器自身振动形成的加速度，模型撞击水面时，加速度传感器自身也会振动，一般情况下该振动产生的加速度频率较高，远远大于模型壳体的振动频率；同时，试验测试装置通过螺栓与模型壳体连接，在入水过程中，这种连接方式也会带来部分噪声。

由上述分析可知，实际测量的冲击加速度信号中包含刚体加速度、结构响应加速度及其他干扰信号。而刚体加速度是研究模型入水冲击加速度特性的重要内容，如何从复杂的实测冲击加速度信号中提取刚体加速度信号将是入水冲击加速度信号处理的关键与难点所在。

6.3.4 冲击加速度信号的分解

6.3.3 节中提到试验测试过程中所采集的冲击加速度信号由不同频率的信号组成，且各个频率的信号混叠在一起。集成经验模态分解法(ensemble empirical mode decomposition，EEMD)可以将频域信息复杂的非线性信号分解成多阶固有模态函数

(intrinsic mode function,IMF)分量,得到的各阶分量具有不同的频率,这种方法可自适应地根据实际信号调整各阶分量的组成频率,且具有局部的时间尺度特性。

EEMD 方法是为了解决经验模态分解(empirical mode decomposition,EMD)方法中存在的模态混叠现象而提出来的,EMD 方法是一种自适应信号时频处理方法,能够较好地处理非平稳、非线性信号。EMD 方法能够根据信号自身的特征自适应地将信号分解为有限个 IMF 分量之和。按照分解的先后顺序,各 IMF 分量的中心频率由高到低,并且满足以下两个条件(IMF 条件):

(1) 分解得到的 IMF 分量的极值点(包括极大值和极小值)数量与过零点的数量必须相等或者最多相差一个;

(2) 任意时刻时,由局部极大值确定的上包络线与由局部极小值确定的下包络线的均值为 0,即分量相对于时间轴局部对称。

EMD 方法的本质是通过信号的局部特征时间尺度获取信号的固有振动模式,然后由固有振动模式对信号进行逐级分解,其处理的基本步骤如下:

(1) 首先,确定原始时域信号 $x(t)$ 的所有极大值点和极小值点,并分别采用三次样条插值函数对其进行拟合,确保样条函数都经过这些极值点,得到信号的上包络线和下包络线;其次,求得上、下包络线的均值并记为 $m_1(t)$;最后,计算 $x(t)$ 和包络线均值 $m_1(t)$ 的差值,记为 $h_1(t)$:

$$h_1(t) = x(t) - m_1(t) \tag{6-41}$$

(2) 判断 $h_1(t)$ 是否满足 IMF 条件,若不满足,则将 $h_1(t)$ 作为原始信号,重复步骤(1),可得

$$h_{1,1}(t) = h_1(t) - m_{1,1}(t) \tag{6-42}$$

反复进行 k 次筛选,直到 $h_{1,k}(t)$ 满足 IMF 条件,并记 $c_1(t) = h_{1,k}(t)$,则 $c_1(t)$ 为从原始信号 $x(t)$ 中提取到的第一阶 IMF 分量,为原始信号中频率最高的分量。

(3) 将第一阶 IMF 分量 $c_1(t)$ 从原始信号 $x(t)$ 中提取出来,得到余量 $r_1(t)$,有

$$r_1(t) = x(t) - c_1(t) \tag{6-43}$$

将 $r_1(t)$ 作为新的原始信号,重复步骤(1)和步骤(2),依次提取第二阶 IMF$c_2(t)$,第三阶 IMF$c_3(t)$,…,第 n 阶 IMF$c_n(t)$,则有

$$\begin{cases} r_2(t) = r_1(t) - c_2(t) \\ r_3(t) = r_2(t) - c_3(t) \\ \cdots\cdots \\ r_n(t) = r_{n-1}(t) - c_n(t) \end{cases} \tag{6-44}$$

根据式(6-43)和式(6-44),原始信号 $x(t)$ 的最终分解结果为

$$x(t) = \sum_{i=1}^{n} c_i(t) + r_n(t) \tag{6-45}$$

式中：$r_n(t)$为残余量，代表信号的最终趋势，为单调函数。

用EMD方法对信号进行分解，其本质就是把信号分解为几个固有模态函数分量和一个余量之和的形式。不同的固有模态函数分量包含着不同频率段的成分，不同频率段的成分及宽度随信号的变化而变化。由EMD方法的原理可知，EMD方法分解得到的前几阶IMF分量集中了原始信号中的重要信息。

EMD方法在信号分析中得到了广泛的应用并取得了良好的效果，但EMD方法的一个重要缺陷就是模态混叠。模态混叠是指单一的IMF分量中包含完全不同的频率信息或者相近的频率尺度出现在不同的IMF分量中。为克服这一缺陷，基于EMD方法结合白噪声特性，提出了EEMD方法，其基本思路为：在分析信号中加入白噪声，使信号和白噪声成为一个总体，在EMD方法的分解过程中，当分析信号加在这些一致分布的白色背景上时，不同尺度的信号会自适应地映射到合适的频率范围上。同时，由于白噪声的零均值特性，加入多次白噪声分解，将这些多次分解得到的结果取平均后，噪声最终被相互抵消而消除，即总体平均的分解结果被当作分析信号的EEMD方法分解结果。

EEMD方法的基本处理过程如下：

(1) 给分析信号$x(t)$加入一组白噪声$\omega(t)$来获得一个总体$X(t)$：

$$X(t)=x(t)+\omega(t) \tag{6-46}$$

(2) 对$X(t)$进行EMD分解，得到相应的各阶IMF分量：

$$X(t)=\sum_{i=1}^{n}c_i(t)+r(t) \tag{6-47}$$

(3) 将一组不同的白噪声$\omega_j(t)$加入被分析信号$x(t)$获得另一个总体$X_j(t)$，对$X_j(t)$进行EMD分解，得到相应的各阶IMF分量：

$$X_j(t)=\sum_{i=1}^{n}c_{ji}(t)+r_j(t) \tag{6-48}$$

(4) 求得各个IMF分量的均值作为信号最终的IMF分量：

$$c_j(t)=\frac{1}{N}\sum_{i=1}^{n}c_{ji}(t) \tag{6-49}$$

式中：N为加入白噪声的次数，即总体的个数；ε为加入白噪声的幅度；ε_n为原始信号和由最终的IMF分量之和所得信号的误差。

$$\varepsilon_n=\frac{\varepsilon}{\sqrt{N}} \tag{6-50}$$

在白噪声幅度ε一定的情况下，加入白噪声的次数越多，最终的结果越接近真实值。EEMD方法的算法流程如图6-6所示。

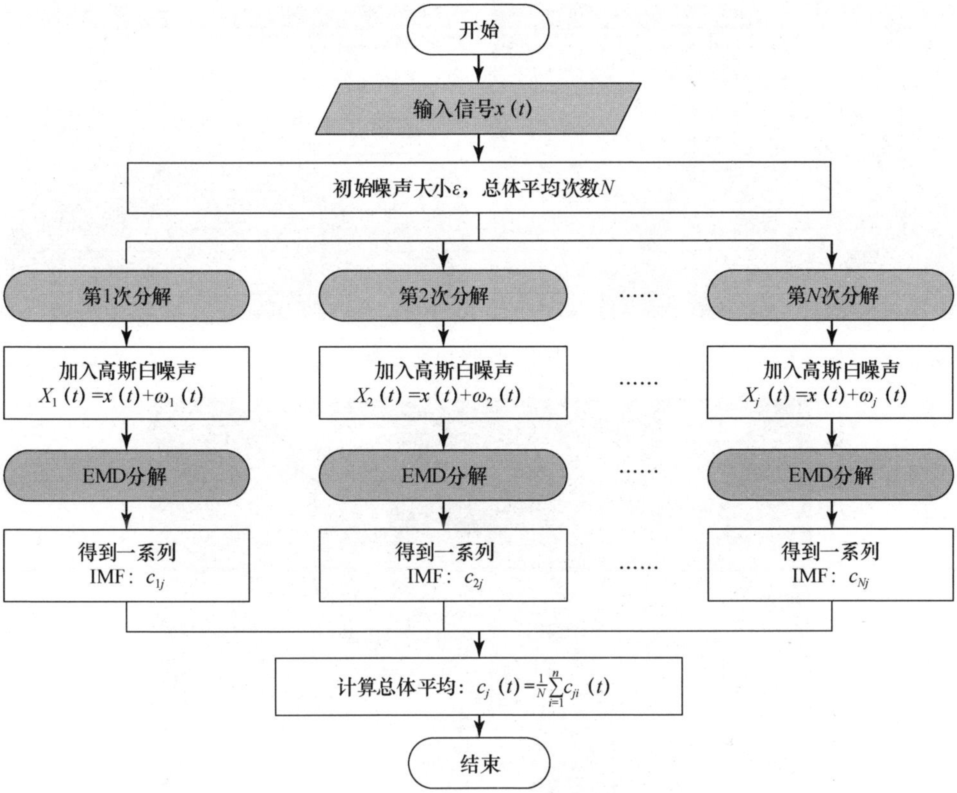

图 6-6　EEMD 方法的算法流程

6.4　高速入水试验案例分析

本节以真实的回转体模型高速入水实验室试验测试为例，介绍试验测试数据的处理及分析过程。

6.4.1　试验测试条件简介

试验测试场地为西北工业大学航海学院无人水下运载技术工业和信息化部重点实验室综合水池，水池长度为 70m，宽度为 44m，分为深水区与浅水区两个区域，深水区水深为 15m，浅水区水深为 10m，试验测试在深水区中开展，如图 6-7 所示。

试验中采用高压气体作为模型发射的动力来源，空气炮以空气作为压缩介质，利用高压气体膨胀对模型做功，能源廉价，而且空气炮装置结构相对简单，试验过程安全。模型发射装置实物如图 6-8 所示。图 6-8 中的空气炮发射装置与图 6-9 中的空气压缩机共同组成完整的发射系统。

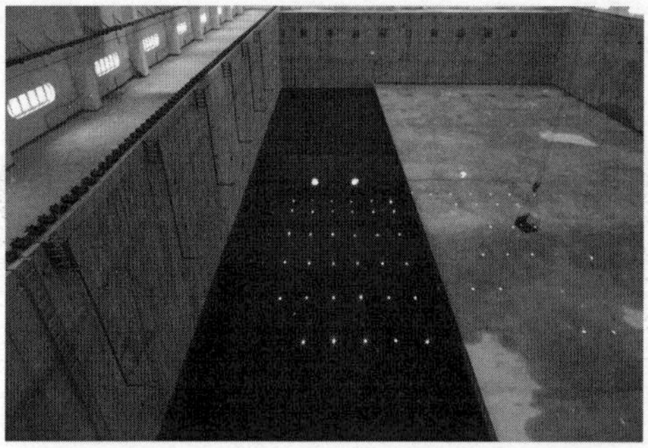

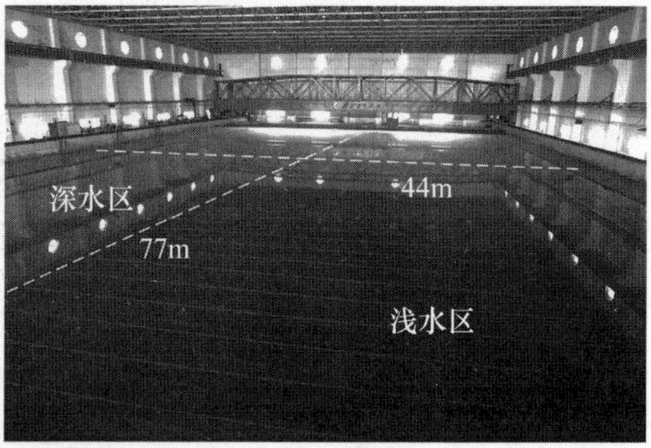

图 6-7　试验综合水池

图 6-8　空气炮发射装置

图 6-9　空气压缩机

整个发射系统主要包括支架、导轨、角度控制盘、发射管、空气炮与空气压缩机等。发射系统各个部件的参数及功能如下：

(1) 空气压缩机：通电后可将空气压缩储存至高压气瓶中，空气压缩机的饱和压力为0.8MPa。打开空气压缩机输气阀门，可将空气压缩机中的压缩空气输送至空气炮中。

(2) 空气炮：饱和气压为0.8MPa，工作压力为0.4~0.8MPa，空气炮体积为75L。空气炮内的压力达到所需压力时，关闭空气压缩机的输气阀门，空气炮压力保持稳定，通过空气炮的泄气开关可将空气炮内压缩空气快速排出，提供足够的压力将炮管内的模型发射出去，并可通过调节空气炮内的压力来调节模型的出管速度。

(3) 发射管：长度为2500mm，内径为203mm。发射前将模型安装进发射管内，并在发射管尾部用螺栓结合铁丝将模型固定。

(4) 角度控制盘：可调节角度为0~90°，角度控制盘与发射管升降丝杠相连，丝杠可通过升降机或手动摇柄控制升降高度，进而调节发射管的发射角度，达到预定角度后用销钉将角度控制盘锁死。

(5) 支架：钢结构发射支架主要对整个发射装置起到支撑作用，在支架尾部加装配重块以保持在模型发射过程中发射架的稳定，避免在发射过程中，由于巨大的后坐力产生的发射架晃动。

(6) 导轨：因为炮管可以调节至90°发射，并且在发射时炮管伸出墙壁外侧，所以若将发射架固定，则模型安装将会比较麻烦，加装导轨，主要是为了方便发射架的移动，在发射之前将发射架移动至发射平台中间，在安全位置方便快捷地安装模型，等准备工作完成后，将发射炮架移动至发射位置，并用地脚螺栓固定，以保证发射过程中整个设备的稳定以及操作人员的安全。

试验模型的材质为铝合金，外径为200mm，全长为1421mm，壳体最大厚度为15mm。模型由头部、中间圆柱段及尾部三部分组成，各段分别加工，各部分之间采用螺纹连接，并采用密封圈进行水封，模型实物如图6-10所示。

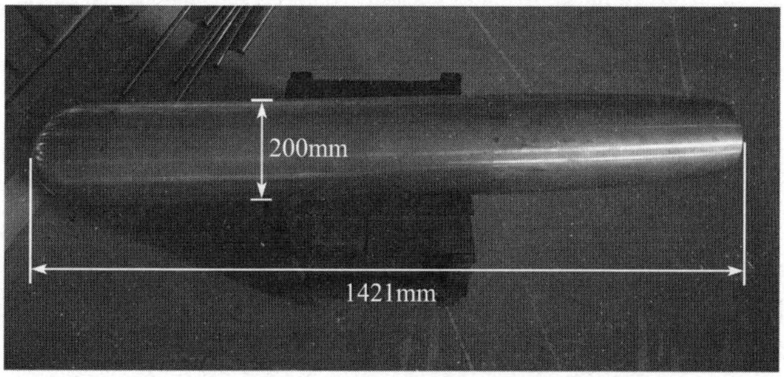

图6-10　试验模型实物

数据采集系统主要包含加速度传感器、数据采集硬件电路以及数据解算软件。常见的加速度传感器有压电式和压阻式两种，由于压阻式传感器具有低频响应灵敏和谐振频率较高等优点，因此试验中使用美国 Measurement-Specialties 公司生产的 4630A 型三轴压阻式加速度传感器，如图 6-11 所示。该传感器为可提供静态和动态响应的超低噪声三轴加速度传感器，采用气体阻尼以提供宽的稳定频率响应，且 3 个独立的电路组件具有单独的信号调节功能。主要性能指标如下：

① 量程（X、Y、Z 轴）：$\pm 2g \sim \pm 500g$；

② 固有频率：10000Hz；

③ 频率响应范围：0～1500Hz（±1dB）；

④ 非线性效应：±1%；

⑤ 横向灵敏度：<3%；

⑥ 抗冲击极限：$5000g$；

⑦ 工作温度：-55～125℃。

图 6-11　三轴压阻式加速度传感器

数据采集装置的硬件电路主要包含 FPGA 主控芯片、FLASH 存储器、16 位 AD 转换器。试验测试过程中将三轴加速度传感器测得的数据经 AD 转换后存储至 FLASH 存储器内，并通过 USB 接口将数据传输至分析软件。在整体系统设计中封装三轴加速度传感器与数据采集硬件电路，并使用聚合物锂离子电池作为供电装置，如图 6-12 所示。为了提高整体硬件设备的抗冲击能力，采用缓冲材料对其进行保护。整套数据采集系统的主要性能参数如下：

① 灵敏度：X 轴为 0.00405mV/g，Y 轴为 0.00401mV/g，Z 轴为 0.00406mV/g；

② 零位输出：X 轴为 2.443V，Y 轴为 2.451V，Z 轴为 2.447V；

③ AD 转换精度：16 位；

④ 采样频率：X 轴、Y 轴、Z 轴加速度使用 60kHz 采样频率同步采样；

⑤ 电池供电时间：≥5h；

⑥ 采集系统工作温度：-10～60℃。

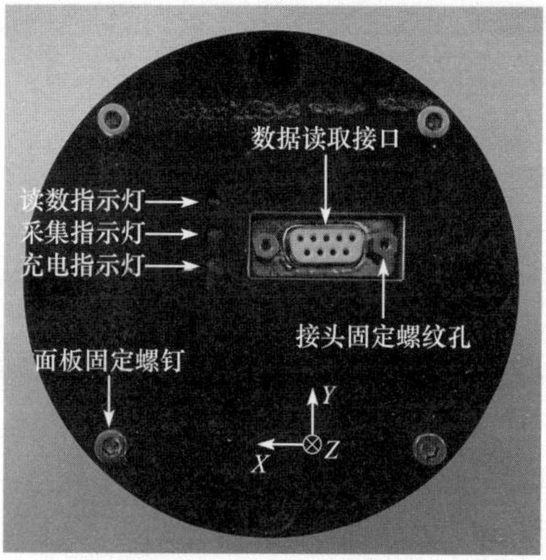

图 6-12　集成封装后的数据采集装置

试验过程中,将图 6-12 所示的数据采集装置通过 4 根紧固螺钉固定在模型头部,并要确保连接的可靠性及紧固度,防止数值采集装置在冲击作用下发生松动、接触不可靠等现象,如图 6-13 所示。然后将数据采集装置的接头插入数据读取接口并紧固,根据测试工况需求,通过计算机设置好初始参数并激活加速度传感器,开始记录数据直至试验结束。

图 6-13　数据采集装置安装图

在预设采集时间后绿色采集指示灯闪烁,表示采集系统开始进行加速度数据采集,装配好模型密封端盖后将其放入发射管内开始试验。待模型在预设角度和压力下发射后,从水池中打捞试验模型,然后拆卸出数据采集装置,断开数据采集装置接头与数据读取接口的连接。此时,数据采集装置停止工作,然后使用数据线连接数据读取接口与计算机,使用数据分析软件读取存储的加速度数据,一次工作循环结束。之后分析读取的加速度数据,判断数据的有效性,决定是否重复当前工况或执行下一工况测试。如果试验数据满足测试要求,则进行下一工况测试;反之,重复相同的测试工况直至获取有效的试验数据。

高速摄像装置中地面高速相机用于记录模型出管以后空中飞行阶段的运动,通过对所拍摄各帧图像的处理可以得到模型的入水速度、入水角度及入水攻角等信息;水下高速相机用于记录模型的入水空泡和入水弹道等信息;水下照明灯作为补充光源,弥补了水下亮度不足的缺陷,使拍摄的空泡和模型入水姿态清晰度更高。地面高速相机型号为 Photron Fastcam Mini UX100,该高速相机内置存储容量为 16GB,试验中画面分辨率设置为 1920 像素×1080 像素,拍摄帧率设置为 1000 帧/s,用来捕捉模型入水瞬间的入水角度和入水速度;水下高速相机的型号为 Phantom V9. 1,并配有两台水下照明灯,水下高速相机参数设置与地面高速相机一致。高速摄像装置如图 6-14 所示。

图 6-14 高速摄像装置

试验中共开展了 7 种不同初始条件下的测试,具体工况如表 6-1 所示。

表 6-1 试验测试工况

工况	发射参数		高速摄像系统测量结果			
	发射压力/MPa	发射角度/(°)	入水速度/(m/s)	入水角度/(°)	入水攻角/(°)	入水侧滑角/(°)
1	0. 6	60	35	40. 8	20	2. 7
2	0. 7	60	38. 1	48. 9	10. 6	-1. 4
3	0. 4	70	29. 6	74. 9	2. 6	—
4	0. 6	70	36	65. 1	5	-1. 8

续表

工况	发射参数		高速摄像系统测量结果			
	发射压力/MPa	发射角度/(°)	入水速度/(m/s)	入水角度/(°)	入水攻角/(°)	入水侧滑角/(°)
5	0.7	70	38	62	6.7	0.4
6	0.6	80	36	72.8	6.9	-1.8
7	0.7	80	37.7	67.5	10.8	0.0

表 6-1 中给出了不同工况下发射时的初始参数,以及对应工况入水时高速摄像装置所测量的结果,表中入水速度、入水角度、入水攻角以及入水侧滑角均为入水时刻的测量结果。各参数的定义及正负说明见 2.2.4.2 节。从表中的结果可以发现,不同工况下模型入水时具有较大的攻角和较小的侧滑角,这主要是因为模型空中运动距离较长导致模型的姿态有较大变化,且姿态的变化主要发生在模型的纵对称面内。

6.4.2　入水空泡图像分析

图 6-15 给出了空气炮初始压力为 0.6MPa,发射管轴线与水平面夹角为 60°这一初始条件(工况 1)下,模型从发射、空中飞行、入水、水下弹道以及上浮的完整过程,为了显示得更加清楚,图中用白色框线标示了模型的位置。

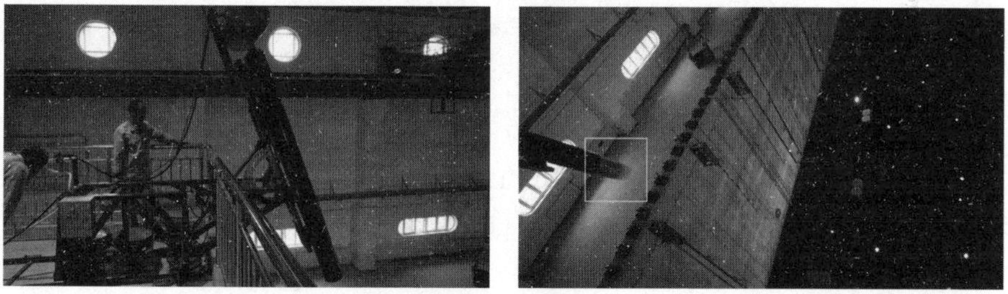

(a) 发射瞬间

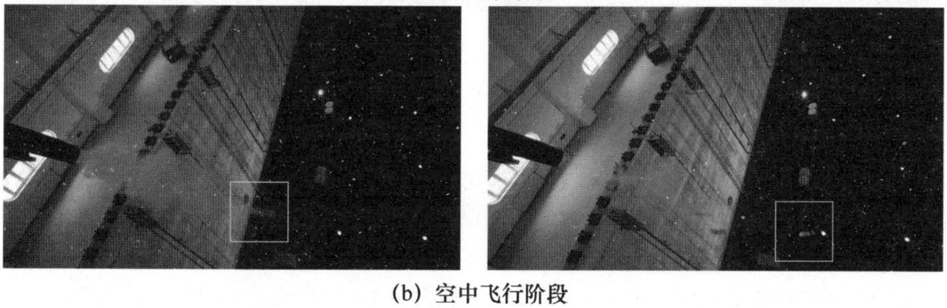

(b) 空中飞行阶段

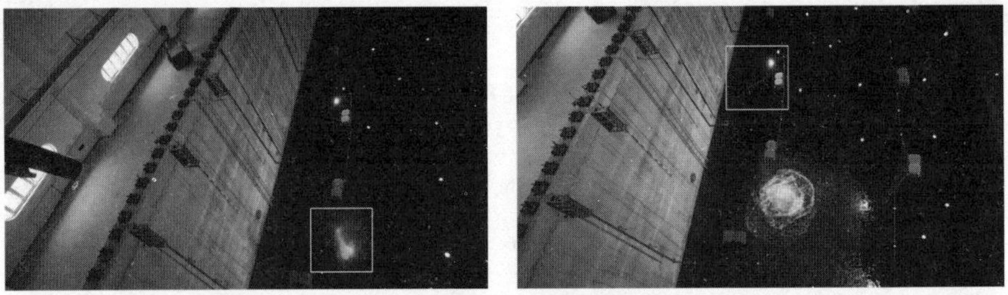

(c) 入水瞬间及水下航行阶段

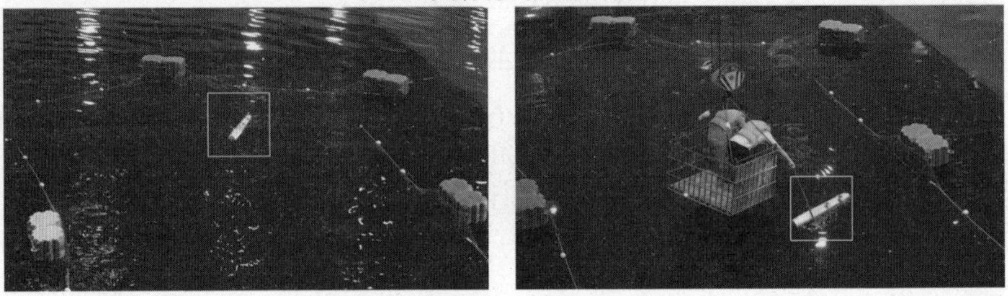

(d) 模型上浮及打捞

图 6-15　工况 1 试验过程

水下高速相机对水下光源具有非常高的要求,试验中采用调整水下照明灯安装位置、增加水下照明灯数量等方式以尽量满足水下高速相机的拍摄需求。图 6-16 为上述工况下水下高速相机拍摄的模型入水过程,图中银白色的为模型。

由图 6-16 可以看出模型在入水过程中,随着入水深度的增加,模型在迎流面产生了大量的空泡,空泡的尺度不断扩大,水-气交界面处产生了大量的液滴飞溅,如图 6-16 中的白色线条所示。同时,还可以看出模型的入水姿态发生了一定变化,开始阶段空泡包裹着模型[图 6-16(b)和(c)],随着深度的增加,模型的尾部首先与空泡壁面接触[图 6-16(d)],直至最后模型的背流面与空泡壁面接触[图 6-16(e)和(f)]。分析其原因主要有两点:①在入水前模型的空中飞行阶段,模型由于受到重力的影响,产生了一个很小的攻角;②入水过程中模型受到法向冲击力的作用,形成了一定大小的俯仰力矩,导致模型在入水过程中有"抬头"的趋势。

6.4.3　试验数据处理分析

6.4.3.1　试验数据的验证与确信

图 6-17 为工况 6 中轴向和法向冲击加速度原始数据与去除趋势项后数据的对比图。图中显示了从发射前到模型入水整个过程共 1s 的试验测试数据,曲线清晰地记录了模型发射出管、空中飞行及入水瞬间等阶段的加速度变化情况。

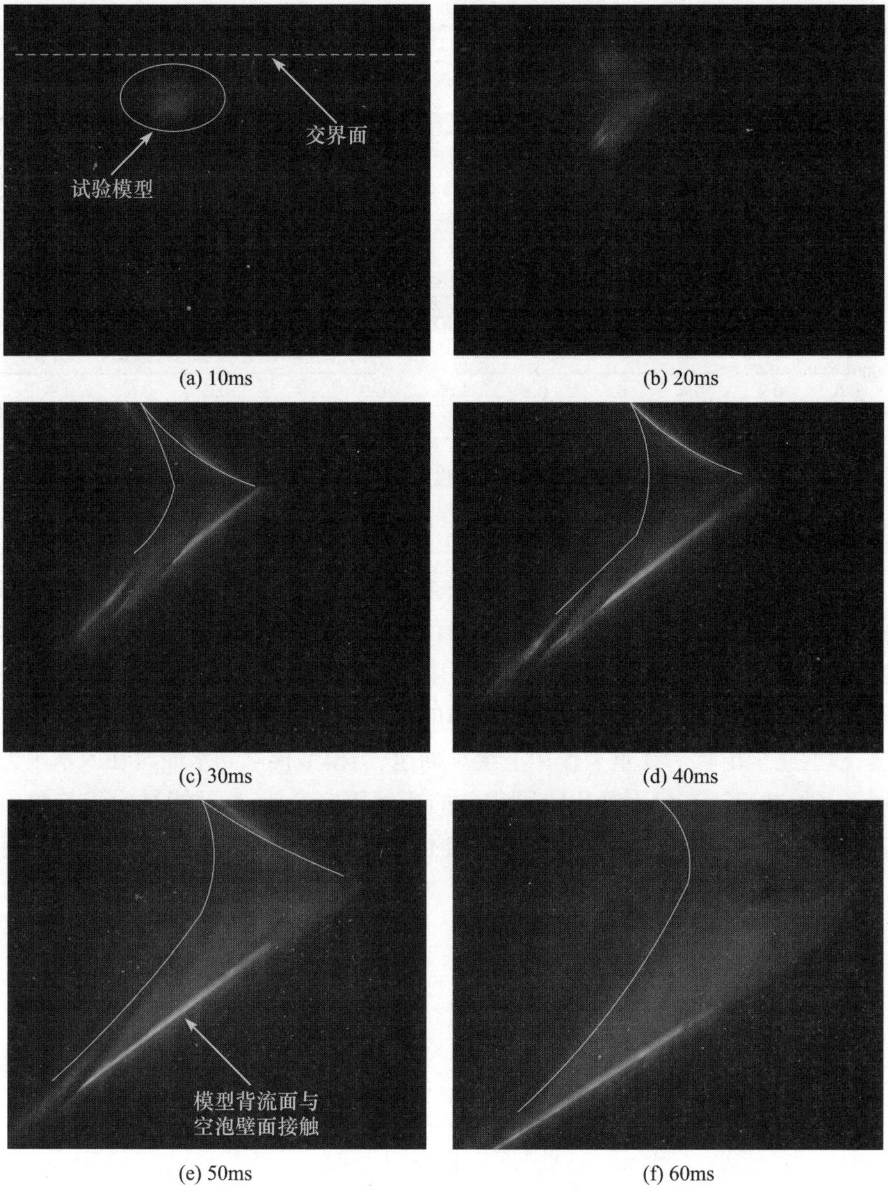

图 6-16　工况 1 中入水空泡

本书以高速摄像装置测量的模型入水瞬间速度对加速度传感器测量的冲击加速度信号进行验证与确信。对去除趋势项的加速度数据进行一次积分,可以得到模型速度随时间的变化曲线。加速度传感器测得的原始数据基于体坐标系,而高速摄像装置得到的数据是基于地面坐标系,为了更加直观地理解,需要将积分得到

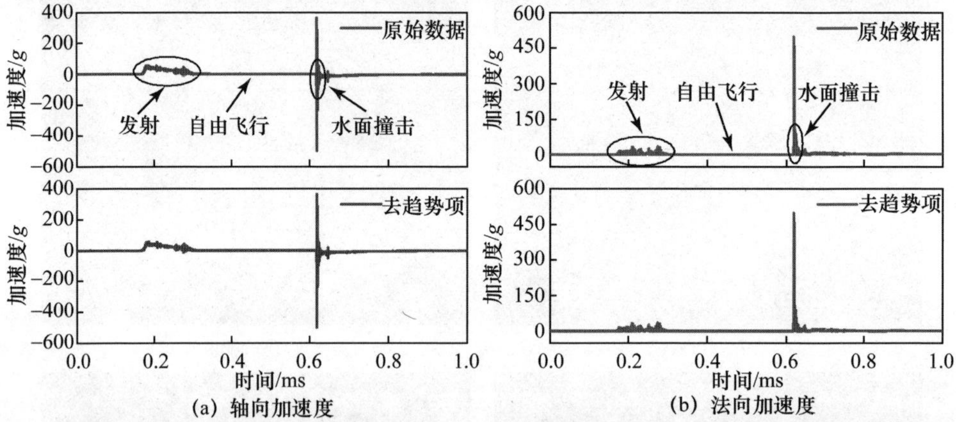

图 6-17　工况 6 中轴向和法向冲击加速度原始数据与去除趋势项后数据的对比图

的速度曲线转换至地面坐标系。

图 6-18 为工况 6 中模型入水时速度垂直分量及水平分量随时间的变化曲线。从图中可以看出,整个过程分为 4 个阶段:静止、发射管内加速运动、空中飞行和入水冲击。模型在高压气体短暂的膨胀作用下由静止状态开始加速运动,当模型出管距离达到其长度一半左右时,高压气体的加速作用消失,模型在重力作用下继续加速;模型完全出管后在重力作用下继续加速;当模型接触到水面时在入水阻力的作用下开始减速。在模型静止阶段积分的速度不完全为 0,可能是由于趋势项干扰未完全过滤掉造成的,但对结果的影响不大。

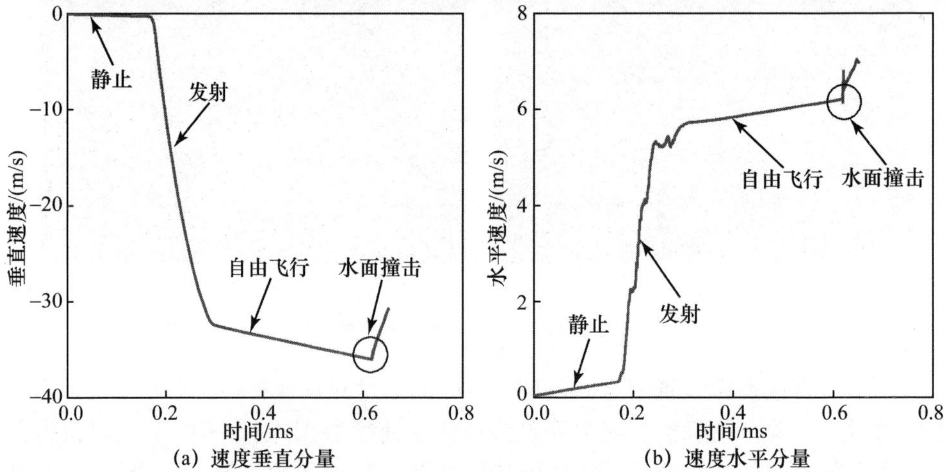

图 6-18　工况 6 中模型入水时速度垂直分量及水平分量随时间的变化曲线

表 6-2 为 7 种工况中由加速度信号经过一次积分得到的入水速度与高速相机测量的入水速度对比，表中的速度均为地面坐标系下的速度。

表 6-2　加速度积分的入水速度与高速相机测量的入水速度对比

工况	加速度积分得到的速度/(m/s)			高速相机测量的速度/(m/s)	相对误差/%
	水平速度	垂直速度	合速度		
1	26.45	-28.06	38.56	35.00	10.17
2	32.80	-27.85	43.03	38.10	12.94
3	12.17	-31.28	33.56	29.60	13.38
4	12.36	-37.25	39.25	36.00	9.02
5	17.04	-39.07	42.62	38.00	12.17
6	6.22	-35.99	36.52	36.00	1.45
7	7.42	-35.45	36.21	37.90	4.45

注：相对误差 = |积分速度-测量速度|/测量速度×100%。

从表 6-2 中可以看出，不同工况下由加速度信号经过一次积分求解得到的入水速度与高速相机测量得到的入水速度相对误差最大为 13.38%，最小为 1.45%，大部分误差在 10%左右。这表明，加速度传感器测量的入水冲击加速度结果具有较好的可信性，可以对入水冲击的测试结果做进一步分析。

6.4.3.2　刚体过载提取

从入水冲击加速度实测信号中提取刚体过载的常用方法为对实测的加速度信号进行低通滤波，把模型结构的高频振动响应部分滤除[19]。而低通滤波的关键是如何选取合理的滤波截止频率，滤波截止频率过高或过低均会导致刚体过载信号失真。合理的滤波截止频率既可以尽可能地滤掉模型结构的高频振动响应，同时又可以保留刚体过载的高频部分。为此，本书采用模型的模态分析和实测入水冲击加速度信号的傅里叶频谱分析相结合的方法选取低通滤波的截止频率。

表 6-3 为模型在头部固定时的固有频率及其模态振型。模型为轴对称结构，因此大部分模态振型成对出现，它们的形状完全相同，对应的固有频率几乎相等。从表中可知，第 1 阶模态振型为模型绕轴向弯曲，第 5 阶模态振型为模型在 $x-y$ 平面内的 1 阶弯曲，第 8 阶模态振型为模型在 $x-y$ 平面内的 3 阶弯曲。

表 6-3　模型前 20 阶模态分析结果

模态阶数	固有频率/Hz	模态振型
1	18.26	绕 z 轴摆动($x-y$ 平面)
2	18.27	绕 x 轴摆动($y-z$ 平面)
3	141.32	绕 y 轴旋转(模型轴向)

续表

模态阶数	固有频率/Hz	模态振型
4	399. 26	1 阶弯曲($y-z$ 平面)
5	399. 27	1 阶弯曲($x-y$ 平面)
6	731. 99	1 阶拉伸-压缩(y 轴,模型轴向)
7	1086. 86	2 阶弯曲($y-z$ 平面)
8	1086. 94	2 阶弯曲($x-y$ 平面)
9	1210. 38	1 阶拉伸-压缩($x-y$ 平面)
10	1210. 96	1 阶扭转-压缩($y-z$ 平面)
11	1275. 18	1 阶扭转($x-y$ 平面)
12	1314. 37	2 阶拉伸-压缩($x-y$ 平面)
13	1314. 65	2 阶拉伸-压缩($y-z$ 平面)
14	1542. 72	3 阶拉伸-压缩($x-y$ 平面)
15	1543. 67	3 阶拉伸-压缩($y-z$ 平面)
16	1914. 85	3 阶弯曲($y-z$ 平面)
17	1914. 91	3 阶弯曲($x-y$ 平面)
18	1922. 06	4 阶拉伸-压缩($x-y$ 平面)
19	1923. 30	4 阶拉伸-压缩($y-z$ 平面)
20	2203. 30	2 阶拉伸-压缩(y 轴,模型轴向)

图 6-19 为模型的第 5 阶及第 8 阶模态振型。

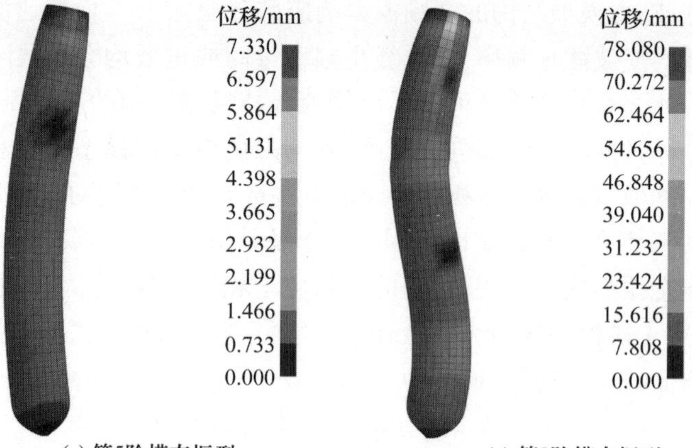

(a) 第5阶模态振型　　(c) 第8阶模态振型

图 6-19　模型的第 5 阶及第 8 阶模态振型

图 6-20 为工况 6 中轴向冲击加速度信号的傅里叶频谱,从图中可以看出,在 5kHz 之内的频率范围内,信号的频谱存在多个峰值。最大峰值对应的频率在

2500Hz 左右,这说明入水冲击加速度信号的能量集中在低频段。结合加速度传感器的响应频率为 1500Hz,本书初步选取截止频率为 1100Hz 对入水冲击加速度信号进行滤波处理。

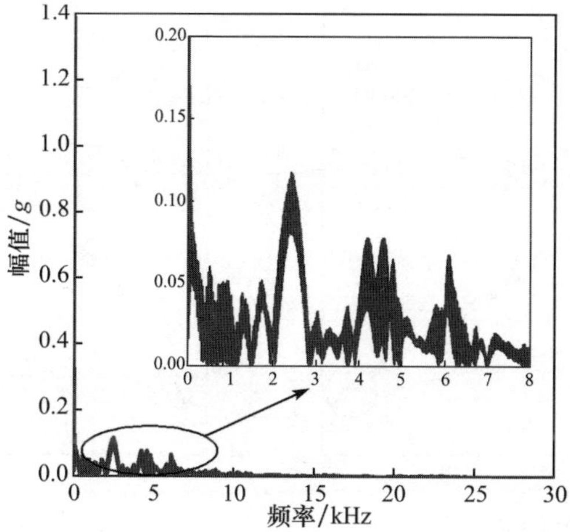

图 6-20　工况 6 中轴向冲击加速度信号的傅里叶频谱

图 6-21 为工况 6 中入水冲击加速度信号的实测结果分别采用截止频率为 500Hz、1100Hz 和 2000Hz 进行低通滤波后的结果。从图中可以看出,随着滤波截止频率由低到高,滤波后得到的最大过载也由小变大。同时,可以看出,经过 1100Hz 和 2000Hz 低通滤波后的最大过载基本相等,而经过 500Hz 低通滤波后的最大过载明显减小。

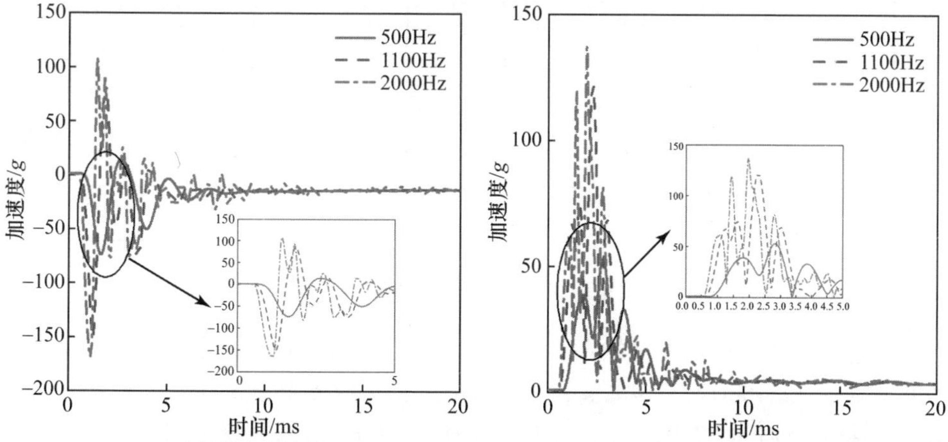

(a) 轴向加速度　(b) 法向加速度

图 6-21　不同截止频率下的低通滤波结果

分别对经过截止频率为 500Hz、1100Hz 和 2000Hz 低通滤波后的加速度信号进行一次积分和二次积分,得到模型的入水速度及位移随时间的变化曲线,如图 6-22 和图 6-23 所示。

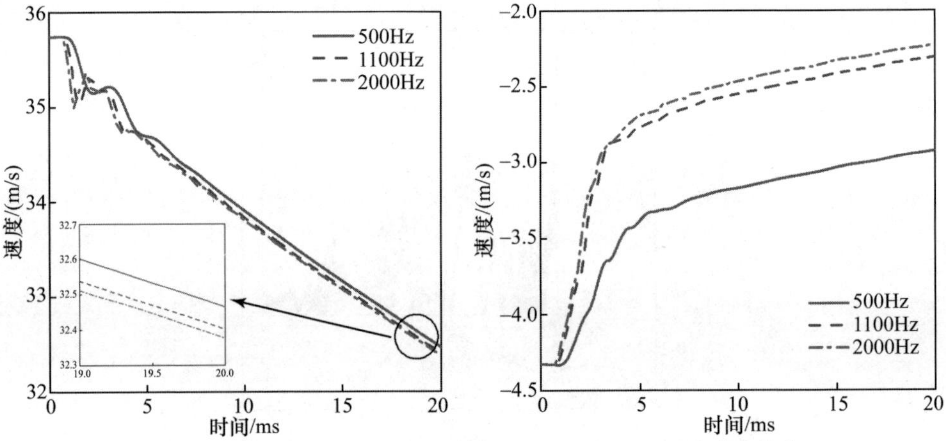

(a) 轴向速度　　　　(b) 法向速度

图 6-22　不同截止频率下低通滤波后的一次积分结果(速度)

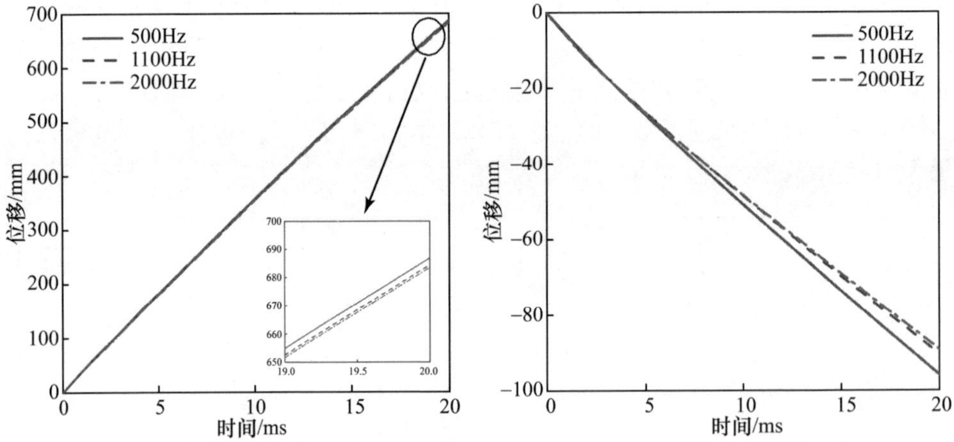

(a) 轴向位移　　　　(b) 法向位移

图 6-23　不同截止频率下低通滤波后的二次积分结果(位移)

从速度时间历程曲线可知,经过 500Hz、1100Hz 和 2000Hz 滤波后对应的轴向速度分别为 32.46m/s、32.4m/s 和 32.38m/s,相对误差分别为 1%和 1.9%;对应的法向速度分别为-2.92m/s、-2.31m/s 和-2.23m/s,相对误差分别为 26.41%和 3.5%。

由位移时间历程曲线可知,经过 500Hz、1100Hz 和 2000Hz 滤波后对应的轴向位移分别为 686. 88mm、684. 46mm 和 683. 54mm，相对误差分别为 3. 5%和 1. 3%；对应的法向位移分别为-95. 91mm、-90. 44mm 和-89. 19mm，相对误差分别为 6. 05%和 1. 5%。由上述分析可知，经 500Hz 低通滤波得到的速度及位移与其他两种频率得到的结果相对误差均较大，而 1100Hz 和 2000Hz 低通滤波后的结果相对误差较小。这说明，经过 1100Hz 低通滤波后得到的加速度信号即为模型的刚体过载。

根据前面确定的截止频率分别对不同工况下测量的入水冲击加速度信号进行低通滤波处理，图 6-24、图 6-25、图 6-26 分别给出了工况 1、工况 4 和工况 6 中加速度信号原始数据与低通滤波后数据的对比。

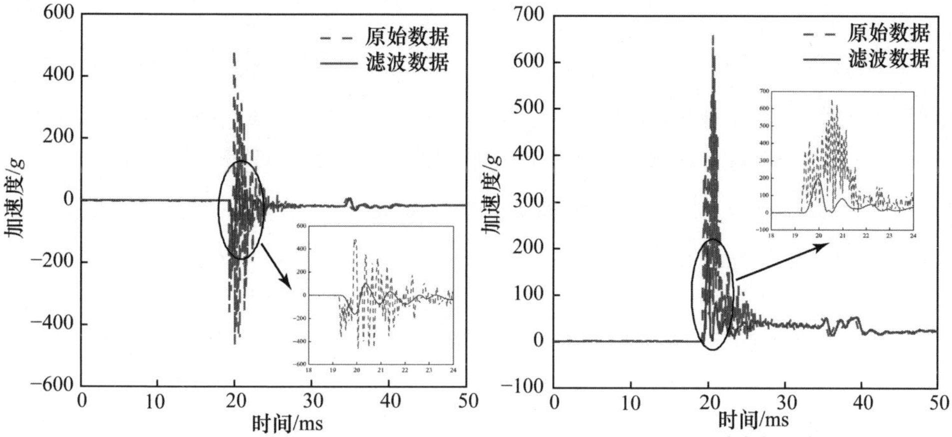

(a) 轴向加速度　　(b) 法向加速度

图 6-24　工况 1 中加速度信号原始数据与低通滤波后数据的对比

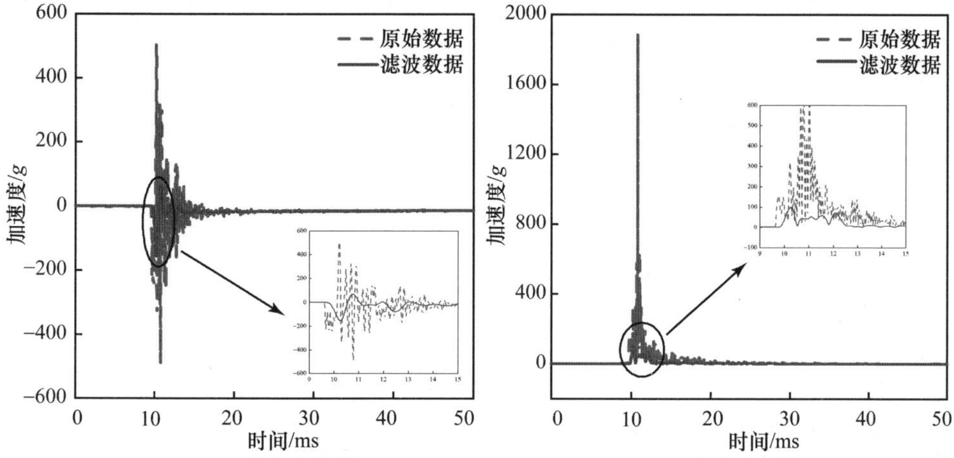

(a) 轴向加速度　　(b) 法向加速度

图 6-25　工况 4 中加速度信号原始数据与低通滤波后数据的对比

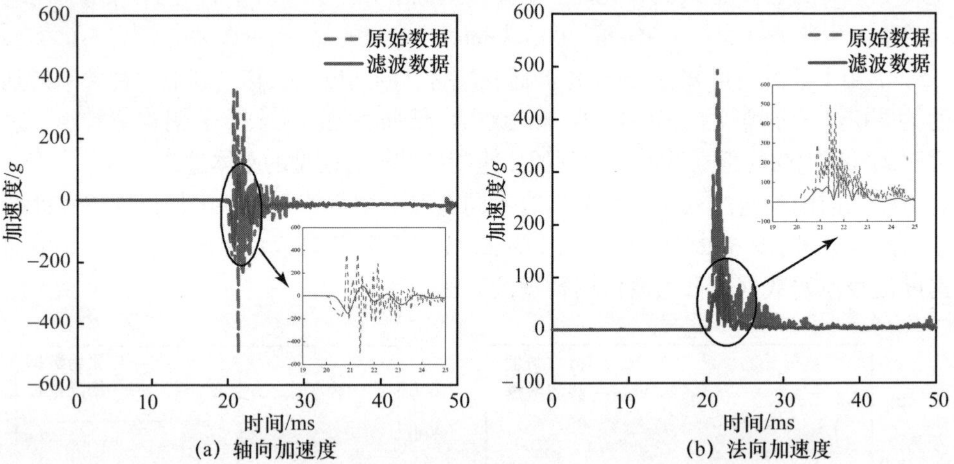

图 6-26　工况 6 中加速度信号原始数据与低通滤波后数据的对比

从图中可以看出,工况 1 中轴向入水冲击加速度峰值为 162.9g(g 表示重力加速度)、峰值脉宽为 0.67ms,法向入水冲击加速度峰值为 198.58g、峰值脉宽为 0.76ms;工况 4 中轴向入水冲击加速度峰值为 155.03g、峰值脉宽为 0.68ms,法向入水冲击加速度峰值为 99.72g,峰值脉宽为 0.68ms;工况 6 中轴向入水冲击加速度峰值为 151.18g、峰值脉宽为 0.68ms,法向入水冲击加速度峰值为 75.22g、峰值脉宽为 0.9ms。

6.4.3.3　EEMD 方法分析

从实测数据的傅里叶频谱结果可以看出,入水冲击信号为典型的非平稳信号,频域成分复杂且各频域成分混杂在一起,根据图 6-6 所示的 EEMD 方法处理流程对试验测得的入水冲击加速度信号进行处理(取加入白噪的次数 N>200),通过分析分解得到的各阶 IMF 分量(即由原始加速度分解得到的分量加速度),可以得到模型入水冲击加速度信号的组成成分及其特点。工况 1 中轴向入水冲击加速度 EEMD 方法分解的结果如图 6-27 所示。

从图 6-27 中可以看出,该工况中轴向入水冲击加速度信号经过 EEMD 方法分解产生了 9 阶 IMF 分量和余量 r。图中第一行为原始信号,2~10 行分别为 IMF1 分量至 IMF9 分量,最后一行为余量。前 3 阶 IMF 分量的频率高、波长短,代表信号中的噪声或者高频成分,且其振幅很大,这说明前 3 阶分量所占有的能量也很大。随着分解的进行,所得到的分量频率逐渐降低、波长也越来越长,直至分解出频率很低的最后一个分量,表明入水冲击加速度信号中同时包含了高频成分和低频成分。各阶 IMF 分量包含了时间特征尺度,并以不同的自适应频率分辨率显示。相较于低通滤波,EEMD 方法更加简单明了。最后一行余量为一单调变化且

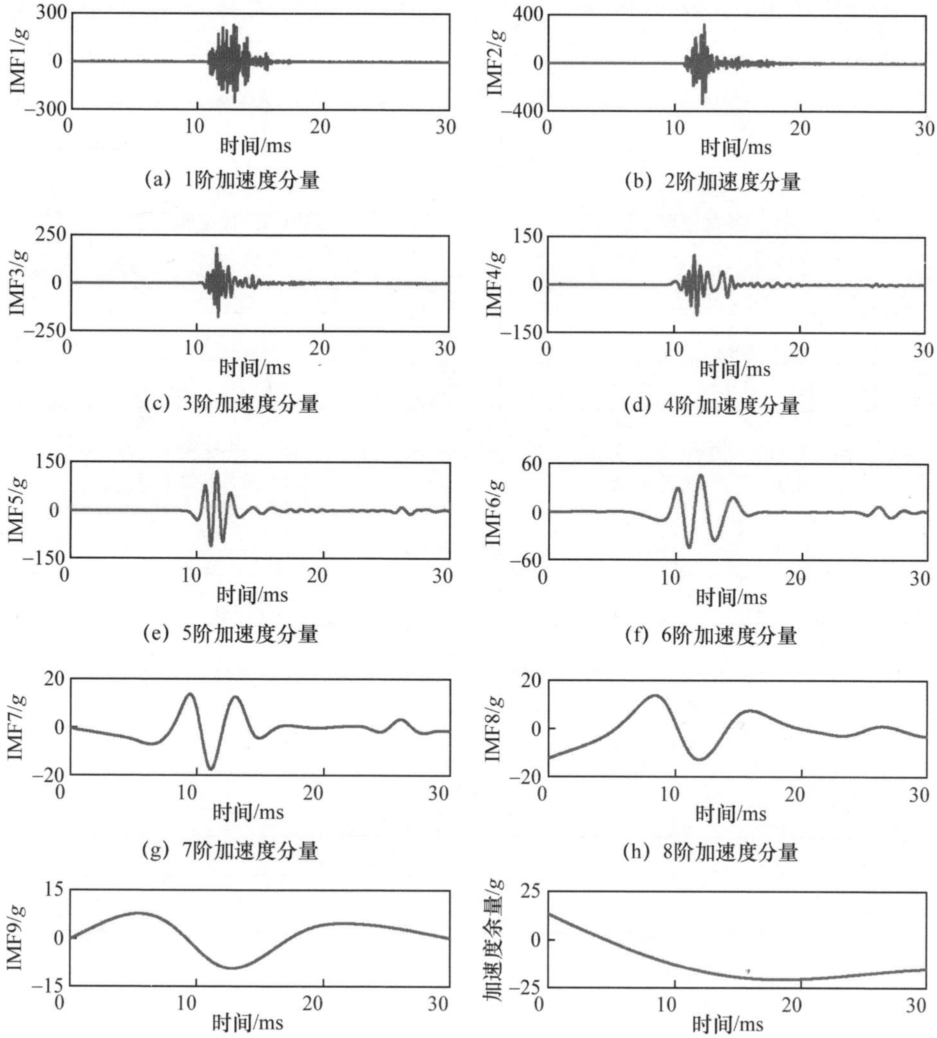

(a) 1阶加速度分量　(b) 2阶加速度分量

(c) 3阶加速度分量　(d) 4阶加速度分量

(e) 5阶加速度分量　(f) 6阶加速度分量

(g) 7阶加速度分量　(h) 8阶加速度分量

(i) 9阶加速度分量　(j) 加速度余量

图 6-27　工况 1 中轴向入水冲击加速度 EEMD 方法分解结果

幅值很小的分量,代表了原始信号的整体趋势。

图 6-28 与图 6-29 分别为工况 4 和工况 6 中轴向入水冲击加速度信号 EEMD 方法的分解结果。这两种工况下的分解结果与工况 1 中的分解结果相似,同样产生了 9 阶 IMF 分量和余量 r。各阶分量的变化趋势和规律与工况 1 相似,不再重复描述。

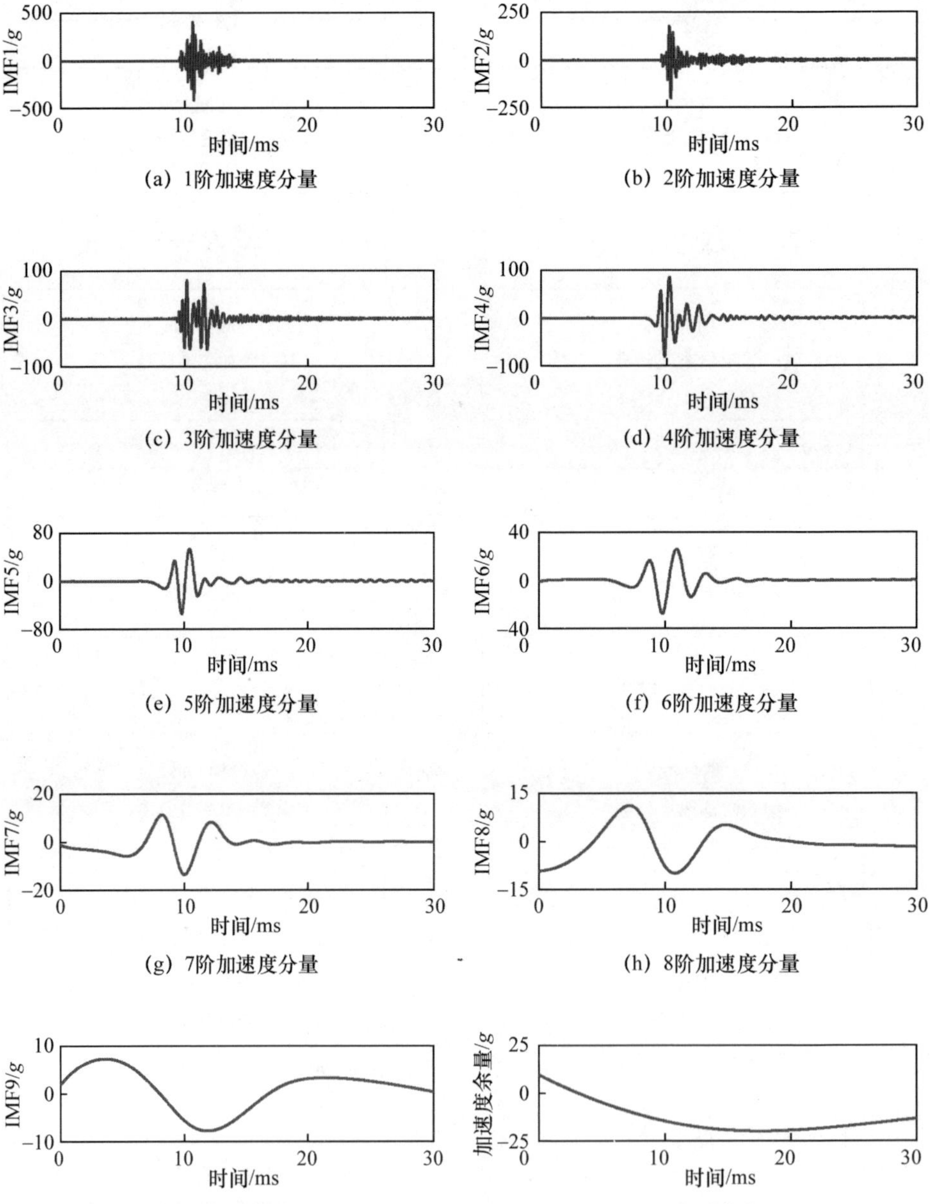

(a) 1阶加速度分量　(b) 2阶加速度分量

(c) 3阶加速度分量　(d) 4阶加速度分量

(e) 5阶加速度分量　(f) 6阶加速度分量

(g) 7阶加速度分量　(h) 8阶加速度分量

(i) 9阶加速度分量　(j) 加速度余量

图 6-28　工况 4 中轴向入水冲击加速度 EEMD 方法分解结果

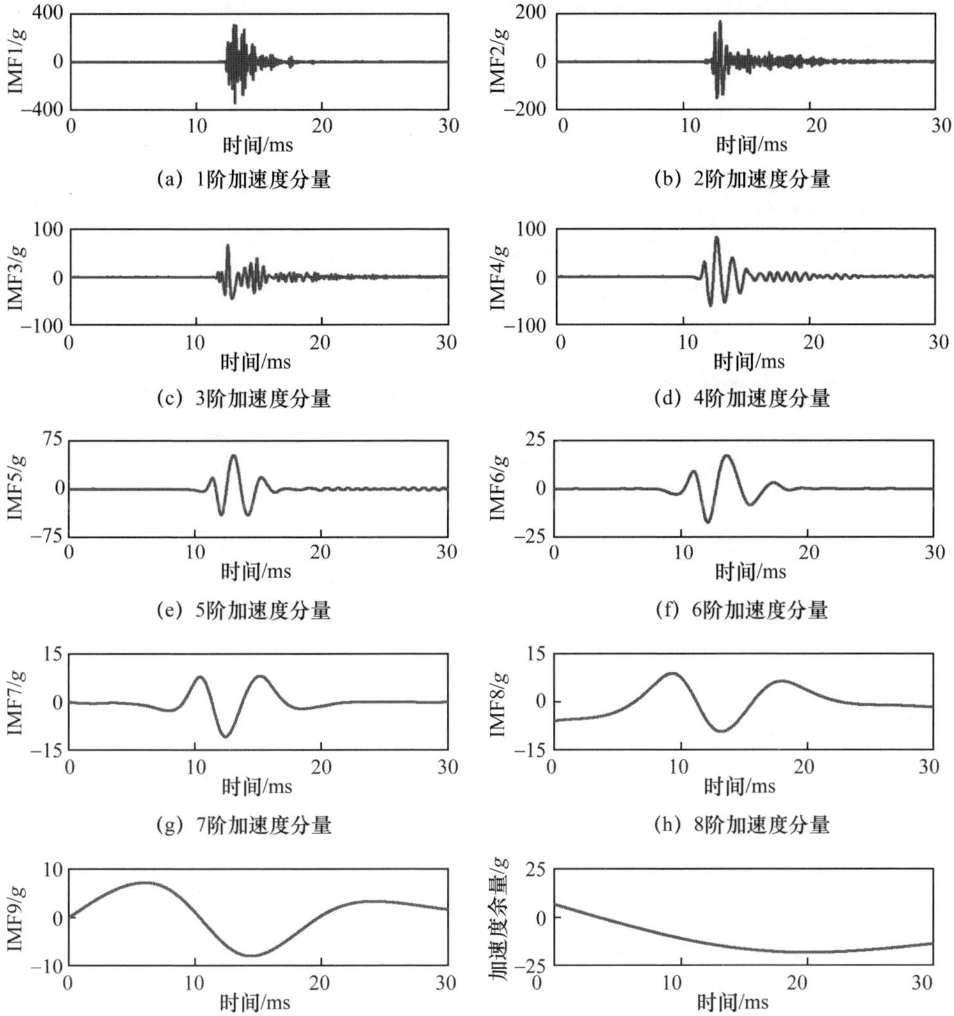

(a) 1阶加速度分量　(b) 2阶加速度分量
(c) 3阶加速度分量　(d) 4阶加速度分量
(e) 5阶加速度分量　(f) 6阶加速度分量
(g) 7阶加速度分量　(h) 8阶加速度分量
(i) 9阶加速度分量　(j) 加速度余量

图 6-29　工况 6 中轴向入水冲击加速度 EEMD 方法分解结果

从上述分解结果可以看出，EEMD 方法的本质是一个带宽自适应变换的带通滤波器，原始信号按照频率成分由高到低被分解成 IMF1 分量至 IMF9 分量以及余量 r。进一步地，采用一种 EEMD 方法与 Burg 功率谱分析相结合的方法对入水冲击加速度信号进行滤波分析。具体处理步骤为：首先，基于 EEMD 方法对原始信号进行分解；其次，对 IMF 分量进行 Burg 功率谱分析，得到各阶 IMF 分量的功率谱；最后，根据具体的滤波需要将高频 IMF 分量从原始信号中滤去，将剩余的 IMF 分量进行重构即可得到滤波后的信号。该方法从信号的本质特征出发,不需要设定任何参数,只需要选取不同的 IMF 分量进行重构即可获得不同的滤波结果。

图 6-30 为工况 1 轴向入水冲击加速度信号选取不同的 IMF 分量后重构得到的不同滤波结果。从图中可以看出,选取不同的 IMF 分量进行重构得到了不一样的滤波结果,原始信号的 Burg 功率谱结果表明其能量主要集中在 5kHz 左右;减去第 1 阶 IMF 后滤波的信号功率谱在 1kHz 和 5kHz 出现峰值,这说明原始信号中仍然存在高频分量。直至减去前 4 阶 IMF 后滤波得到的信号功率谱在 1kHz 左右出

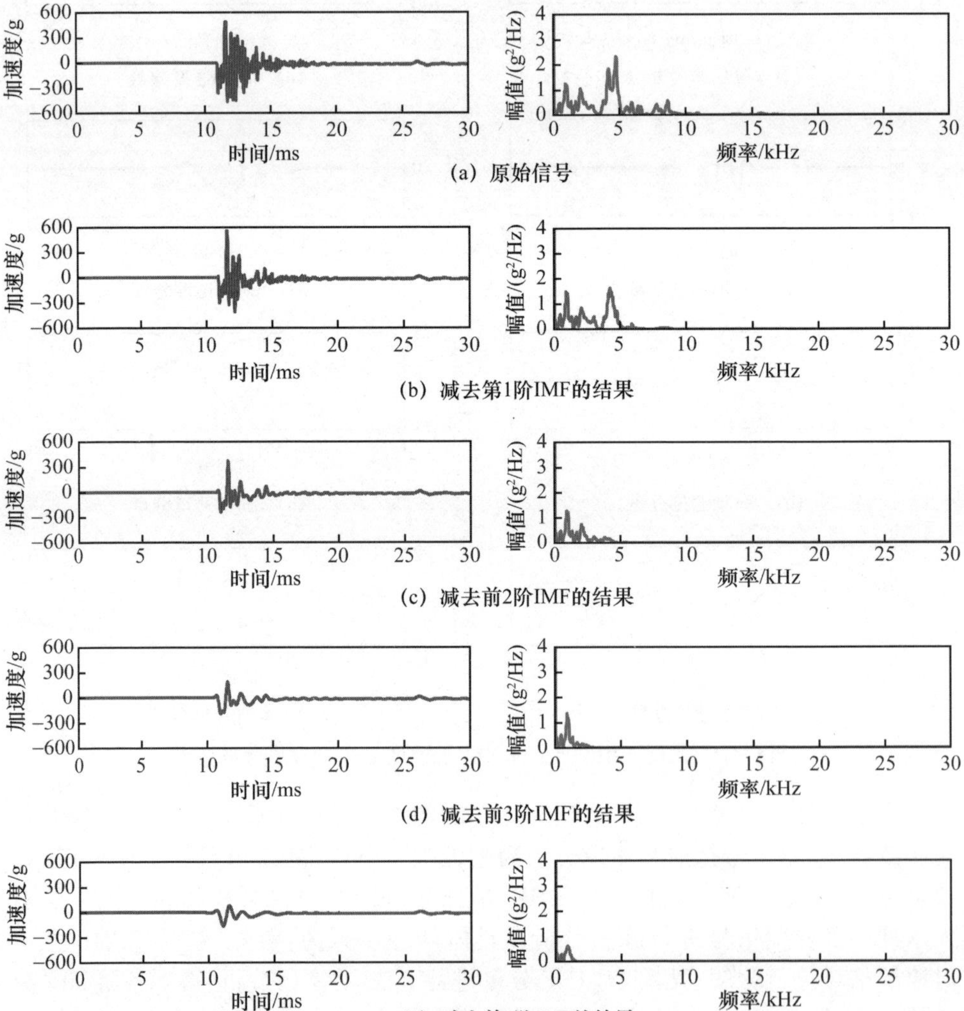

(a) 原始信号

(b) 减去第1阶IMF的结果

(c) 减去前2阶IMF的结果

(d) 减去前3阶IMF的结果

(e) 减去前4阶IMF的结果

图 6-30 工况 1 轴向入水冲击加速度信号重构结果(左)及其 Burg 频谱(右)

现峰值,与模型第 8 阶模态的固有频率 1086.94Hz 相对应,表明减去前 4 阶 IMF 后的信号即为模型的刚体过载。

图 6-31 为工况 4 轴向入水冲击加速度信号选取不同的 IMF 分量重构后得到的不同滤波结果。从图中可以看出,减去前 3 阶 IMF 分量后得到的信号即为模型的刚体过载。对比图 6-30 与图 6-31 的结果可知,不同初始入水工况下,冲击载荷激起的结构响应存在一定的差异,EEMD 方法能较好地从实测信号中分解出这种差异。

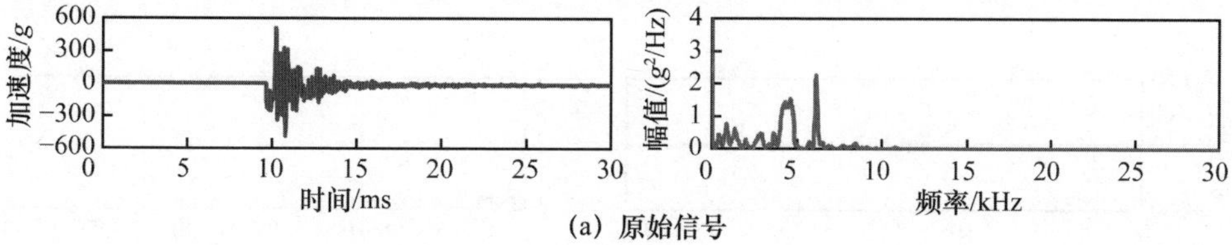

(a) 原始信号

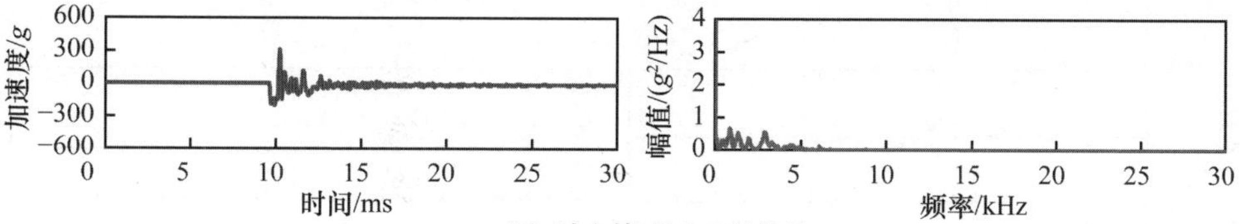

(b) 减去第1阶IMF的结果

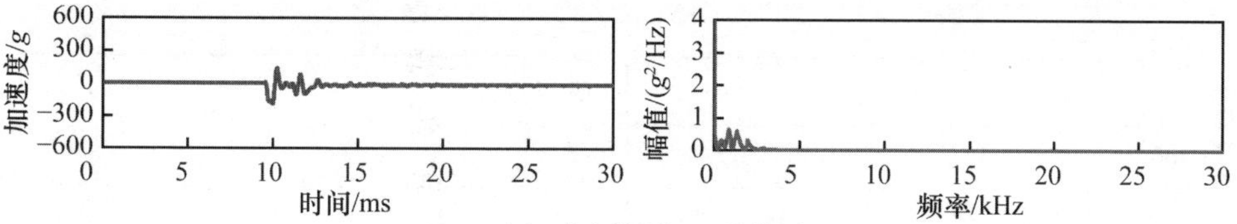

(c) 减去前2阶IMF的结果

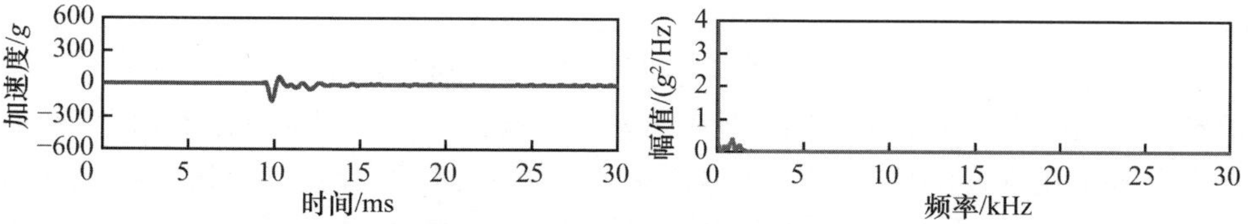

(d) 减去前3阶IMF的结果

图 6-31　工况 4 轴向入水冲击加速度信号重构结果(左)及其 Burg 频谱(右)

图 6-32 为工况 6 轴向入水冲击加速度信号选取不同的 IMF 分量后重构得到

的不同滤波结果。从图中可以看出,减去前 3 阶 IMF 分量后得到的信号即为模型的刚体过载。

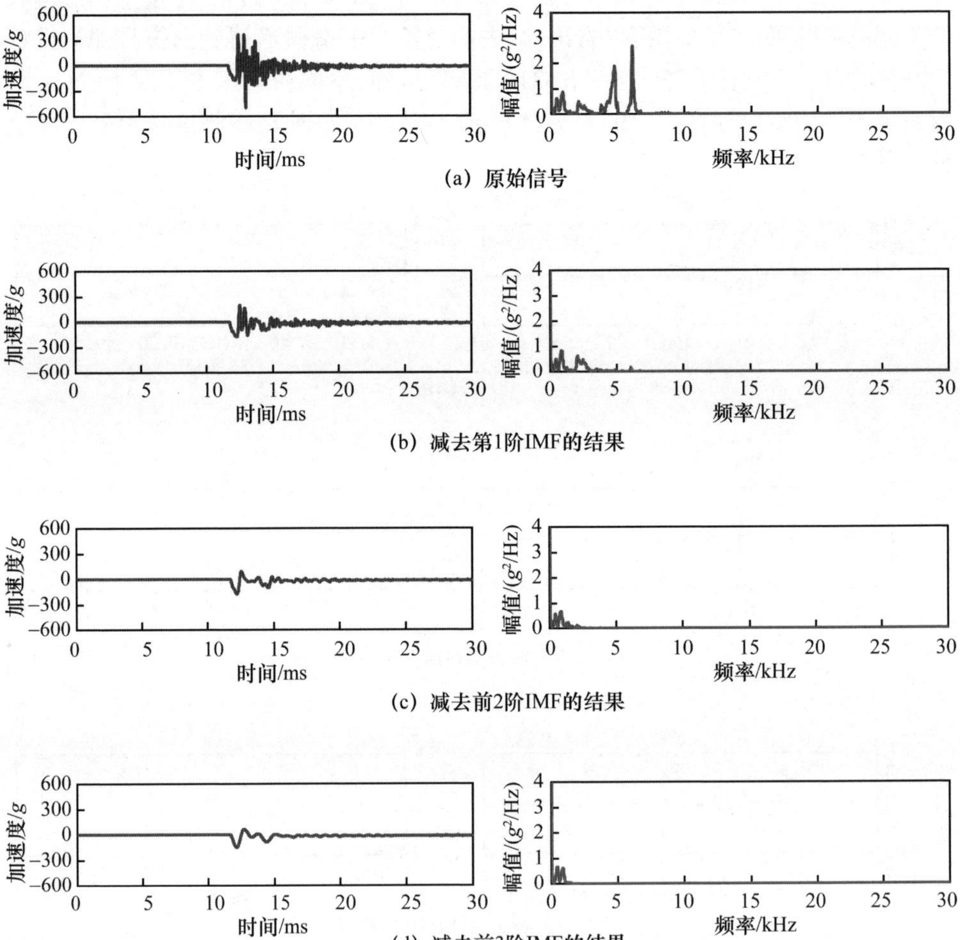

(a) 原始信号

(b) 减去第1阶IMF的结果

(c) 减去前2阶IMF的结果

(d) 减去前3阶IMF的结果

图 6-32　工况 6 轴向入水冲击加速度信号重构结果(左)及其 Burg 频谱(右)

图 6-33~图 6-35 为工况 1、工况 4 和工况 6 中轴向入水冲击加速度信号低通滤波与 EEMD 方法分解重构两种处理方法的结果对比。从图中可以看出,三种工况下分别采用低通滤波与 EEMD 方法分解重构对冲击加速度信号进行处理得到的波形、峰值及脉宽接近。工况 1 中低通滤波和 EEMD 方法分解重构处理得到的载荷峰值分别为 162. 9g 和 166g,工况 4 中低通滤波和 EEMD 方法分解重构处理得到的载荷峰值分别为 155. 03g 和 159g,工况 6 中低通滤波和 EEMD 方法分解重构处理得到的载荷峰值分别为 151. 18g 和 152. 2g。

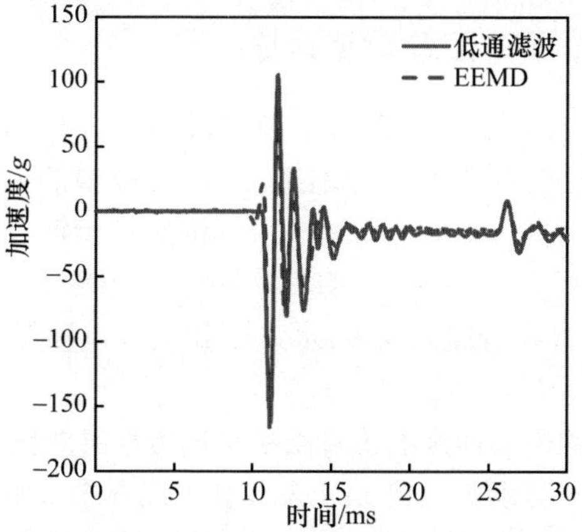

图 6-33　工况 1 中轴向入水冲击加速度信号两种处理方法结果对比

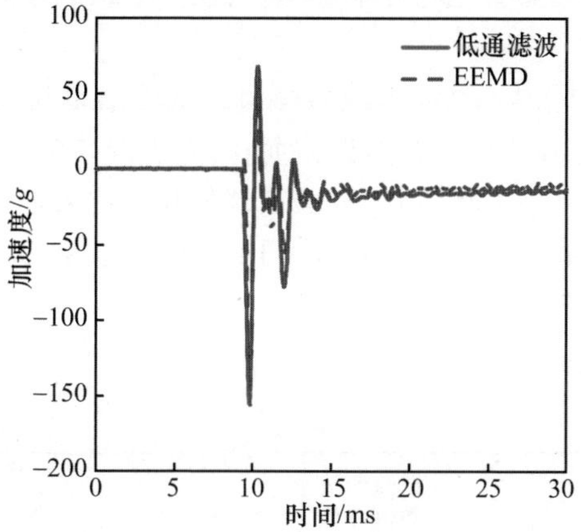

图 6-34　工况 4 中轴向入水冲击加速度信号两种处理方法结果对比

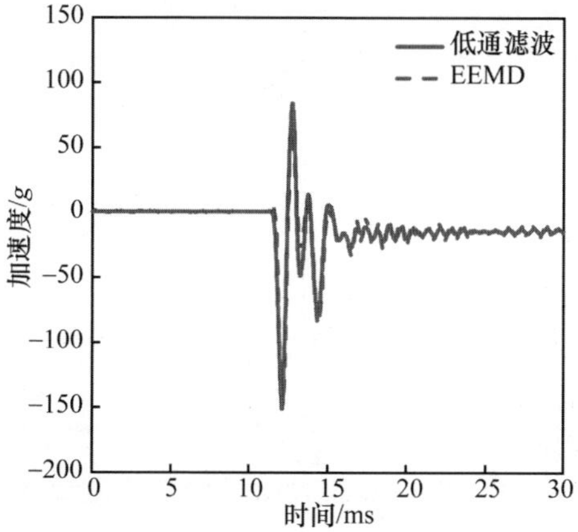

图 6-35　工况 6 中轴向入水冲击加速度信号两种处理方法结果对比

6.4.4 仿真结果与试验数据对比

为更好地对比仿真结果与试验结果，对数值方法的正确性和准确性进行验证，基于第三章中建立的数值模型开展1：1试验模型的入水冲击载荷仿真，仿真计算中的初始条件(如入水速度及角度等)按照试验测量的结果进行设置，仿真时间为20ms。

下面将分别从入水冲击加速度、入水速度和入水位移等方面对试验结果与仿真结果进行对比。

6.4.4.1 入水冲击加速度的仿真结果与试验结果对比

图6-36~图6-38分别为工况1、工况4和工况6中入水冲击加速度仿真结果与试验结果的对比曲线。从图中可以看出，三种工况下轴向及法向的入水冲击加速度仿真结果与试验结果变化趋势基本吻合，在入水瞬间模型承受较大的载荷，之后振荡衰减。

表6-4为7种工况中入水冲击载荷峰值的试验结果与仿真结果对比，从表中可以看出，对轴向冲击载荷峰值相对误差而言，除工况7的为21.46%之外，其余6种工况的相对误差均小于15%；对法向载荷峰值相对误差而言，工况3的相对误差最大为18.64%，其余6种工况的相对误差均小于15%，这表明仿真结果总体上与试验测试结果保持一致。

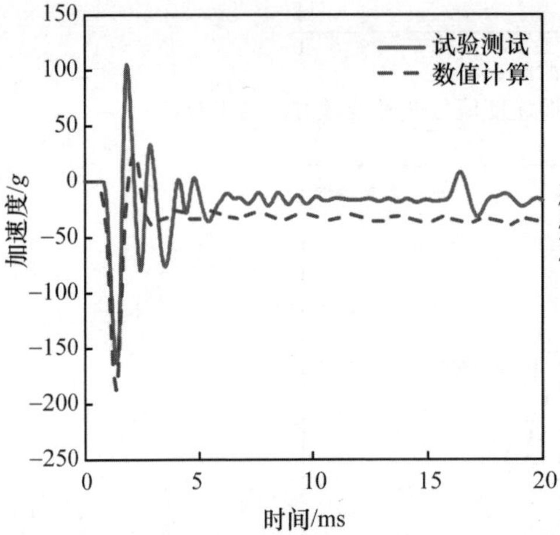

(a) 轴向冲击载荷

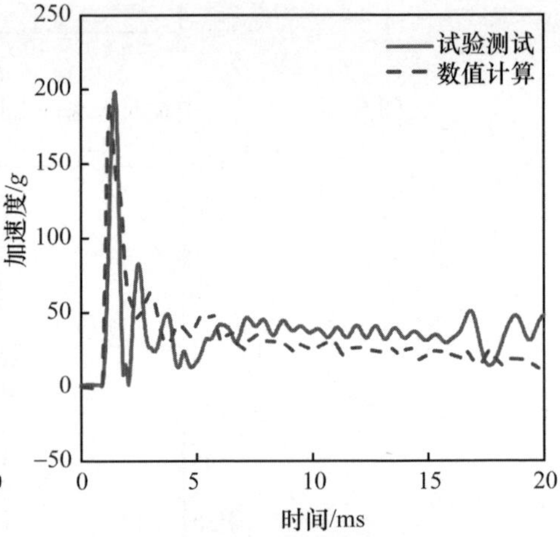

(b) 法向冲击载荷

图6-36 工况1中入水冲击加速度仿真结果与试验结果的对比曲线

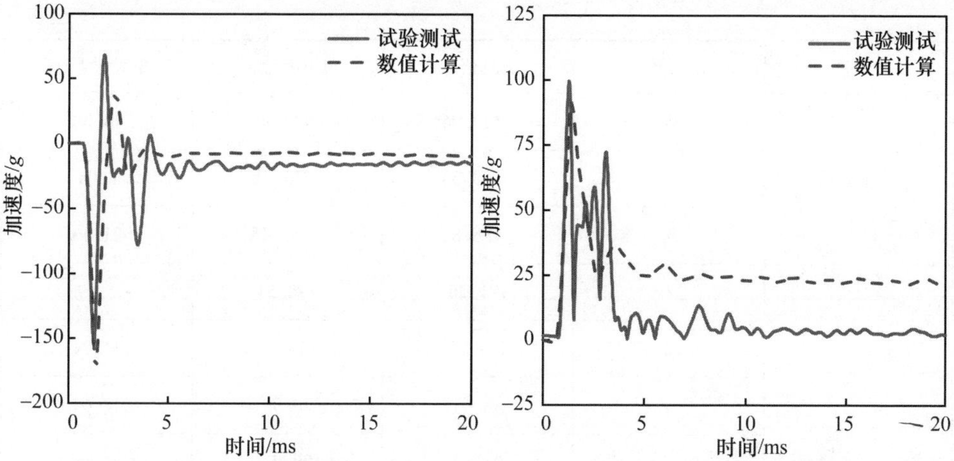

(a) 轴向冲击载荷　　(b) 法向冲击载荷

图 6-37　工况 4 中入水冲击加速度仿真结果与试验结果的对比曲线

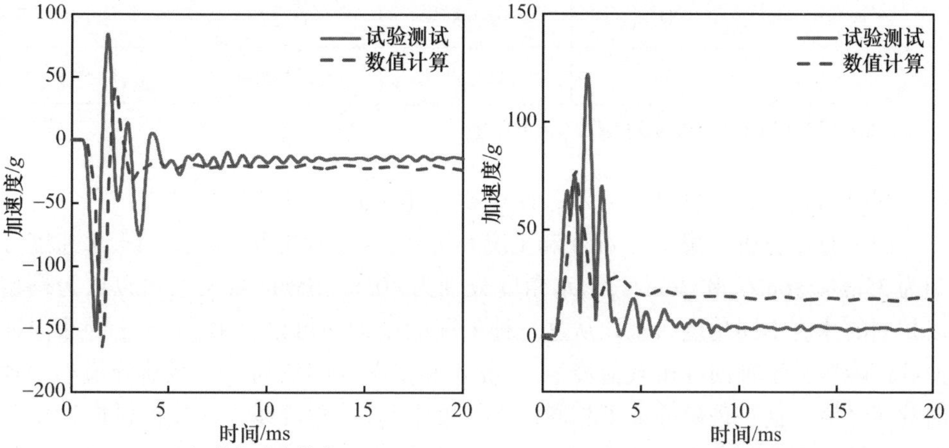

(a) 轴向冲击载荷　　(b) 法向冲击载荷

图 6-38　工况 6 中入水冲击加速度仿真结果与试验结果的对比曲线

表 6-4　7 种工况入水冲击载荷峰值的试验结果与仿真结果对比

载荷	工况	仿真值/g	试验值/g	相对误差/%
轴向冲击载荷	1	−187.18	−162.90	14.91
	2	−157.45	−141.17	11.53
	3	−97.37	−91.39	6.55
	4	−172.76	−155.03	11.44

续表

载荷	工况	仿真值/g	试验值/g	相对误差/%
轴向冲击载荷	5	-127.96	-111.94	14.32
	6	-163.33	-151.18	8.04
	7	-188.83	-155.46	21.46
法向冲击载荷	1	191.26	198.58	3.69
	2	174.71	156.35	11.74
	3	48.63	40.99	18.64
	4	91.64	99.72	8.10
	5	150.54	135.17	11.37
	6	85.03	75.22	13.04
	7	112.39	129.09	12.94

注:相对误差=|试验值-仿真值|/试验值×100%。

同时结合表6-1的初始入水条件对数据进一步分析可得如下结论:

(1) 对比分析工况1、工况4和工况6可知,这三种工况中模型的入水速度分别为35m/s、36m/s和36m/s,入水角度分别为40.8°、65.1°和62°,可以认为模型以相同的速度不同角度入水。从这三种工况的结果中可以看出,工况1的法向冲击载荷峰值大于轴向冲击载荷峰值,工况4和工况6的法向冲击载荷峰值小于轴向载荷峰值。这一现象验证了相同入水速度下,入水角度越大对应的轴向冲击载荷峰值越大而法向冲击载荷峰值越小这一结论。同时表明,存在一个临界入水角度,实际入水角度大于临界入水角度时,轴向冲击载荷在总载荷中占主导地位;反之,法向冲击载荷占主导地位。

(2) 对比分析工况3和工况6可知,这两种工况的入水速度分别为29.6m/s和36m/s,对应的入水角度分别为74.9°和72.8°,基本可以认为这两种工况中模型以相同的角度不同速度入水。这两种工况中的结果验证了相同入水角度下,入水速度越大,对应冲击载荷峰值也越大。

6.4.4.2 入水速度的仿真结果与试验结果对比

对试验测试的入水冲击加速度信号进行一次积分可以得到模型入水速度的时间历程曲线。图6-39、图6-40、图6-41分别为工况1、工况4和工况6中入水速度仿真结果与试验结果的对比曲线。从图中可以看出，轴向及法向入水速度在入水载荷到达峰值之前吻合得较好，入水载荷到达峰值之后，仿真结果与试验结果的相对误差逐渐增大。轴向速度时间历程曲线表明，在到达载荷峰值之后，试验测试的速度衰减小于数值仿真的速度衰减；法向速度时间历程曲线反映出，在达到载荷峰值之后，试验测试的速度衰减与数值仿真的速度衰减基本相等。

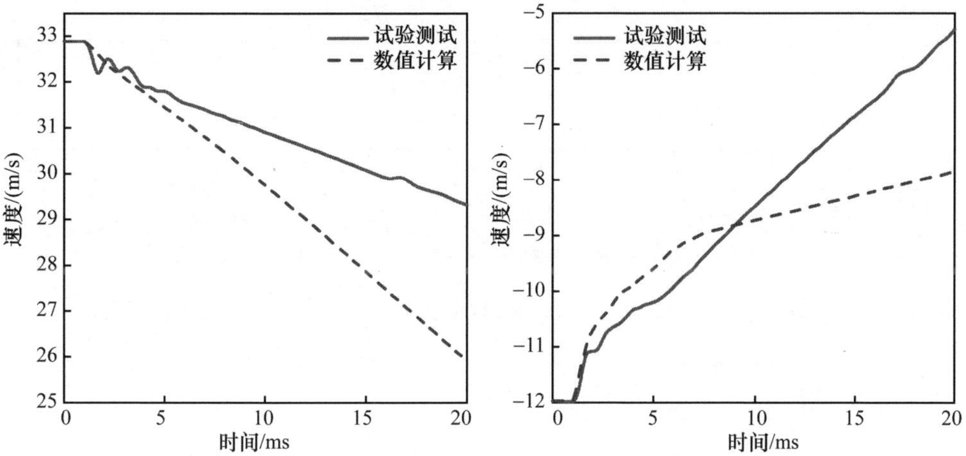

(a) 轴向速度　　(b) 法向速度

图 6-39　工况 1 中入水速度仿真结果与试验结果的对比曲线

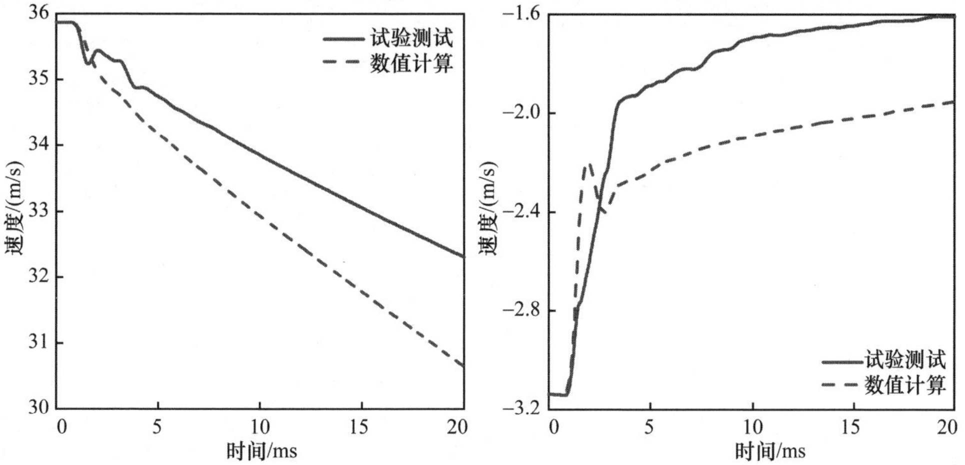

(a) 轴向速度　　(b) 法向速度

图 6-40　工况 4 中入水速度仿真结果与试验结果的对比曲线

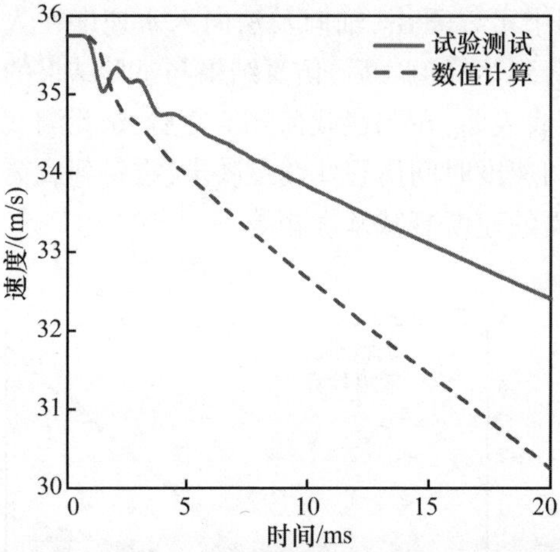

(a) 轴向速度

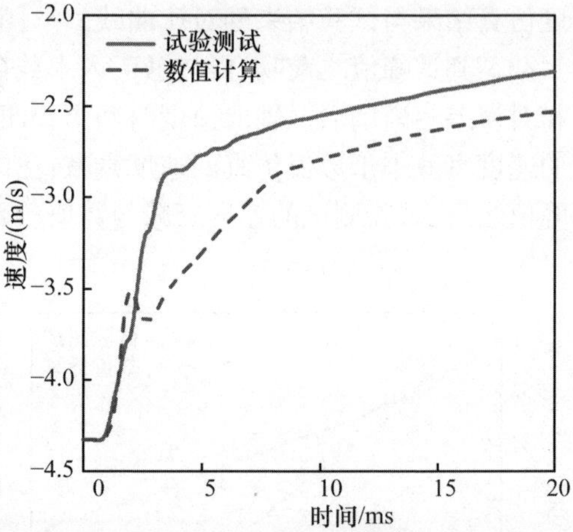

(b) 法向速度

图 6-41　工况 6 中入水速度仿真结果与试验结果的对比曲线

表 6-5 为 7 种工况中入水速度随时间变化的试验结果与仿真结果对比。从表中可以看出，轴向速度相对误差基本在 6%左右，法向速度相对误差在 9%左右，总体而言，数值仿真与试验结果吻合较好。

表 6-5　7 种工况中入水速度随时间变化的试验与仿真结果对比

速度	工况	仿真值/(m/s)	试验值/(m/s)	相对误差/%
轴向速度	1	25.92	29.31	11.57
	2	31.39	33.47	6.21
	3	26.06	27.15	4.01
	4	30.66	32.31	5.11
	5	31.86	33.88	5.96
	6	30.26	32.40	6.60
	7	30.54	33.08	7.68
法向速度	1	-5.82	-5.29	-9.99
	2	-3.42	-3.60	4.92
	3	-0.45	-0.48	6.73
	4	-1.53	-1.61	4.97
	5	-1.78	-1.95	8.47
	6	-2.09	-2.31	9.57
	7	-3.60	-3.99	9.91

注：相对误差 = |试验值-仿真值|/试验值×100%。

6.4.4.3　入水位移的仿真结果与试验结果对比

对入水冲击加速度信号进行二次积分可以获得模型入水位移时间历程曲线。图 6-42～图 6-44 分别为工况 1、工况 4 和工况 6 中入水位移仿真结果的与试验结果对比曲线。从图中可以看出,仿真结果与试验结果的变化趋势基本保持一致。

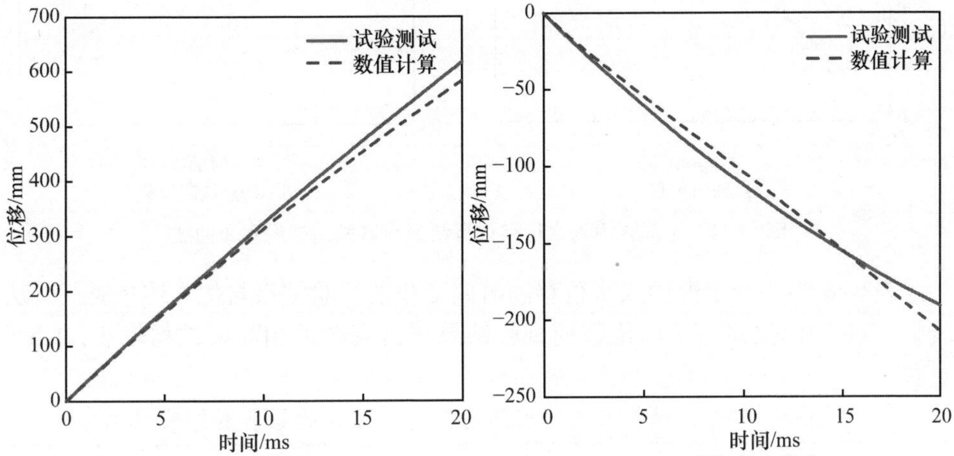

(a) 轴向位移　　(b) 法向位移

图 6-42　工况 1 中入水位移仿真结果与试验结果的对比曲线

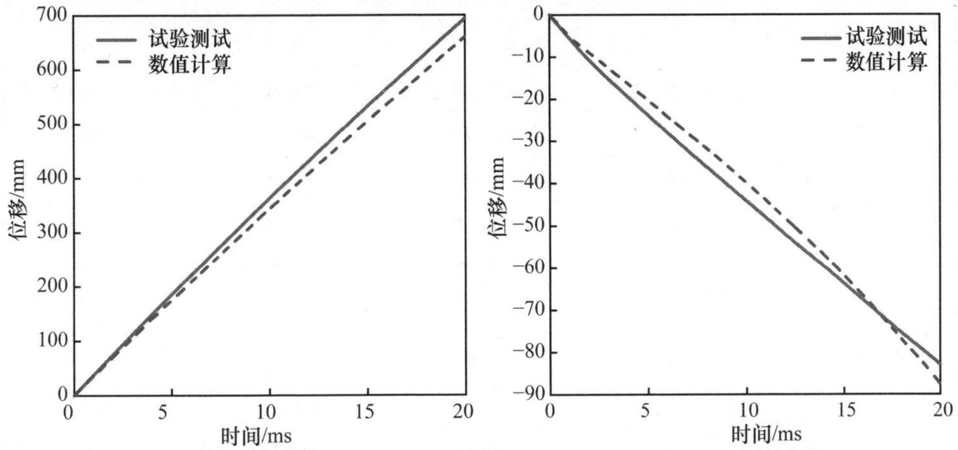

(a) 轴向位移　　(b) 法向位移

图 6-43　工况 4 中入水位变化仿真结果与试验结果的对比曲线

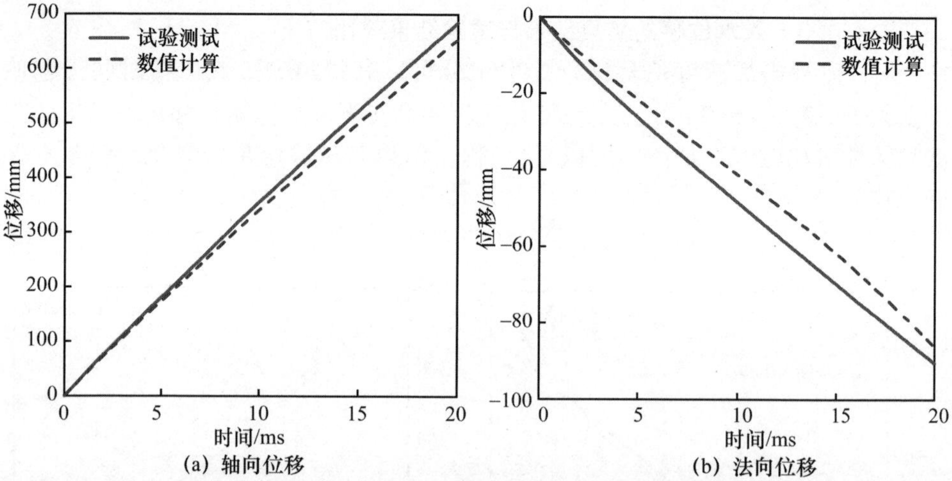

图 6-44 工况 6 中入水位移仿真结果与试验结果的对比曲线

表 6-6 为 7 种工况中入水位移随时间变化的试验结果与仿真结果对比。从表中可知,轴向位移与法向位移的试验结果与仿真结果相对误差均较小,在 5%左右。

表 6-6 7 种工况中入水位移随时间变化的试验与仿真结果对比

位移	工况	仿真值/mm	试验值/mm	相对误差/%
轴向位移	1	582. 90	617. 00	5. 53
	2	680. 30	709. 98	4. 18
	3	552. 10	570. 00	3. 14
	4	658. 30	693. 00	5. 01
	5	688. 80	724. 30	4. 90
	6	650. 30	682. 30	4. 69
	7	661. 60	699. 30	5. 39
法向位移	1	-207. 70	-190. 60	8. 97
	2	-188. 90	-194. 70	2. 98
	3	-97. 23	-103. 10	5. 69
	4	-78. 62	-83. 02	5. 30
	5	-37. 97	-39. 97	5. 00
	6	-85. 98	-90. 17	4. 65
	7	-144. 90	-154. 20	6. 03

注:相对误差 = |试验值-仿真值|/试验值×100%。

由上述分析结果可知,入水冲击载荷峰值的试验结果与仿真结果相对误差为15%左右,入水速度的相对误差为9%左右,入水位移的相对误差为5%左右,这三个方面的结果均表明仿真值与试验值吻合较好,也验证了前文所建立数值仿真模型的正确性与准确性。

第7章　波浪环境对回转体入水特性的影响

波浪是船舶与海洋工程中重要的环境载荷形式，尤其是在远海遭遇恶劣海况的情况下，波浪对海洋结构物入水过程的影响是不可忽略的。回转体在波浪作用下入水，其运动会对波浪的运动产生影响，使波浪发生变形，而波浪的传播方向及回转体的入水位置对回转体的等效入水速度和入水角度都有重要影响，使回转体初期入水弹道及冲击载荷与在静水中入水有所不同。本章基于有限元（finite element method，FEM）方法耦合光滑粒子流体动力学（smoothed particle hydrodynamics，SPH）方法介绍波浪环境对回转体入水特性的影响。

7.1　线性波理论基础

海面上的波浪是波高和周期随机变化的不规则波，不规则波面的变化取决于风、流等因素。在试验测试和数值仿真中，生成随机的不规则波非常困难。同时，现有描述波浪运动的理论通常着眼于规则波，而且不规则波也是以规则波为基础进行研究的。因此，本书中的数值造波及后续回转体在波浪中入水的数值仿真均基于线性规则波（图 7-1）。

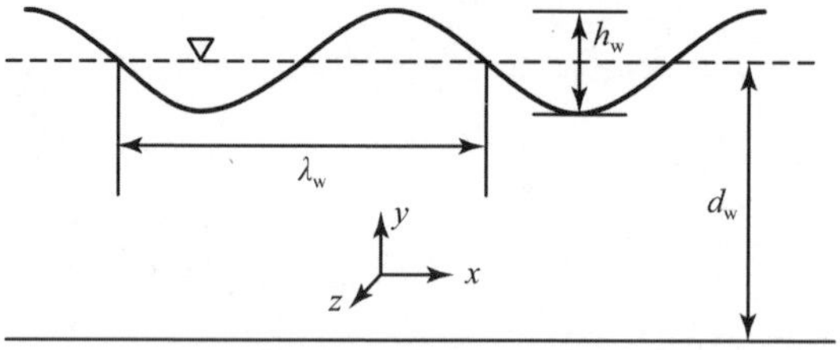

图 7-1　波浪的主要参数

如图 7-1 所示，波浪的主要参数包括波长 λ_w、波高 h_w、周期 T_w、水深 d_w、波数 $k_w=2\pi/\lambda_w$ 和波陡 h_w/λ_w。在外来扰动下，原本水平的自由液面上各个质点离开平衡位置,在重力作用下有恢复到平衡位置的趋势,形成液体质点的往复振动,并以波的形式传播,形成在流体中的波浪运动。重力波主要影响流体表面处的运动,随着流体深度的增加,这种影响逐渐减小[20]。

在波浪问题的研究过程中,通常假设流体为理想流体、不可压缩,且无旋、速度势满足拉普拉斯方程:

$$\frac{\partial^2 \phi}{\partial x^2}+\frac{\partial^2 \phi}{\partial z^2}=0 \tag{7-1}$$

流体连续性方程:

$$\frac{\partial u}{\partial x}+\frac{\partial v}{\partial y}+\frac{\partial w}{\partial z}=0 \tag{7-2}$$

动量方程:

$$\frac{\partial u}{\partial t}+u\frac{\partial u}{\partial x}+v\frac{\partial u}{\partial y}+w\frac{\partial u}{\partial z}=f_x-\frac{1}{\rho}\frac{\partial p}{\partial x}+\frac{\mu_w}{\rho}\left(\frac{\partial^2 u}{\partial x^2}+\frac{\partial^2 u}{\partial y^2}+\frac{\partial^2 u}{\partial z^2}\right) \tag{7-3}$$

$$\frac{\partial v}{\partial t}+u\frac{\partial v}{\partial x}+v\frac{\partial v}{\partial y}+w\frac{\partial v}{\partial z}=f_y-\frac{1}{\rho}\frac{\partial p}{\partial y}+\frac{\mu_w}{\rho}\left(\frac{\partial^2 v}{\partial x^2}+\frac{\partial^2 v}{\partial y^2}+\frac{\partial^2 v}{\partial z^2}\right) \tag{7-4}$$

$$\frac{\partial w}{\partial t}+u\frac{\partial w}{\partial x}+v\frac{\partial w}{\partial y}+w\frac{\partial w}{\partial z}=f_z-\frac{1}{\rho}\frac{\partial p}{\partial z}+\frac{\mu_w}{\rho}\left(\frac{\partial^2 w}{\partial x^2}+\frac{\partial^2 w}{\partial y^2}+\frac{\partial^2 w}{\partial z^2}\right) \tag{7-5}$$

将自由液面方程记为 $z=\eta_w(x,y,z)$,将其对 t 求导可得自由液面上质点在垂直方向的速度:

$$\frac{dz}{dt}=\frac{\partial \eta_w}{\partial t}+\frac{\partial \eta_w}{\partial x}\frac{\partial x}{\partial t}+\frac{\partial \eta_w}{\partial y}\frac{\partial y}{\partial t} \tag{7-6}$$

流体的运动速度有

$$\left(\frac{\partial x}{\partial t},\frac{\partial y}{\partial t},\frac{\partial z}{\partial t}\right)=(u,v,w)=\left(\frac{\partial \varphi}{\partial x},\frac{\partial \varphi}{\partial y},\frac{\partial \varphi}{\partial z}\right) \tag{7-7}$$

联立式(7-6)和式(7-7)可得如下关系式:

$$\frac{\partial \phi}{\partial z}=\frac{\partial \eta_w}{\partial t}+\nabla\phi\cdot\nabla\eta_w\quad [z=\eta_w(x,y,z)] \tag{7-8}$$

式(7-8)即为自由液面的运动学边界条件,该式的物理意义表明自由液面上某离散点的运动速度与自由液面上位于此处的真实水质点的即时运动速度相同。

7.2　数值波浪水池

数值波浪水池的建立主要包含数值造波部分与数值消波部分。本节介绍采用 FEM-SPH 耦合数值计算方法建立数值波浪水池,包含 FEM-SPH 耦合算法的基本原理、数值水池建立及验证等内容。

7.2.1 数值算法简介

SPH 方法是一种无网格粒子法，最先用于天体物理现象的模拟，随后被广泛应用于连续固体力学和流体力学中。该方法不受网格束缚，在模拟大变形和自由液面流动等问题时能有效避免网格畸变，且能在拉格朗日格式下对流体和结构同时求解。采用 FEM-SPH 耦合算法对回转体高速入水问题开展数值研究，既能利用 FEM 方法求解结构动力学问题时计算精度好、效率高等优点，又能发挥 SPH 方法在模拟复杂自由液面流动时的天然优势。在 SPH 方法中，系统的状态是用一系列的粒子来表征的，这些粒子具有各自的材料性质，而且遵循守恒控制方程的规律运动。流体动力学问题的求解主要是基于密度、速度、能量等变量场的偏微分方程组。对于偏微分方程组的数值求解，首先需要对其定义的问题域进行离散化，其次需要一种方法来获取任一点上的变量函数及其导数的近似值，最后再将近似函数应用于偏微分方程组来获得一系列离散化的、只与时间相关的常微分方程。

7.2.1.1 SPH 方法基本原理

SPH 的核心思想及实施过程可概括为以下六点：

(1) 若问题域不是以粒子的形式表示的，则需要用一系列任意分布的粒子来表示问题域，粒子之间不需要任何连接，这体现了 SPH 算法的无网格属性。

(2) 用积分表示法来近似场函数，在 SPH 方法中这种方式称为核近似(kernel approximation)。核近似为 SPH 方法在数学计算上提供了稳定性，这是因为积分法具有光滑作用，相当于弱形式方程，只要数值积分能确保精度，则这些弱形式方程一般都能保持相当的稳定。

(3) 应用粒子对核近似方程进一步近似，这在 SPH 方法中称为粒子近似。这种方法的实施过程是通过应用局部区域内的相邻粒子对应的值来叠加求和，然后取代场函数及其导数的积分表示形式。其中，所取得的局部区域称为支持域。

(4) 在每个时间步内都要进行粒子近似过程，且此操作基于当前支持域内任意分布的粒子，这体现了 SPH 方法自适应的特性。

(5) 将粒子近似法应用于所有偏微分方程组的场函数相关项中，得到一系列只与时间相关的离散化常微分方程组，体现出 SPH 方法的拉格朗日性质。

(6) 应用显式积分法来求解常微分方程组以获得最快的时间积分，并得到所有粒子的场变量随时间的变化值。

以上六点结合起来，使得 SPH 方法成为具有无网格、自适应、拉格朗日性质的流体动力学问题求解方法。下面我们将介绍 SPH 方法的核近似、粒子近似以及具体形式的流体动力学方程。

SPH 方法的思想最初来源于积分差值。函数 $f(x)$ 的积分表达式可以由式(7-9)定义：

$$f(x) = \int_{\Omega_V} f(x')\delta(x - x')\mathrm{d}x' \tag{7-9}$$

式中：$f(x)$ 为三维坐标矢量 $\boldsymbol{x}$ 的函数；Ω_V 为包含 $\boldsymbol{x}$ 的体积积分；$\delta(x-x')$ 为狄拉克 δ 函数，性质如下：

$$\delta(x - x') = \begin{cases} 1 & (x = x') \\ 0 & (x \neq x') \end{cases} \tag{7-10}$$

若用光滑函数 $W(x-x',h_L)$ 来取代 δ 函数的核函数 $\delta(x-x')$，则 $f(x)$ 的积分表达式可写成：

$$f(x) \approx \int_{\Omega_V} f(x')W(x - x',h_L)\mathrm{d}x' \tag{7-11}$$

式中：W 为光滑核函数(smoothing kernel function)；h_L 为定义光滑函数 W 影响区域的光滑长度。

应当注意的是，因为 W 不是狄拉克函数，所以式(7-11)中的积分表达式是近似式。

在 SPH 的习惯用法中，常用角括号<>来表达核近似算子，将式(7-11)写成如下形式：

$$< f(x) > = \int_{\Omega_V} f(x')W(x - x',h_L)\mathrm{d}x' \tag{7-12}$$

此式为函数核近似的标准表达式。

场点 $x=(x,y,z)$ 的支持域是这样一个邻域，即域内所有点的信息都被用于确定在 x 处点的信息。SPH 方法只在粒子上对场变量进行近似计算，任一粒子的支持域都与粒子的光滑长度 h_L 紧密相关。光滑长度 h_L 与比例因子 k_s 相乘即确定了光滑函数作用的支持域。

光滑函数 W 常选用偶函数，且它还应满足如下一些条件：

(1) 光滑函数在支持域上必须满足正则化条件，即

$$\int_{\Omega_V} W(x - x',h_L)\mathrm{d}x' = 1 \tag{7-13}$$

由于光滑函数的积分值等于 1，故此条件也称为归一化条件。

(2) 当光滑长度趋于 0 时，光滑函数具有狄拉克函数性质。

$$\lim_{h_L \to 0} W(x - x',h_L) = \delta(x - x') \tag{7-14}$$

(3) 光滑函数满足紧支性条件：

$$W(x - x',h_L) = 0,\ |x - x'| > k_s h_L \tag{7-15}$$

紧支域的尺寸由光滑长度 h_L 和比例因子 k_s 决定，$|x-x'|>k_s h_L$ 定义了点 x 上粒子的支持域，如图 7-2 所示。

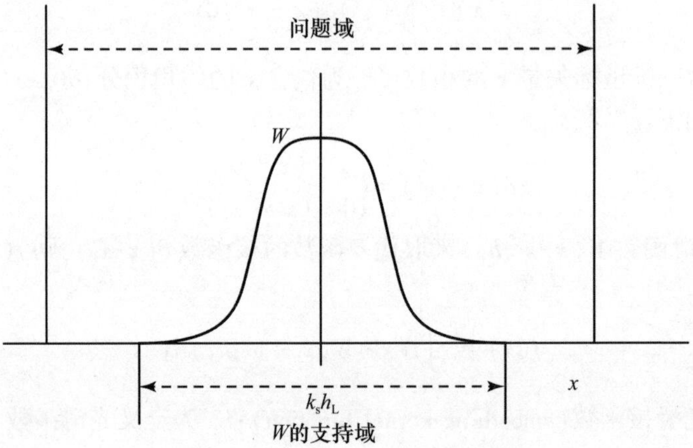

图 7-2　光滑函数 W 的支持域示意图

(4) 在点 x 上粒子的支持域内任意一点 x' 处有 $W(x-x')\geqslant 0$。该性质表明在支持域中光滑函数应该是非负的，作为收敛条件其在数学计算上并不是必需的，但是在流体动力学模拟中，光滑函数的负值会导致一些非物理参数的出现，如负密度和负能量等。

(5) 当粒子间距增大时，粒子的光滑函数值应该是单调递减的。该性质是基于物理意义上的考虑，较近的粒子应该对相关粒子具有更大的影响。换句话说，随着两个相互作用粒子间距的增大，它们之间的相互作用会减小。

SPH 方法的一个关键问题就是，在一系列不需要预定义网格来提供节点连接的任意分布离散点上有效地进行函数近似。如很多文献所论述，许多不同的光滑函数已被应用于 SPH 方法中，本书采用的数值算法中，采用 Monaghan 和 Lattanzio[21] 在三次样条函数的基础上提出的 B-样条函数的光滑函数，如图 7-3 所示。

$$W(R_w,h_L)=\alpha_d\begin{cases}\dfrac{2}{3}-R_w^2+\dfrac{1}{2}R_w^3 & (0\leqslant R_w<1)\\ \dfrac{1}{6}(2-R_w)^3 & (1\leqslant R_w<2)\\ 0 & (R_w\geqslant 2)\end{cases}\tag{7-16}$$

在一维、二维和三维空间中分别有 $\alpha_d=\dfrac{1}{h_L}$、$\dfrac{15}{7\pi h_L^2}$ 和 $\dfrac{3}{2\pi h_L^3}$。

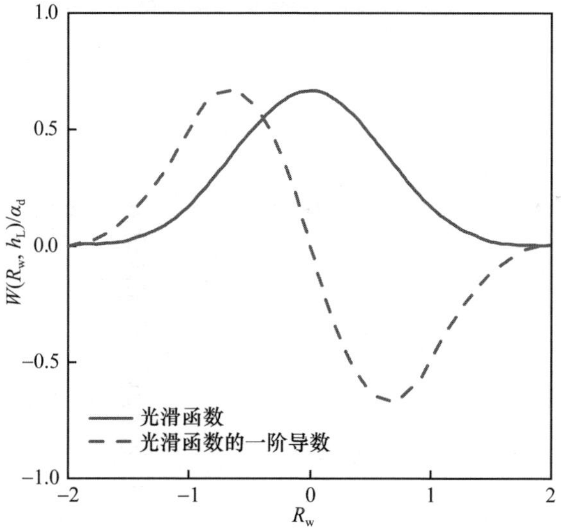

图 7-3　三次样条函数及其一阶导数

空间导数 $\nabla \cdot f(x)$ 的近似式可应用式(7-12),用 $\nabla \cdot f(x)$ 取代 $f(x)$ 得到:

$$< \nabla \cdot f(x) > = \int_{\Omega_V} [\nabla \cdot f(x')] W(x - x', h_L) \mathrm{d}x' \tag{7-17}$$

对上述积分在主坐标系上应用散度定理进行变换,可得到以下方程:

$$< \nabla \cdot f(x) > = \int_{\Omega_V} \nabla \cdot [f(x') W(x - x', h_L)] \mathrm{d}x' - \int_{\Omega_V} f(x') \cdot \nabla W(x - x', h_L) \mathrm{d}x' \tag{7-18}$$

由于光滑函数 W 是定义在紧支域内的,故当支持域位于问题域的内部时(图 7-2),在式(7-18)右边的面积项积分为 0。因此,对于支持域在问题域内的点,式(7-18)可以简写为

$$< \nabla \cdot f(x) > = - \int_{\Omega_V} f(x') \cdot \nabla W(x - x', h_L) \mathrm{d}x' \tag{7-19}$$

由上述方程可知,对函数进行微分可转换为对光滑函数进行微分,即场函数导数的 SPH 积分表达式允许空间变量的梯度由场函数的值和光滑函数 W 的导数来确定。

与 SPH 核近似相关的连续积分表达式(7-12)和式(7-19)可转化为支持域内所有粒子叠加求和的离散化形式,如图 7-4 所示。粒子叠加求和相对应的离散化过程称为粒子近似法,其实现过程描述如下。

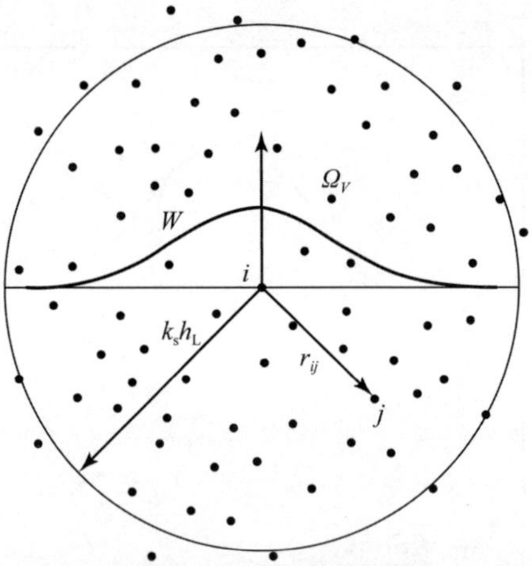

图 7-4 粒子近似法示意图

若使用粒子的体积 ΔV_j 来取代在前面积分中粒子 j 处的无穷小体元 dx'，则粒子的质量 m_j 可表示为

$$m_j = \Delta V_j \rho_j \tag{7-20}$$

式中：ρ_j 为粒子 j 的密度($j=1,2,\cdots,N$)，其中 N 为在粒子 j 支持域内的粒子总数。

$f(x)$ 的连续 SPH 积分表达式可写成以下离散化的粒子近似式：

$$\begin{aligned} f(x) &= \int_{\Omega_V} f(x') W(x - x', h_L) dx' \\ &\approx \sum_{j=1}^{N} f(x_j) W(x - x_j, h_L) \Delta V_j \\ &= \sum_{j=1}^{N} f(x_j) W(x - x_j, h_L) \frac{1}{\rho_j} (\rho_j \Delta V_j) \\ &= \sum_{j=1}^{N} f(x_j) W(x - x_j, h_L) \frac{1}{\rho_j} (m_j) \\ &= \sum_{j=1}^{N} \frac{m_j}{\rho_j} f(x_j) W(x - x_j, h_L) \end{aligned} \tag{7-21}$$

在粒子 i 处函数的粒子近似式最终可以写成：

$$\langle f(x_i) \rangle = \sum_{j=1}^{N} \frac{m_j}{\rho_j} f(x_j) \cdot W_{ij} \tag{7-22}$$

式中：

$$W_{ij} = W(x_i - x_j, h_L) \tag{7-23}$$

式(7-22)表明，粒子 i 处的任意函数值都可通过应用光滑函数对其紧支域内所有粒子相对应的函数值进行加权平均近似。

同理可得,函数空间导数的粒子近似式为

$$< \nabla \cdot f(x) > = - \sum_{j=1}^{N} \frac{m_j}{\rho_j} f(x_j) \cdot \nabla W(x - x_j, h_L) \tag{7-24}$$

在上述方程中,梯度 ∇W 与粒子 j 相关,所以在粒子 i 处的函数粒子近似式最终可写成:

$$< \nabla \cdot f(x_i) > = - \sum_{j=1}^{N} \frac{m_j}{\rho_j} f(x_j) \cdot \nabla W_{ij} \tag{7-25}$$

式中:

$$\nabla_i W_{ij} = \frac{x_i - x_j}{r_{ij}} \frac{\partial W_{ij}}{\partial r_{ij}} = \frac{x_{ij}}{r_{ij}} \frac{\partial W_{ij}}{\partial r_{ij}} \tag{7-26}$$

式(7-25)表明,粒子 i 处的函数梯度值可通过应用光滑函数的梯度对粒子 i 支持域内所有粒子函数的加权平均近似。

由此可见,式(7-22)和式(7-25)的粒子近似式将函数及其导数的连续积分表达式转换成了在任意排列粒子上的离散化求和。

7.2.1.2　SPH 方法控制方程

流体动力学的基本控制方程是基于质量守恒、动量守恒和能量守恒三条基本物理守恒定律得到的。一般根据不同的具体情况可应用不同的微分方程来描述流体的流动问题。对控制方程的描述有两种形式:欧拉描述法和拉格朗日描述法。欧拉描述法是对空间点的描述,而拉格朗日描述法是对物质点的描述。

总的来说,拉格朗日描述下流体的控制方程可写成一系列偏微分方程,即著名的 Navier-Stokes 方程,其中包括质量守恒方程、动量守恒方程和能量守恒方程。

若用希腊字母上标 α_S 和 β_S 表示坐标方向,则可用指标法来表示方程的叠加,并在运动的拉格朗日框架中引入对总时间的导数,故 Navier-Stokes 方程包括以下一系列方程。

(1) 连续性方程:

$$\frac{\mathrm{d}\rho}{\mathrm{d}t} = - \rho \frac{\partial v^{\beta_S}}{\partial x^{\beta_S}} \tag{7-27}$$

(2) 动量方程:

$$\frac{\mathrm{d}v^{\beta_S}}{\mathrm{d}t} = \frac{1}{\rho} \frac{\partial \sigma^{\alpha_S \beta_S}}{\partial x^{\beta_S}} \tag{7-28}$$

(3) 能量方程:

$$\frac{\mathrm{d}E}{\mathrm{d}t} = \frac{\sigma^{\alpha_S \beta_S}}{\rho} \frac{\partial v^{\alpha_S}}{\partial x^{\beta_S}} \tag{7-29}$$

上述方程中 σ 为总应力张量,由各向同性压力 p 和黏性应力 τ 两部分组成:

$$\sigma^{\alpha_S\beta_S} = -p\delta^{\alpha_S\beta_S} + \tau^{\alpha_S\beta_S} \tag{7-30}$$

由于粒子的分配与光滑长度的变化主要依赖密度,故在 SPH 方法中密度近似法非常重要[22]。连续性密度方程的 SPH 表达式为

$$\frac{\mathrm{d}\rho_i}{\mathrm{d}t} = \sum_{j=1}^{N} m_j v_{ij}^{\beta_S} \cdot \frac{\partial W_{ij}}{\partial x_i^{\beta_S}} \tag{7-31}$$

式中:

$$v_{ij}^{\beta_S} = (v_i^{\beta_S} - v_j^{\beta_S}) \tag{7-32}$$

由式(7-31)可知,粒子的密度变化率和粒子与其支持域内所有粒子间的相对速度紧密联系。其中,光滑函数的梯度决定了这些相对速度对密度变化率的影响程度。

同样,应用微分变换可推导出微分形式的动量方程近似式。对动量方程[式(7-28)]等号右侧的梯度项直接应用 SPH 粒子近似法进行变换,可得到以下方程:

$$\frac{\mathrm{d}v_i^{\alpha_S}}{\mathrm{d}t} = \frac{1}{\rho}\sum_{j=1}^{N} m_j \frac{\sigma_{ij}}{\rho_j}\frac{\partial W_{ij}}{\partial x_i^{\beta_S}} \tag{7-33}$$

将等式

$$\sum_{j=1}^{N} m_j \frac{\sigma_i^{\alpha_S\beta_S}}{\rho_i\rho_j}\frac{\partial W_{ij}}{\partial x_i^{\beta_S}} = \frac{\sigma_i^{\alpha_S\beta_S}}{\rho_i}\left(\sum_{j=1}^{N}\frac{m_j}{\rho_j}\frac{\partial W_{ij}}{\partial x_i^{\beta_S}}\right) = 0 \tag{7-34}$$

与式(7-33)相加,可得到如下动量方程的 SPH 形式表达式:

$$\frac{\mathrm{d}v_i^{\alpha_S}}{\mathrm{d}t} = \sum_{j=1}^{N} m_j \frac{\sigma_i^{\alpha_S\beta_S} + \sigma_j^{\alpha_S\beta_S}}{\rho_i\rho_j}\frac{\partial W_{ij}}{\partial x_i^{\beta_S}} \tag{7-35}$$

考虑到以下关系式:

$$-\frac{p}{\rho}\frac{\partial v^{\beta_S}}{\partial x^{\beta_S}} = \frac{p}{\rho^2}\left(-\rho\frac{\partial v^{\beta_S}}{\partial x^{\beta_S}}\right) = \frac{p}{\rho^2}\frac{\mathrm{d}\rho}{\mathrm{d}t} \tag{7-36}$$

可直接应用连续性密度式(7-31)得到如式(7-37)的压力功近似式,而式中 $\frac{p}{\rho^2}$ 只计算粒子本身的值。

$$-\frac{p}{\rho}\frac{\partial v_i^{\beta_S}}{\partial x_i^{\beta_S}} = \frac{p_i}{\rho_i^2}\sum_{j=1}^{N} m_j v_{ij}^{\beta_S} \cdot \frac{\partial W_{ij}}{\partial x_i^{\beta_S}} \tag{7-37}$$

而如果利用等式:

$$-\frac{p}{\rho}\frac{\partial v^{\beta_S}}{\partial x^{\beta_S}}=-\frac{\partial}{\partial x^{\beta_S}}\left(\frac{pv^{\beta_S}}{\rho}\right)+v^{\beta_S}\frac{\partial}{\partial x^{\beta_S}}\left(\frac{p}{\rho}\right) \tag{7-38}$$

可得到压力功的另一种近似式：

$$-\frac{p}{\rho}\frac{\partial v_i^{\beta_S}}{\partial x_i^{\beta_S}}=\sum_{j=1}^{N}m_j\frac{p_j}{\rho_j^2}v_{ij}^{\beta_S}\cdot\frac{\partial W_{ij}}{\partial x_i^{\beta_S}} \tag{7-39}$$

将式(7-37)和式(7-39)相加可得到普遍使用的压力功 SPH 近似式：

$$-\frac{p}{\rho}\frac{\partial v_i^{\beta_S}}{\partial x_i^{\beta_S}}=\frac{1}{2}\sum_{j=1}^{N}m_j\left(\frac{p_i}{\rho_i^2}+\frac{p_j}{\rho_j^2}\right)v_{ij}^{\beta_S}\cdot\frac{\partial W_{ij}}{\partial x_i^{\beta_S}} \tag{7-40}$$

SPH 方法最先被用于处理低耗散或无耗散问题。随着人工黏性的出现，SPH 方法可以应用于模拟冲击问题[23-24]。Monaghan 型的人工黏性 $\boldsymbol{\Pi}_{ij}$ 不仅将动能转换成热能，提供了冲击波波面必不可少的耗散，而且防止了粒子相互接近时的非物理穿透[25-26]。具体表达式如下：

$$\Pi_{ij}=\begin{cases}\dfrac{-\alpha_{\Pi}\bar{c}_{ij}+\beta_{\Pi}\phi_{ij}^2}{\rho_{ij}} & (v_{ij}\cdot x_{ij}<0)\\ 0 \quad (v_{ij}\cdot x_{ij}\geqslant 0)\end{cases} \tag{7-41}$$

式中：

$$\phi_{ij}=\frac{h_{ij}v_{ij}\cdot x_{ij}}{|x_{ij}|^2+\varphi^2}; \tag{7-42}$$

$$\bar{c}_{ij}=\frac{1}{2}(c_i+c_j); \tag{7-43}$$

$$\bar{\rho}_{ij}=\frac{1}{2}(\rho_i+\rho_j); \tag{7-44}$$

$$h_{ij}=\frac{1}{2}(h_i+h_j); \tag{7-45}$$

$$v_{ij}=v_i-v_j,x_{ij}=x_i-x_j \tag{7-46}$$

在以上所有方程中 α_{Π} 和 β_{Π} 为标准常数，一般取值在 1.0 左右，因子 $\varphi=0.1h_{ij}$ 用于防止粒子相互靠近时产生的数值发散。$\boldsymbol{c}$ 和 $\boldsymbol{v}$ 分别表示声速和粒子的速度矢量。式中与 α_{Π} 相关的项得到的是体积黏度，而与 β_{Π} 相关的项是用于防止在高马赫数时粒子的相互穿透，这与 von Neumann-Richtmyer 人工黏性相似。

在 SPH 方法中，光滑长度 h_L 非常重要，直接影响到求解的计算效率和精度。若 h_L 太小，则在以 $k_s h_L$ 为半径的支持域中将没有足够的粒子对给定粒子施加作用力，导致结果的精度较低。若 h_L 太大，则会显著降低计算速度。所以，在数值计算过程中采用以下变光滑长度的方式来尽量保持支持域内粒子数量的稳定性。

$$\frac{\mathrm{d}}{\mathrm{d}t}h_{\mathrm{L}}(t)=\frac{1}{3}h_{\mathrm{L}}(t)\ \nabla\cdot \boldsymbol{v} \tag{7-47}$$

式中:h_{L} 为光滑长度。通过获取每个粒子之间最小距离的最大值来计算每个 SPH 部分的初始光滑长度 h_{L_0}。当粒子发生彼此向外扩散时,光滑长度增加,当粒子发生收缩时,光滑长度减小,使光滑长度在最大值和最小值之间变化。

$$H_{\mathrm{L}_{\min}}\times h_{\mathrm{L}_0}<h_{\mathrm{L}}(t)<H_{\mathrm{L}_{\max}}\times h_{\mathrm{L}_0} \tag{7-48}$$

由于在边界上或邻近边界处的粒子存在缺陷[27],即在积分时会被边界截断,故而 SPH 方法不能完全适用于整个区域,如图 7-5 所示为 SPH 核粒子近似法中内部粒子和边界粒子分布示意图。在边界上或邻近边界处的粒子只受到边界内粒子的影响作用,而在边界外由于没有粒子,因此边界外不对粒子产生作用,这种单边影响作用可能会导致求解结果发生错误。

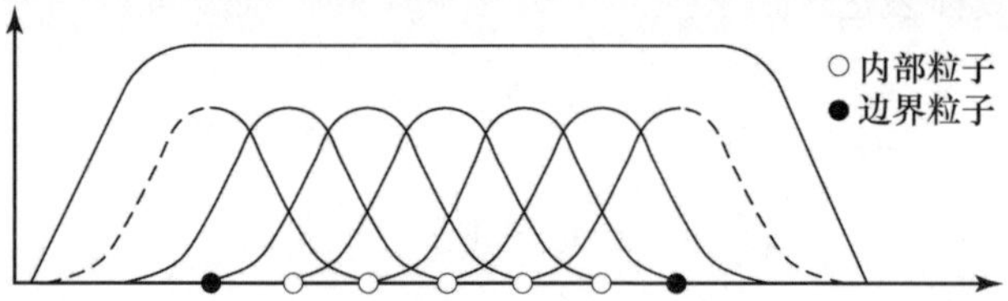

图 7-5　SPH 核粒子近似法中内部粒子和边界粒子分布

7.2.1.3　FEM-SPH 耦合算法

传统的基于网格的数值方法,如有限差分法(finite difference method,FDM)和有限元法已经广泛地应用在计算流体动力学(computational fluid dynamics,CFD)和计算固体力学(computational solid mechanics,CSM)的各个领域中,而且是现在进行区域离散化和数值离散化模拟的主要方法。然而,在基于网格的数值方法中,数值模拟的先决条件就是在问题域生成网格。对于拉格朗日网格法,如 FEM 方法,进行模拟前必须在研究对象上建立网格,这项操作常常占用很大的计算工作量。在基于拉格朗日网格的方法中,大变形的处理是一项很重要的工作,一般要求特别的处理方法,如网格再分法等。网格再分法非常繁琐而且很耗时,有时甚至造成求解错误。

当模拟流体动力学中的高速冲击(high velocity impact,HVI)问题时,基于网格的方法遇到的困难和限制就会表现得尤为明显。在高速冲击过程中具有很多大变形、高度非均匀性、运动物质交界面、变形边界和自由液面的特性,这是基于网格的数值方法难以求解的,而无网格方法将是一种可行的替代方法。

综上所述,FEM-SPH 耦合算法既能利用 FEM 方法在模拟固体时精度高和易处理复杂边界的优势，又能利用 SPH 方法在模拟流动问题时易于追踪自由液面的特点，在回转体高速入水的数值仿真中具有显著优势。由于 SPH 方法和 FEM 方法都是基于拉格朗日方法描述的，因此将两者耦合起来较为方便。具体操作是将变形较小的回转体模型离散成有限元网格，并作为接触时的主单元，而具有较大变形的流体区域用光滑粒子来代替，在接触时作为从节点，它们之间采用惩罚接触算法进行耦合，如图 7-6 所示。接触算法的实施主要包括两个步骤：接触搜索和接触力的计算。当从节点将要浸入主单元时，可以检测到相互接触的部分，接着通过接触深度和接触刚度计算接触力。相应地，SPH 粒子将受到接触表面法向方向的排斥力，具体耦合过程见图 7-7。

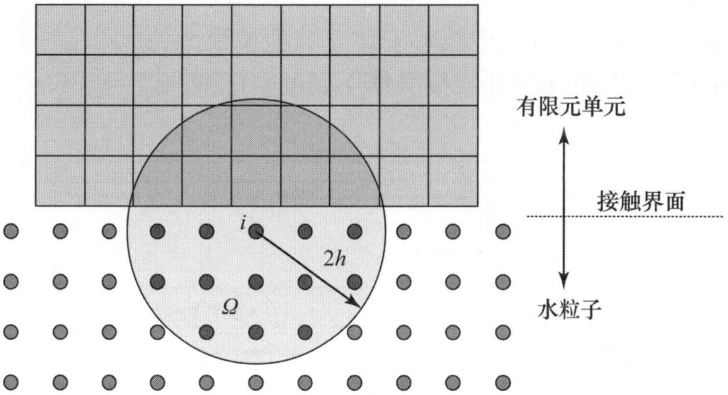

图 7-6　FEM 和 SPH 耦合示意图

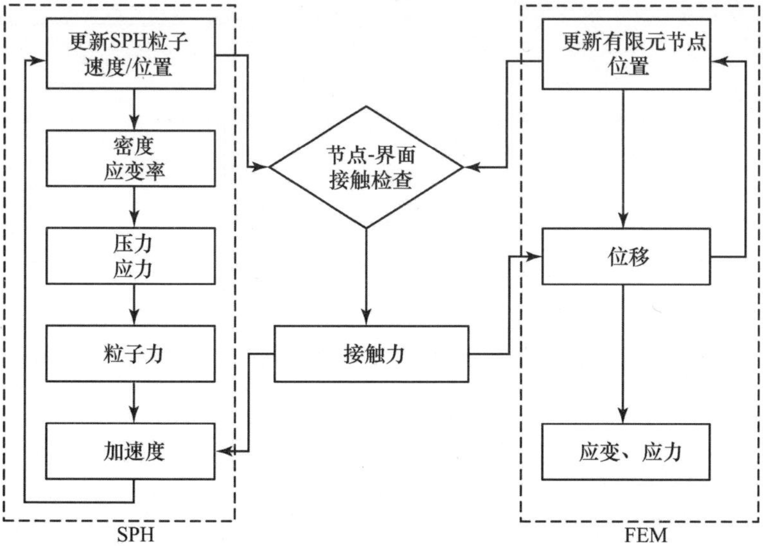

图 7-7　SPH 方法耦合 FEM 方法流程

7.2.2 数值造波

数值造波技术是伴随计算流体动力学的发展而建立起来的。根据造波原理的不同,通常分为仿物理造波技术和纯数值造波技术。仿物理造波即模仿真实试验水池中的造波机,在数值水池中设置扰动源产生波浪。纯数值造波又可分为边界造波和源项造波。边界造波是根据波浪的解析理论,在固定边界上给定数值入射速度;源项造波则是在造波区流体控制方程中添加源项来实现。

仿物理造波技术相对于纯物理造波而言,原理简单,易于实现,且在现实中存在真实模型与其对应。但由于涉及造波板与流体的耦合作用,因此这种数值造波方式对计算资源需求较大。

本书通过模拟活塞式推板造波机来建立数值波浪水池,如图 7-8 所示。推板在造波区做简谐运动,流体受到推板的作用而产生规则波。

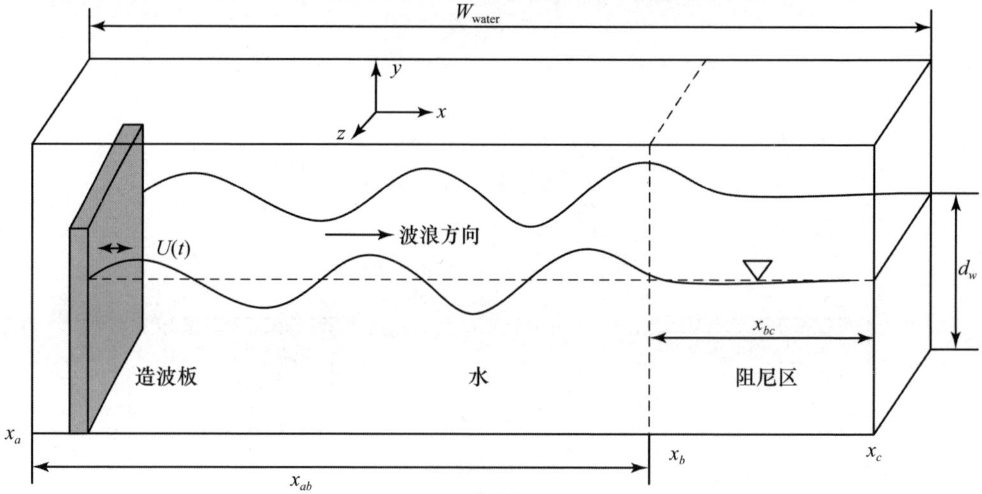

图 7-8 数值波浪水池示意图

对于推板造波而言,除需满足自由液面的运动学边界条件外,还需满足以下条件。

(1) 水底边界条件需满足法向速度为 0,即不可穿透边界条件:

$$\frac{\partial \phi(x,z)}{\partial z} = 0(\text{在 } z = -d_{\mathrm{w}} \text{ 处}) \tag{7-49}$$

(2) 造波板的物面条件:

$$\frac{\partial \phi(x,z)}{\partial n} = -\mathrm{i}\omega A_{\mathrm{w}} \cdot v_n(\text{造波板处}) \tag{7-50}$$

式中：v_n 为造波板做简谐运动的速度方向。

(3) 波浪向外传播的远场条件：

$$\frac{\partial \phi(x,z)}{\partial x} = -\mathrm{i}K_{\mathrm{w}}\phi(x,z) \tag{7-51}$$

对于推板式造波来讲，假设造波板做小幅简谐运动，则在某一时刻造波板所处的位置及运动速度分别为

$$x(z,t) = \mathrm{Re}(A_{\mathrm{w}}e^{-\mathrm{i}\omega t}) \tag{7-52}$$

$$\dot{x}(z,t) = \mathrm{Re}(-\mathrm{i}\omega A_{\mathrm{w}}\mathrm{e}^{-\mathrm{i}\omega t}) \tag{7-53}$$

式中：A_{w} 为造波板做简谐运动的振幅。由此，式(7-50)所表达的物面条件可写为

$$\frac{\partial \phi(x,z)}{\partial x} = -\mathrm{i}\omega A_{\mathrm{w}} \tag{7-54}$$

根据线性造波理论，对于平衡位置在原点、运动振幅为 A_{w}、角频率为 ω 的推板造波机，其推板作简谐运动的速度为

$$U(t) = \frac{A_{\mathrm{w}}\omega}{2}\cos(\omega t) \tag{7-55}$$

则距离造波板较远处的波面方程为

$$\eta_{\mathrm{w}} = A_{\mathrm{w}}\frac{\sinh^2(k_{\mathrm{w}}d_{\mathrm{w}})}{2k_{\mathrm{w}}d_{\mathrm{w}} + \sinh 2k_{\mathrm{w}}d_{\mathrm{w}}}\cos(k_{\mathrm{w}}x - \omega t) = \frac{h_{\mathrm{w}}}{2}\cos(k_{\mathrm{w}}x - \omega t) \tag{7-56}$$

式中：η_{w} 为入射波面；h_{w} 为波高。

7.2.3 数值消波

在波浪模拟过程中，数值模型的计算域不可能无限大，当波浪传播至出口边界时将产生反射波，这样就会影响主流区数值波的质量及计算的精确性。因此，在出口边界采取消波措施是数值波模拟中的一个重要问题。

本书通过引入阻尼消波区的方式进行消波。如图 7-8 所示，在整个造波区的后段(x_{bc})增加消波区。该区域水粒子与造波区粒子具有相同的性质及空间分布，唯一不同点是通过改变粒子运动的质量比例阻尼，对于海绵层增加了附加阻尼。

在 SPH 方法循环末(图 7-7)，计算加速度时，应考虑阻尼力：

$$m\boldsymbol{a} = \boldsymbol{F}_{\mathrm{ext}} - \boldsymbol{F}_{\mathrm{int}} - \boldsymbol{F}_{\mathrm{damp}} \tag{7-57}$$

式中：$\boldsymbol{F}_{\mathrm{ext}}$ 为外部载荷矢量；$\boldsymbol{F}_{\mathrm{int}}$ 为内部载荷矢量；$\boldsymbol{F}_{\mathrm{damp}}$ 为由于系统阻尼而产生的力矢量。该阻尼力定义为

$$\boldsymbol{F}_{\mathrm{damp}} = C_{\mathrm{damp}}m\boldsymbol{v} \tag{7-58}$$

式中：C_{damp} 为阻尼系数。

在不同运动方向(x,y,z)可以给定不同的阻尼系数，但本书采用统一值。为有

效吸收波浪能量,该阻尼系数的选择通过迭代方式得到,并受到粒子间距、造波区长度、波浪能量大小等因素的影响。如果阻尼过大,海绵消波层中的粒子几乎不运动,入射波会反射到海绵消波层,且在流场中产生部分驻波。如果阻尼过小,海绵消波层中的粒子随波浪运动而过多移动,导致波浪反射到外边界。

7.2.4 数值波验证

给定造波板简谐运动的速度方程 $U(t)=0.5\cos(\omega t)$,水深 $d_w=2\text{m}$,周期 $T_w=2\text{s}$。造波区长度为 18.7m,消波区长度为 6.2m。所得数值波的波长 $\lambda_w=6.3\text{m}$,波高 $h_w=0.3\text{m}$。图 7-9 给出了波的产生过程,从图中可以看出在波的传播方向上各流体质点的速度矢量以及海绵消波层处粒子的运动状态,说明消波效果明显。

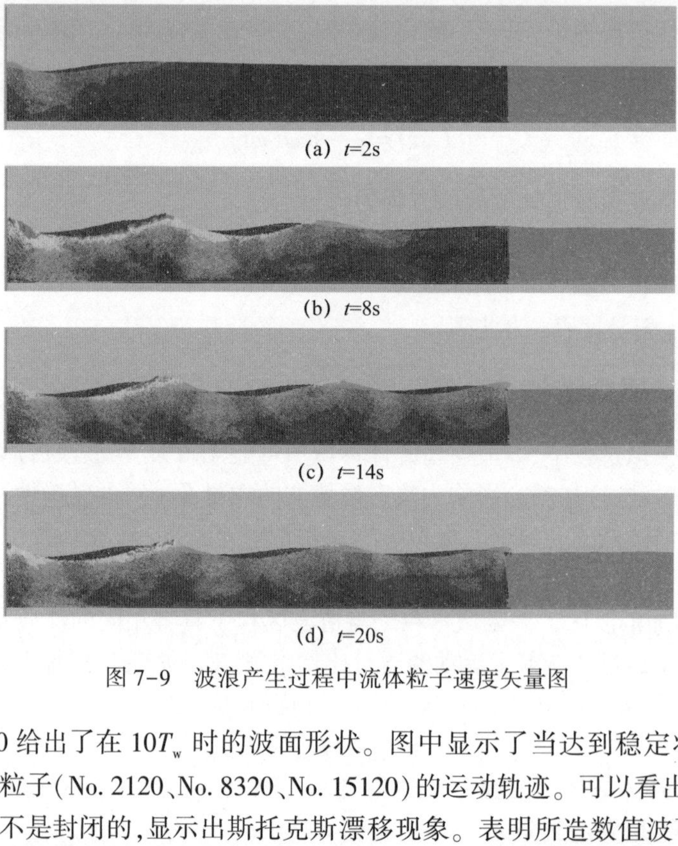

(a) t=2s

(b) t=8s

(c) t=14s

(d) t=20s

图 7-9 波浪产生过程中流体粒子速度矢量图

图 7-10 给出了在 $10T_w$ 时的波面形状。图中显示了当达到稳定状态时自由液面上选定粒子(No. 2120、No. 8320、No. 15120)的运动轨迹。可以看出,流体域中的粒子路径不是封闭的,显示出斯托克斯漂移现象。表明所造数值波可以很好地模拟实际波的运动状态。另外,海绵消波层中的粒子能较好地保持位置。在造波区与消波区交界处的阻尼粒子随波浪运动而运动,且这种运动在消波区中进一步减小,靠近外边界的粒子几乎没有位移。

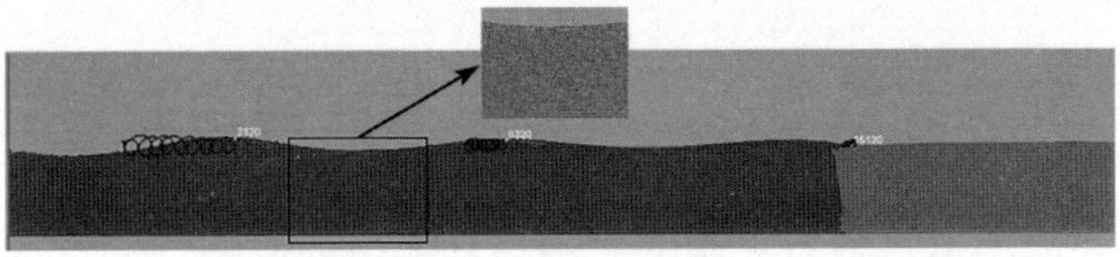

图 7-10　$10T_w$ 时波面及特定粒子轨迹图

图 7-11 分别给出了在 x 为 4m、8m、15m 位置处数值仿真波形与理论波形的对比。从图中可以看出，随着监测点距造波板的位置变远，波面需要不同的时间发生扰动变化。而且由于波浪在传播过程中存在能量的衰减及实际黏性，波高在传播过程中逐渐衰减。从图中可以看到，在 $x=4$m 和 $x=8$m 处线性波浪的波面变化曲线与理论计算曲线吻合较好，验证了数值波的准确性，因此本书选择距离造波板 5～10m 处的波形进行入水冲击分析。

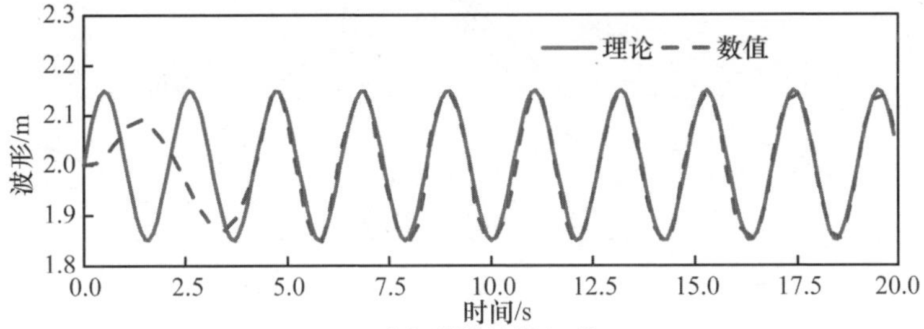

(a) 距造波板4m处

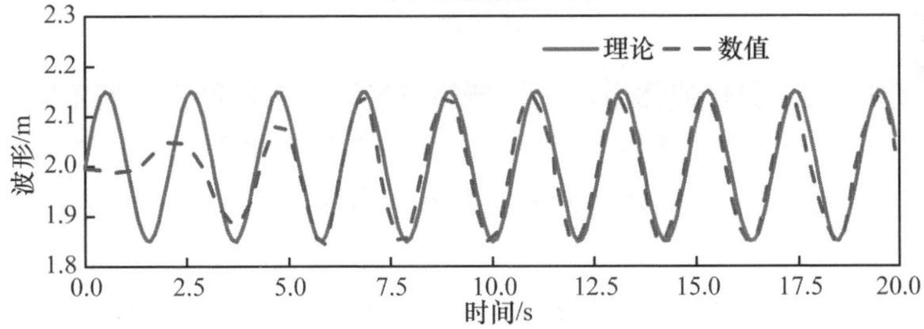

(b) 距造波板8m处

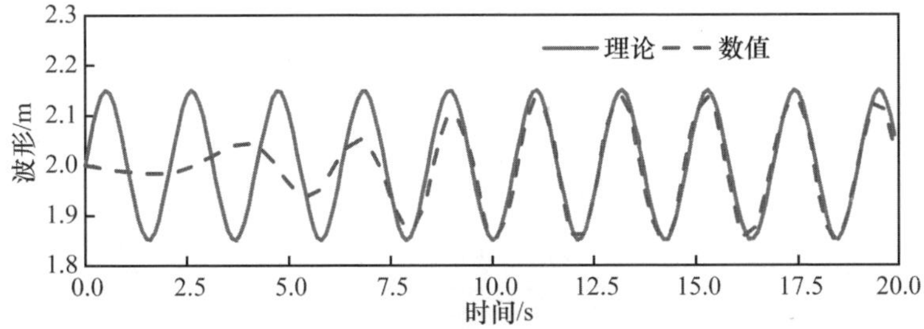

(c) 距造波板15m处

图 7-11　距造波板不同距离处波形对比

7.3 波浪参数对入水冲击载荷和弹道的影响

本节主要介绍波浪参数对入水冲击载荷和弹道的影响，波浪参数包括波高、相位以及回转体迎浪入水和随浪入水状态。

7.3.1 波高的影响

在研究波浪对于回转体入水冲击特性的影响时，考虑波浪传播速度与回转体相对运动的方向，可将回转体倾斜入水行为分为迎浪入水和随浪入水，如图 7-12 所示。随浪入水时，波浪传播方向与回转体水平运动方向相同，迎浪时则相反。后续介绍的数值仿真均基于迎浪入水。

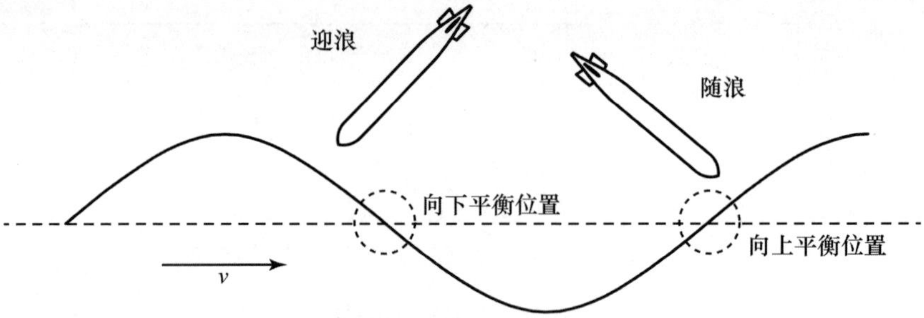

图 7-12 回转体迎浪、随浪入水示意图

波浪的波高不同时，流体质点所携带的能量及运动速度也有所不同，回转体在入水过程中受到的流体动力就不尽相同，导致其入水冲击载荷和弹道有所区别。本节为研究波高的不同对回转体冲击载荷和入水弹道的影响，选取 4 种不同波高开展数值仿真，见表 7-1。具体回转体结构与入水初始参数为：模型半球角 $\beta=50°$、入水速度 $v_0=100\text{m/s}$、入水攻角 $\alpha=0°$、入水角度 $\theta=50°$，入水位置选择迎浪入水时波形的向上平衡位置处。

表 7-1 不同波高工况下波浪参数

参数	工况 1	工况 2	工况 3	工况 4
波高 h	0.33m	0.42m	0.53m	0.66m
波长 λ	5.6m	5.6m	5.6m	5.6m
入水位置	向上平衡位置	向上平衡位置	向上平衡位置	向上平衡位置

图 7-13 为回转体在不同波高条件下入水冲击载荷及弹道特性曲线。从图 7-13(a)中可以看出，回转体入水冲击载荷峰值随着波高的增大而增大，且均

大于在静水中入水时的冲击载荷峰值。波浪向上平衡位置处流体粒子的速度方向朝上，随着波高的增大，与回转体垂直速度分量的相对速度逐渐增大，导致冲击载荷峰值增大。从图 7-13(b)的回转体质心运动轨迹来看，回转体质心运动轨迹向下的偏移量随波高的增大而增大，其原因同样来自不同波高的波浪在流体质点速度向上的平衡位置处速度分量不同，回转体入水初期受到的抬头力矩随波高的增大而增大。同样，如图 7-13(c)所示，回转体在不同波高下所受流体阻力的大小，反映到回转体入水过程中的速度变化上就是随着波高的增大，回转体入水过程中的速度损失越大，在 $t=0.04$s 时刻的末速度越小。回转体入水时的俯仰角速度反映了回转体的动态稳定性，从图 7-13(d)中可以看出，回转体入水过程中的俯仰角速度峰值及振荡程度随波高的增大而逐渐增大。这说明，波高对回转体入水的弹道稳定性具有重要影响，且随着波高的增大其弹道稳定性逐渐降低。

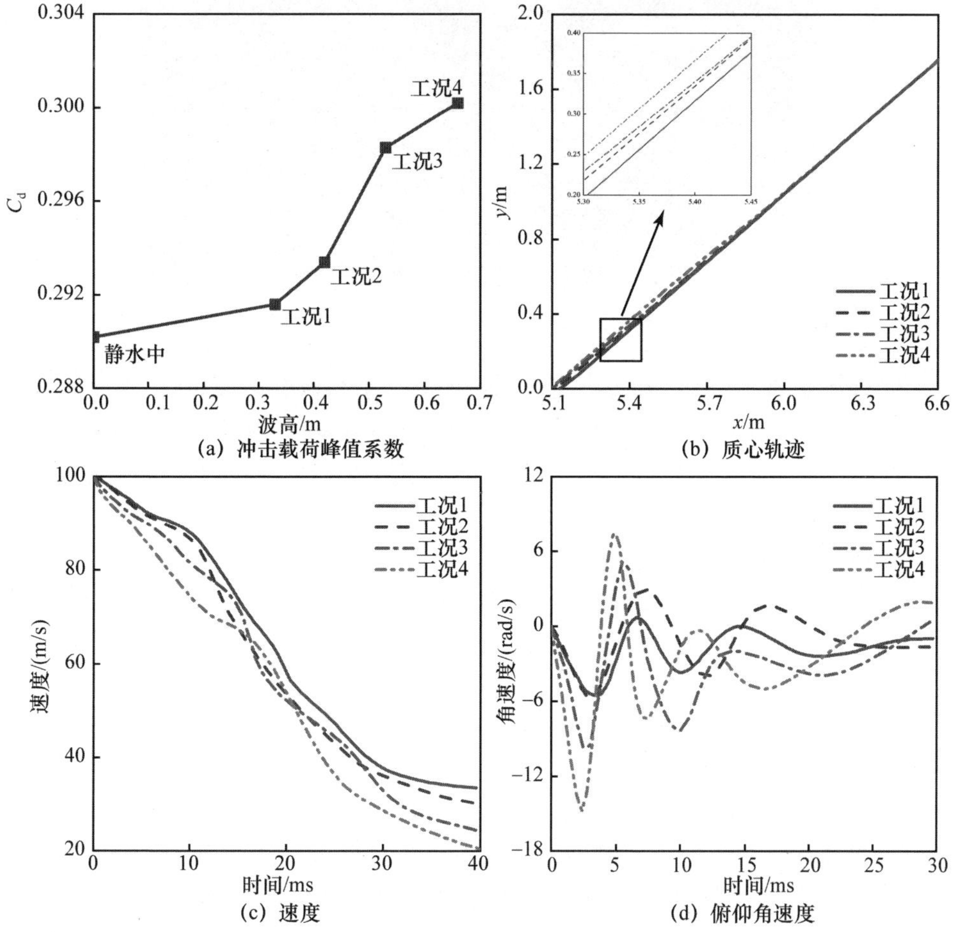

图 7-13　回转体在不同波高条件下入水冲击载荷及弹道特性曲线

7.3.2 相位的影响

由于波浪这一外部扰动的存在,回转体在不同位置处外部流场的变化相较于静水中更为剧烈,受到的外部载荷变化也更为复杂。当波浪的波高保持不变,宏观来看,虽然波面的整体波速是恒定的,但是波面不同位置处的质点速度却存在显著差别,不同入水位置可能导致入水响应有所不同,因此我们需要考虑回转体入水时的位置影响。如图 7-14 所示,给出了本书在数值仿真中选择的 4 个典型位置,即流体质点速度向上的平衡位置、波峰、流体质点速度向下的平衡位置和波谷。图 7-14 同时显示了一个完整波形的流场速度矢量,这将对回转体入水冲击载荷及入水弹道产生影响。

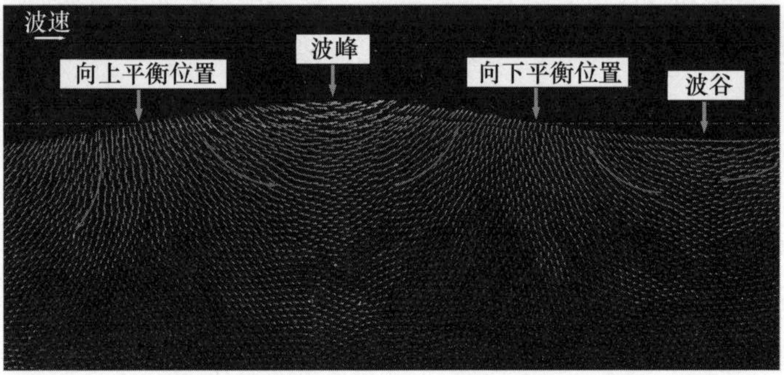

图 7-14　回转体在波浪不同相位入水位置及流场速度方向示意图

为分析在波浪的不同相位入水时回转体的冲击载荷和弹道特性,本书数值仿真工况选择头部半球角 $\beta=50°$的模型,以初始入水速度 $v_0=100\text{m/s}$、入水角度 $\theta=60°$、入水攻角 $\alpha=0°$在波浪不同位置处入水,同时与回转体在静水中入水时的载荷及弹道特性进行对比。

如前所述,在迎浪和随浪条件下入水,回转体与流体质点的相对运动速度不同,会展示出不同的载荷及弹道变化规律,因此将回转体在不同波浪相位入水的分析分为迎浪入水和随浪入水两种情况。

7.3.2.1 迎浪入水

图 7-15 给出了回转体在不同相位条件下迎浪入水冲击载荷及弹道特性曲线。从图 7-15(a)中可以看出,在波浪的不同相位入水时冲击载荷峰值有所不同,且随着入水位置从向上平衡位置、波峰、静水中、波谷和向下平衡位置依次递减。向上平衡位置处冲击载荷峰值较向下平衡位置处大约降低 6.6%。造成这个现象的原因在于,波浪向上平衡位置处的流体质点速度与回转体相对速度最大,向下平衡位置处则最小。另外在波峰处,流体质点的速度与波浪传播方向一

致,导致回转体的水平相对速度较静水中及波谷处大。从图7-15(b)中可以看出,在波谷和向上平衡位置处入水时回转体质心运动轨迹较在静水中向上偏移,而在波峰和向下平衡位置处入水时向下偏移,且在向上和向下两个方向上分别在波谷和向下平衡位置处偏移量最大。与冲击载荷峰值的分析类似,波谷处流体质点的运动速度与波浪的传播方向相反,当回转体在波谷处入水时,头部下侧所受抬头力矩最大,造成质心向上偏转最大。同时,考虑到数值波的波长约为5.6m,在回转体逐渐入水过程中,波谷左侧流体质点的运动速度始终有一个与波浪传播方向相反的水平分量,同样加剧了质心的向上偏转。图7-15(c)和(d)分别为回转体入水过程中垂直速度和水平速度的衰减曲线。从图7-15(c)中可以看出,与静水中相比,回转体在波浪向上平衡位置处入水时垂直速度衰减最大,而在向下平衡位置处时衰减最小。这是因为,回转体以$\theta=60°$入水时,在向上平衡位置处流体质点与回转体垂直速度之间的相对速度最大,受到垂直方向的作用力也最大,导致速度衰减最快且最大。而在水平方向上,波峰处流体质点的运动速度方向与回转体水平速度方向相反,导致在该处入水时水平速度衰减最大。需要指出的是,如图7-14所示,波谷左侧流体质点的运动方向朝左上方倾斜,而向下平衡位置处左侧流体质点的运动方向朝左下方倾斜,导致波谷处的速度衰减大于向下平衡位置处。图7-15(e)为回转体在不同位置入水时俯仰角速度的时间历程曲线。回转体入水初期,受到流体动力的影响,回转体有抬头偏转的趋势。流体质点在各位置拥有不同的运动方向,尤其波峰和波谷两处,直接影响到回转体俯仰角速度的变化。而在两个平衡位置的左右两侧运动发生速度方向的变化,会减弱回转体的俯仰运动,以致在这两处的俯仰角速度峰值接近在静水中入水时的峰值。

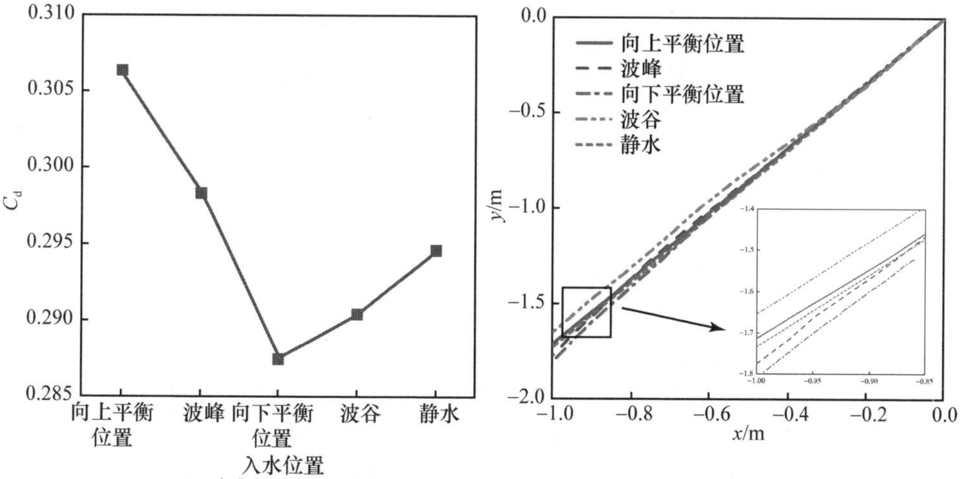

(a) 冲击载荷峰值系数

(b) 质心运动轨迹

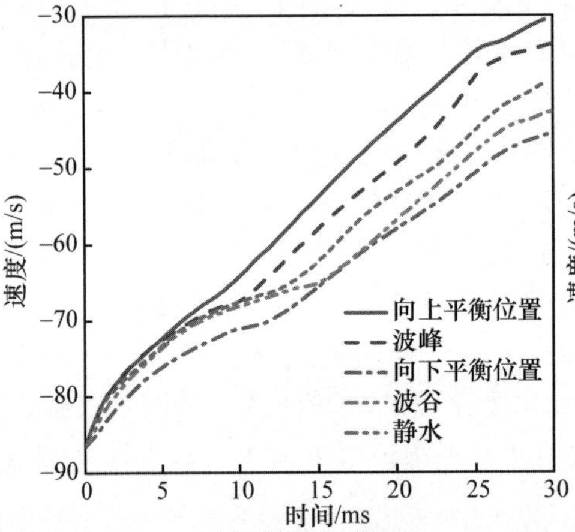

(c) 竖直方向速度

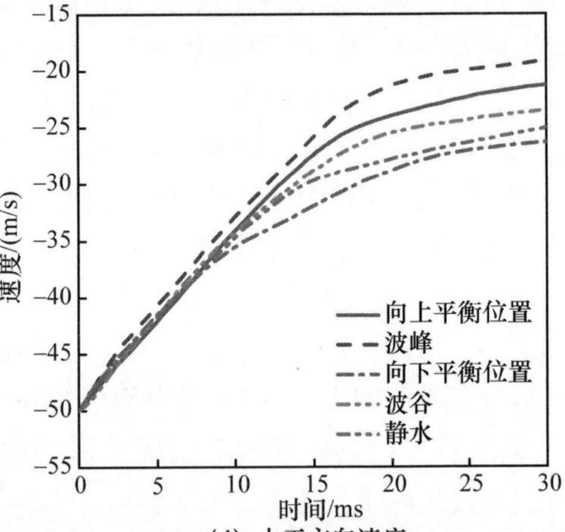

(d) 水平方向速度

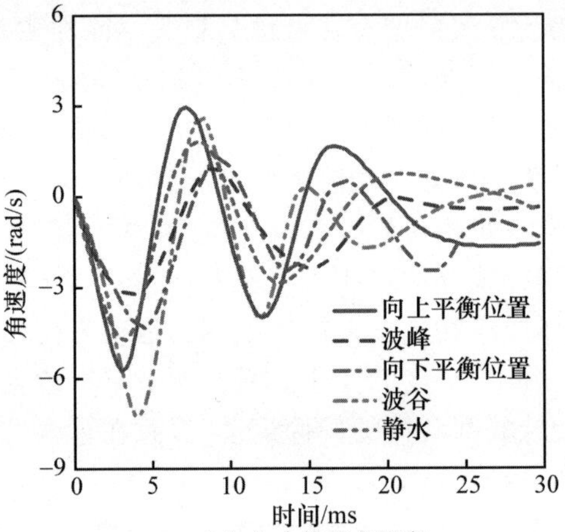

(e) 入水俯仰角速度

图 7-15　回转体在不同相位条件下迎浪入水冲击载荷及弹道特性曲线

7.3.2.2　随浪入水

图 7-16 为回转体在不同相位条件下随浪入水冲击载荷及弹道特性曲线。从图 7-16(a)中可以看出,在不同入水相位随浪入水时冲击载荷峰值系数同样不同,且与迎浪入水时有所区别。冲击载荷峰值系数随着入水位置从向上平衡位置、波谷、静水中、波峰和向下平衡位置依次递减。随浪入水时,向上平衡位置处的流体质点与回转体垂直速度分量的相对速度最大,向下平衡位置处的相对速度最小,导致在这两个位置入水时载荷峰值出现最大值和最小值。与在静水中相比,波峰处流体质点运动速度与回转体水平速度分量同向,且波峰处右侧流体质点具有自右上方的运动速度,导致波谷处冲击载荷峰值系数大于波峰处。图 7-16(b)反映了

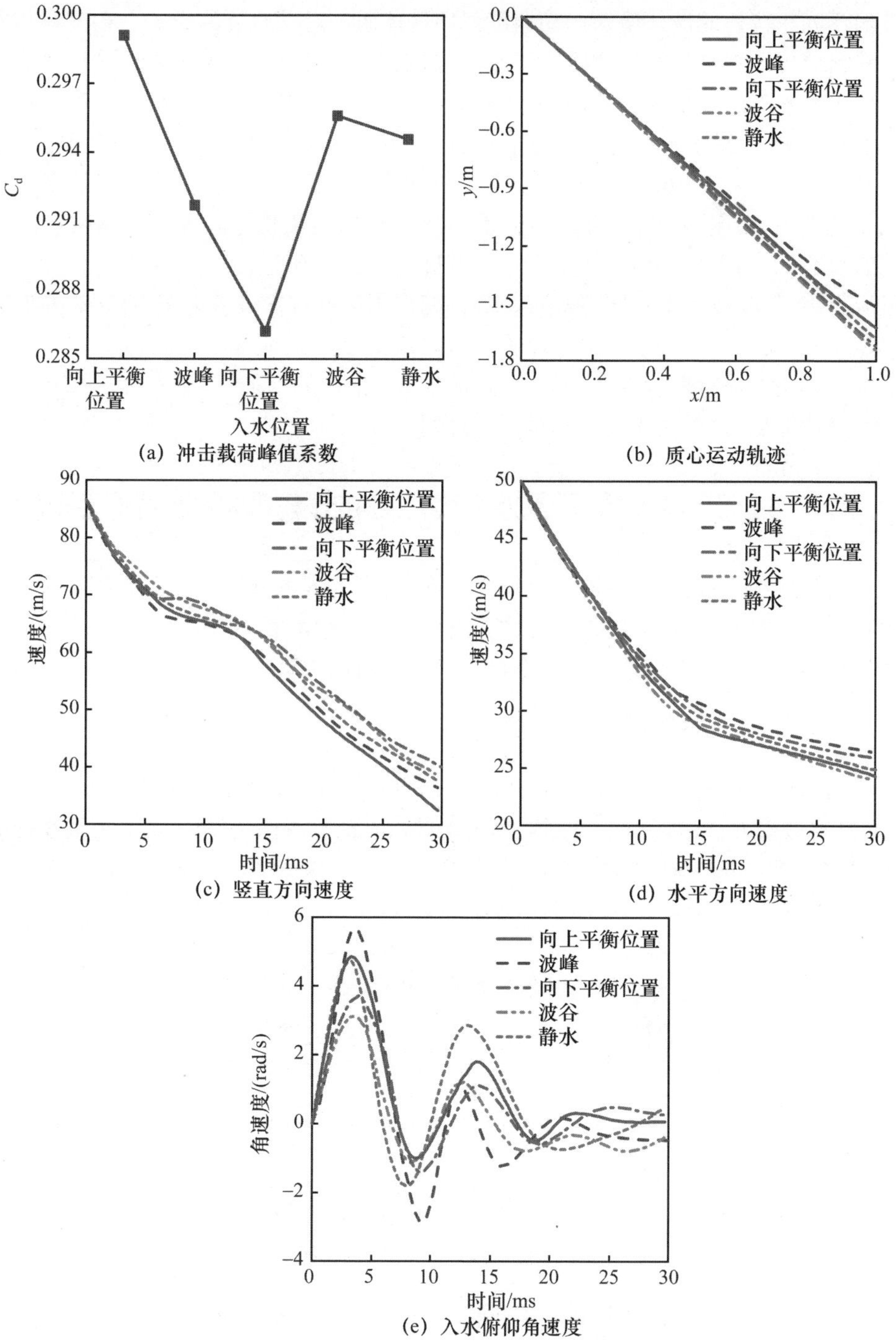

(a) 冲击载荷峰值系数　(b) 质心运动轨迹　(c) 竖直方向速度　(d) 水平方向速度　(e) 入水俯仰角速度

图 7-16　回转体在不同相位条件下随浪入水冲击载荷及弹道特性曲线

波浪不同相位处的流体质点运动速度对回转体质心运动轨迹的影响。在波峰和向上平衡位置入水时处回转体质心运动轨迹较在静水中向上偏转，在波谷和向下平衡位置入水时向下偏转。从图 7-16(c)和(d)中可以看出，回转体在波浪的向上平衡位置处入水时垂直速度衰减最大，在向下平衡位置处入水时衰减最小；考虑到初始入水角度 $\theta=60°$，其水平速度在波谷处衰减最大，在波峰处衰减最小。对入水速度变化产生影响的直接原因是不同入水相位及其邻近区域流体质点的运动速度方向。图 7-16(e)为回转体入水过程中俯仰角速度的变化历程。从图中可以看出，与迎浪入水不同，随浪入水时，俯仰角速度首次峰值为正，且在波峰处取得最大峰值，在波谷处取得最小峰值。这是因为波峰处流体质点的运动方向加剧了回转体头部逆时针旋转的趋势；而在波谷处，由于流体质点运动速度与回转体水平运动速度反向，使这种旋转趋势得到抑制。

7.4 波浪环境下入水参数对冲击载荷和弹道的影响

与静水中入水相似，在波浪环境下入水，不同的入水参数对冲击载荷与入水弹道将产生直接影响，以下将从回转体头部线型、入水角度、入水速度及入水攻角方面阐述迎浪情况下在波浪向上平衡位置处入水时的水动力学特征。

7.4.1 回转体头部线型的影响

回转体头部形状对其入水弹道和冲击载荷均有非常重要的影响，本节介绍 4 种头部线型在波浪环境下对回转体入水冲击载荷与弹道的影响，4 种头部线型的半球角分别为 30°、50°、70°和 90°，如图 7-17 所示，其中，$L=1722$mm，$D=200$mm。

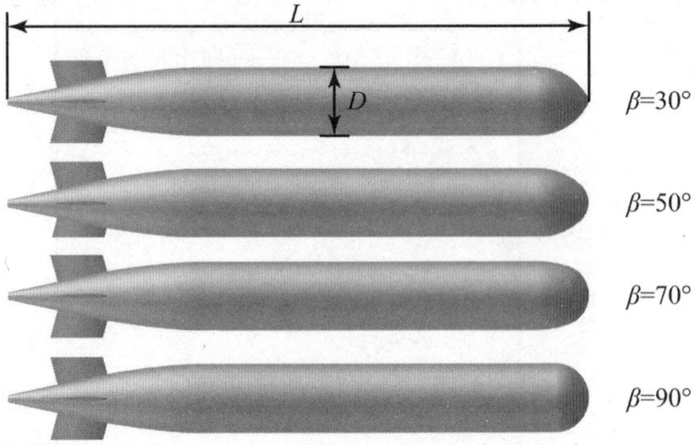

图 7-17　4 种头部线型回转体

图 7-18 为不同头部半球角的回转体模型以初始入水速度 $v_0=100$m/s、攻角 $\alpha=0°$分别在 $\theta=30°$和 $\theta=60°$入水时的冲击载荷峰值系数统计曲线。从图中可以

看出，冲击载荷峰值系数有随着半球角的增大而逐渐增大的基本规律。同时，在相同工况下，回转体在波浪中入水时受到的冲击载荷大于静水中。造成这一现象的原因主要有两点：其一，波浪中的数值仿真选择了迎浪方向入水，在入水初期相较于静水中会产生更大的入水阻力；其二，在波浪向上平衡位置处流体质点运动的速度向上，与回转体入水速度叠加之后的相对速度大于回转体在静水中入水的速度。这两个方面的原因都将导致回转体在入水初期遭受更大的冲击阻力，从而产生更大的冲击载荷。

但是，当入水角度为 30°时，头部半球角为 30°的模型冲击载荷峰值大于头部半球角为 50°的模型。造成这一现象的原因是头部半球角为 30°的模型在入水初期头部背流面尖拱形部分所受水的反作用力与模型纵轴夹角更大，该力产生的抬头力矩导致模型径向冲击载荷占总载荷的主要部分。

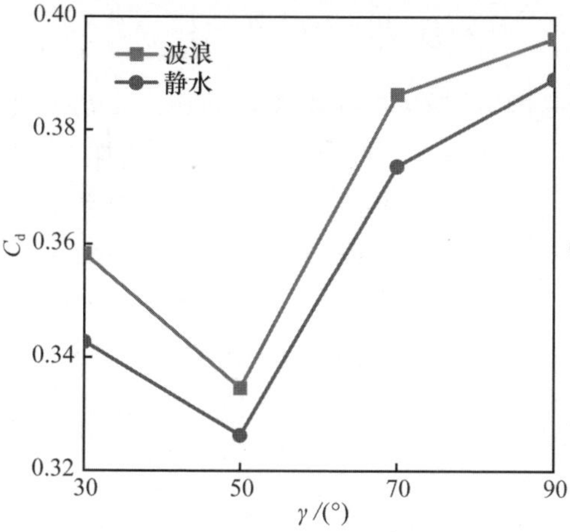

(a) 入水角度为30°

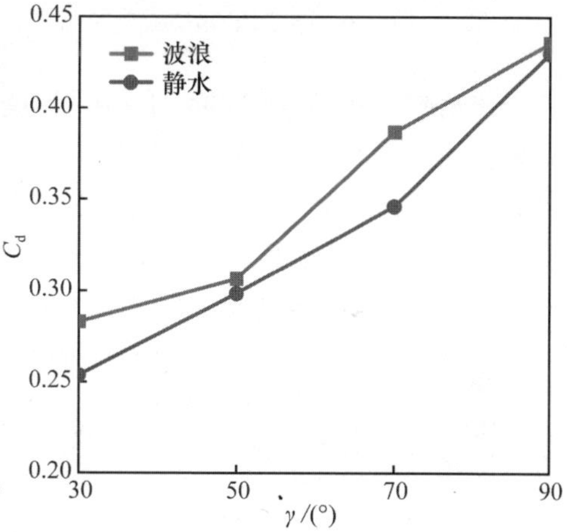

(b) 入水角度为60°

图 7-18　不同头部半球角模型入水冲击载荷峰值系数(v_0 = 100m/s、向上平衡位置入水)

图 7-19 为不同头部半球角的回转体模型以初始入水速度 100m/s、0°攻角分别在 30°和 60°角入水时的质心运动轨迹。从图中可以看出，入水角度为 30°和 60°时具有相同的变化规律，即头部半球角越小，回转体的质心运动轨迹越偏离理想弹道。这说明在波浪中入水时，回转体头部形状对入水弹道同样具有重要的影响。同时入水角度越小，头部线型变化引起的弹道偏转越明显，即小角度入水时的弹道对回转体头部线型更敏感。反过来讲，模型半球角越大，其弹道稳定性越高。

图 7-20(a)为 4 种不同半球角模型以攻角 α = 0°、初始入水速度 100m/s、角度 θ = 30°倾斜入水时的速度时间历程曲线。从图中可以看出，回转体在入水初期速度具有明显的衰减，且模型头部半球角越大其下降趋势越剧烈。同时可以看到，头

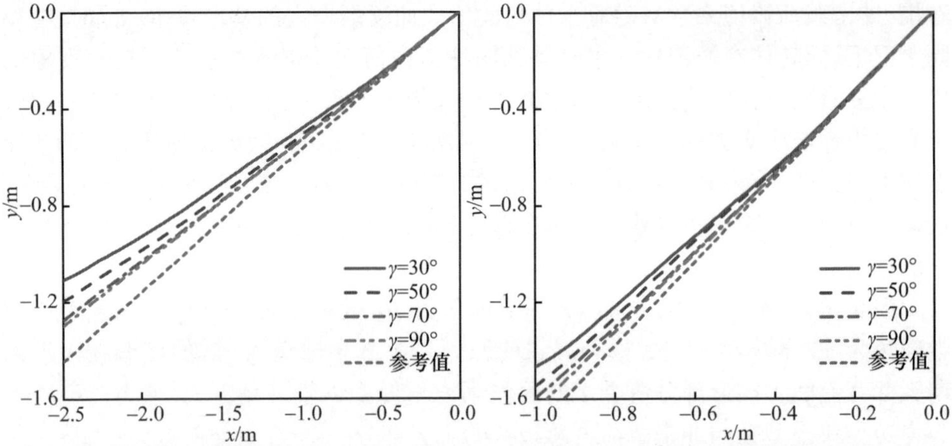

(a) 入水角度为30°　　(b) 入水角度为60°

图 7-19　不同头部半球角模型入水质心运动轨迹($v_0=100$m/s、上平衡位置入水)

部半球角越大其迅速衰减的时间越早,这是因为,较大的头部半球角在入水初期具有更大的沾湿面积,所遭受最大冲击载荷的时间越早。随着入水深度的增加,速度时间历程曲线逐渐稳定,但不同头部线型的回转体受到的入水阻力不同,导致稳定速度之间产生差异。图 7-20(b)为 4 种不同头部半球角模型以 $\alpha=0°$、$v_0=100$m/s、$\theta=60°$入水时俯仰角速度的时间历程曲线。从图中可以看出,回转体入水的俯仰角速度峰值随回转体头部半球角的增大而增大,这与在静水中入水时的规律相似。在头部形状相同($\beta=90°$)的情况下,在波浪向上平衡位置处入水时的冲击俯仰角速度变化峰值大于静水中。

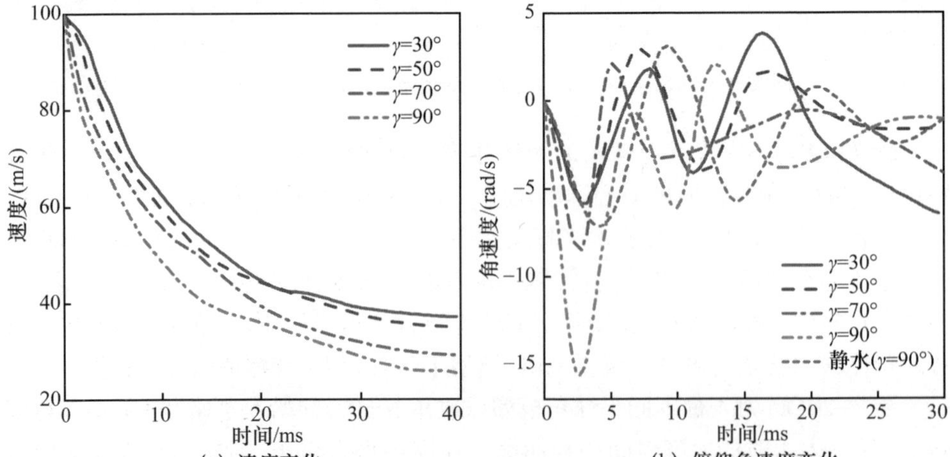

(a) 速度变化　　(b) 俯仰角速度变化

图 7-20　不同头部半球角模型入水速度与俯仰角速度变化曲线

7.4.2　回转体入水角度的影响

入水角度对回转体在静水中入水时的冲击载荷和弹道都具有显著、直接的影响。为研究在波浪环境入水角度对冲击载荷与弹道特性的影响规律及与在静水中的区别，本章选用头部半球角 $\beta=50°$ 的回转体模型，在不同入水角度下以攻角 $\alpha=0°$ 和入水速度分别为 $v_0=50\text{m/s}$、$v_0=100\text{m/s}$ 的工况下开展数值仿真。

图 7-21 给出了回转体在不同入水角度下的冲击载荷峰值系数，分别包含波浪和静水中两条统计曲线。从图中可以看出，当回转体入水速度 v_0 为 50m/s 或 100m/s 时，无论是在静水中还是在波浪向上平衡位置处入水，回转体受到的冲击载荷峰值系数均随着入水角度的增大而增大，且在波浪中的峰值大于相同入水条件下在静水中的峰值。这说明，波浪附带的能量与流体质点本身的运动会对回转体的入水带来更大的冲击负载。

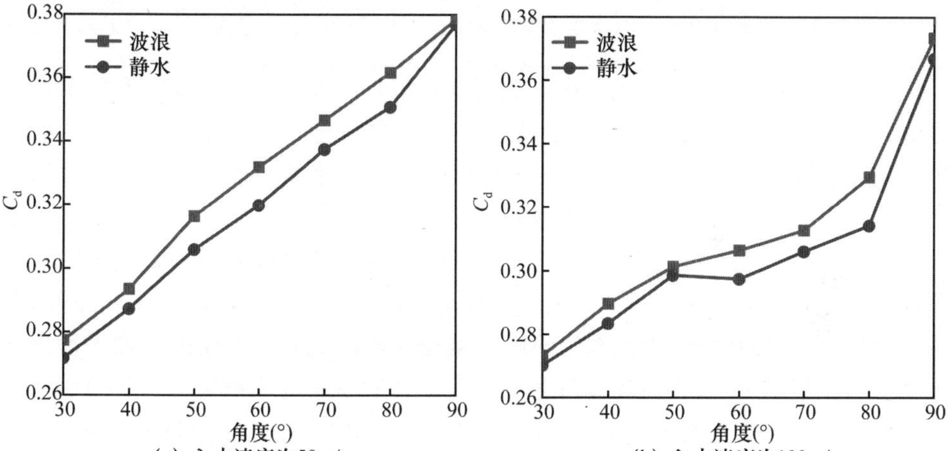

(a) 入水速度为50m/s　　(b) 入水速度为100m/s

图 7-21　回转体在不同入水角度下入水冲击载荷峰值系数

图 7-22 为回转体不同入水角度下在向上平衡位置处迎浪入水的质心运动轨迹。从图 7-22(a)中可以看出，回转体在不同角度入水时，质心的偏移方向不同。当入水角度为 30°和 50°时，质心运动轨迹沿回转体中轴线向上偏移；当入水角度 θ 为 70°时，质心运动轨迹向下偏移；而当垂直入水时，质心运动轨迹向右偏移。入水速度 v_0 为 100m/s 时变化规律与之类似。图 7-22(a)同时给出了回转体以 $\theta=30°$时在静水中的入水弹道及理想弹道轨迹，可以发现，在波浪向上平衡位置处入水时的弹道偏移量较在静水中入水时更加明显。这是因为当入水角度较小时，回转体入水初期的抬头力矩更为明显，当入水角度较大(如 $\theta=70°$ 和 $\theta=90°$)时，回转体在向上平衡位置处入水时迎流面流体质点有水平向右的速度分量，导致其弹

道向下侧、右侧偏转。

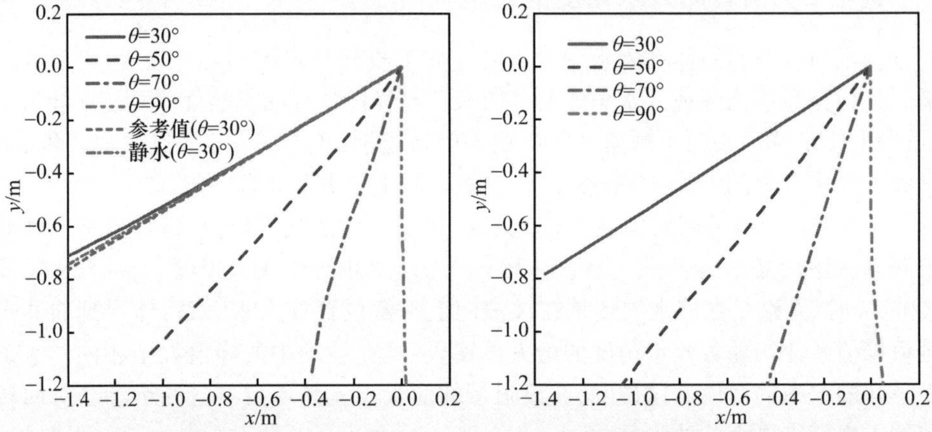

(a) 入水速度为50m/s（t=0.03s）　　(b) 入水速度为100m/s（t=0.015s）

图 7-22　回转体在不同入水角度下在向上平衡位置处迎浪入水的质心运动轨迹

图 7-23 为回转体在向上平衡位置处以不同角度迎浪入水时速度及俯仰角速度时间历程曲线。从图 7-23(a)中可以看出，回转体速度的衰减程度随着入水角度的增大逐渐增大，即回转体在 $t=0.04$s 时的末速度随着入水角度的增大而减小。当入水角度 $\theta=90°$时，在波浪中入水时速度衰减较在静水中大。这是因为在波浪向上平衡位置处，流体质点运动速度向上，回转体入水时的相对速度比在静水中大，头部所受冲击载荷也更大，导致在波浪中入水的速度衰减量增大。从图 7-23(b)中可以看出，回转体在波浪中入水时的俯仰角速度峰值随着入水角度的增大而逐渐减小。与在静水中相比，在波浪向上平衡位置处的角速度峰值更大。其原因是俯仰角速度的第一次峰值主要来源于撞水瞬间背流面水的反作用力与来自迎流面阻力之间的平衡，流体质点的相对运动速度使得俯仰力矩的变化更加显著。

7.4.3　回转体入水速度的影响

为分析回转体在波浪中入水时初始入水速度对冲击载荷和弹道特性的影响，选择半球角 $\beta=50°$的回转体模型，在固定入水角度（θ 为 40°、90°）、$\alpha=0°$以不同速度入水的工况下开展研究。

图 7-24 为回转体在不同速度下入水的冲击载荷峰值系数统计图。由图示结果可知，在入水角度分别为 40°和 90°时，冲击载荷峰值系数的变化随入水速度的变化近似呈线性变化，这与在静水中入水时的规律相同。根据冲击载荷峰值系数的定义，说明回转体在波浪中入水时的冲击载荷峰值与入水速度同样近似成二次方关系。

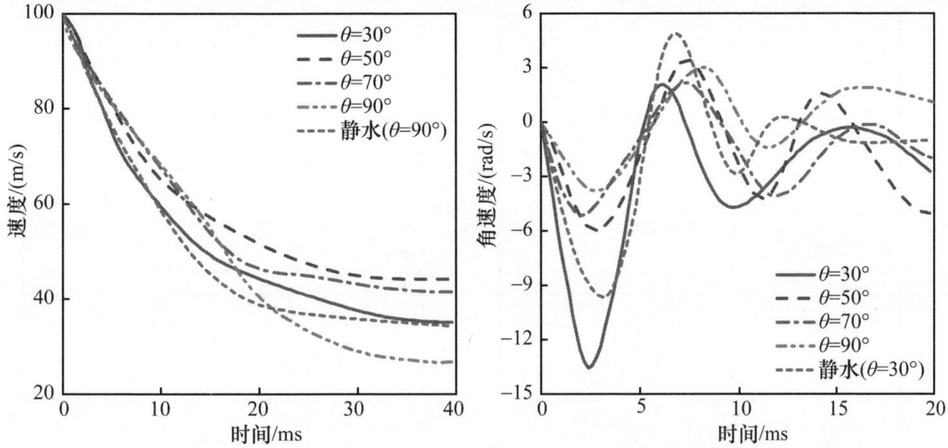

(a) 速度变化（v_0=100m/s）　(b) 俯仰角速度变化（v_0=100m/s）

图 7-23　回转体在向上平衡位置处以不同入水角度迎浪入水时速度及俯仰角速度时间历程曲线

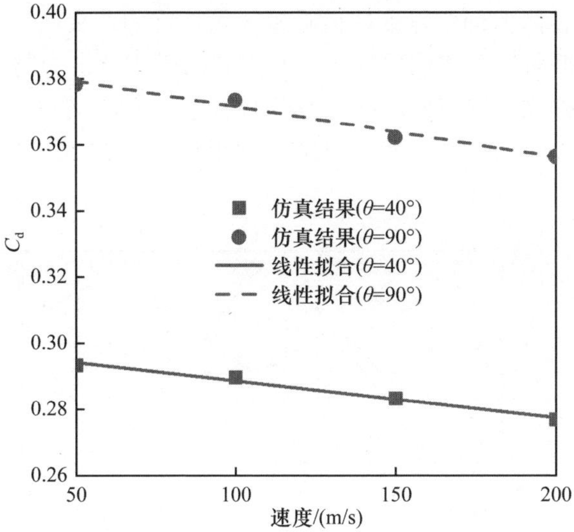

图 7-24　回转体在不同速度下入水冲击载荷峰值系数

图 7-25 分别给出了入水角度分别为 40°和 90°时回转体在不同入水速度下的质心运动轨迹。从图 7-25(a)中可以看出，回转体初始入水速度越大，在相同时间内(t=0.015s)浸水深度越大。从局部放大视图中可以看出，初始速度越小，回转体质心运动轨迹的向上偏移量越大。图 7-25(b)为回转体垂直入水时的质心运动轨迹，可以看出，入水速度不仅影响入水深度，同样对质心偏移量产生重要影响。入水速度越大，弹道水平与垂直偏移量都越大。

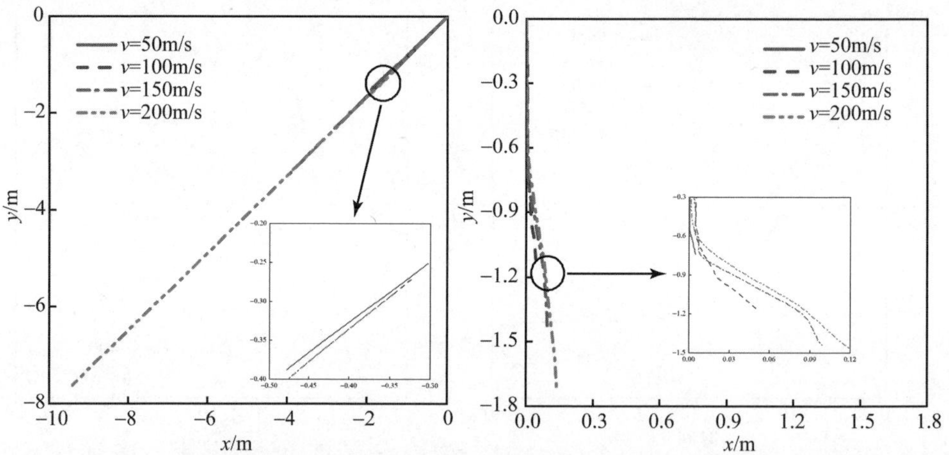

(a) θ=40°　(b) θ=90°

图 7-25　回转体在不同入水速度下质心运动轨迹

入水速度的变化同样对回转体在固定入水角度下的俯仰角速度产生影响。如图 7-26 所示,回转体俯仰角速度峰值随着入水速度的增大而增大。因为回转体迎浪情况下在波浪向上平衡位置处入水时受到的垂向冲击力与静水中有一定差别,且入水速度越大差别越大;另外,当回转体垂直入水时,左侧流体质点的运动扰动是产生俯仰运动的主要因素,与流体质点的相对运动速度越大,回转体所受的偏转力矩越大。

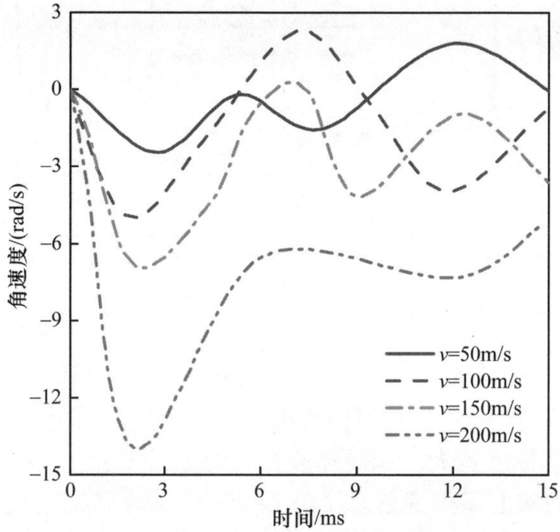

图 7-26　回转体在不同入水速度下俯仰角速度变化(θ=90°)

7.4.4 回转体入水攻角的影响

为研究在波浪中入水攻角对回转体冲击载荷和弹道的影响，开展头部半球角 $\beta=50°$ 的回转体在波浪向上平衡位置处以初始速度 $v_0=100\text{m/s}$、不同攻角迎浪入水的数值计算。

图7-27为回转体在波浪向上平衡位置处以不同攻角迎浪入水时冲击载荷峰值系数统计图。从图中可以看到，当入水角度为30°和90°时，回转体入水冲击载荷峰值系数均随着入水攻角从负值到正值增大而逐渐增大。从线性拟合结果来看，载荷峰值系数随攻角的增大呈线性增大趋势，且在相同攻角下入水角度 $\theta=90°$ 时载荷峰值大于 $\theta=30°$ 时。分析其原因，回转体入水攻角的变化引起垂向速度分量的变化，在水的反作用力下，回转体产生的俯仰力矩随之变化，且该力矩随着入水攻角变化程度的增大而增大。另外，回转体入水攻角的变化引起入水接触面向侧方移动，在两个因素的共同作用下冲击载荷峰值系数产生上述变化规律。

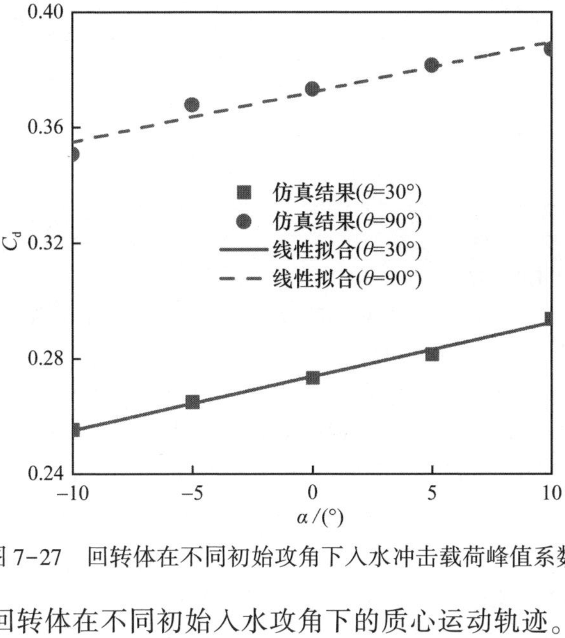

图7-27 回转体在不同初始攻角下入水冲击载荷峰值系数

图7-28为回转体在不同初始入水攻角下的质心运动轨迹。当入水角度 $\theta=30°$ 时，可以发现，与0°攻角工况相比，负攻角使回转体弹道具有顺时针旋转并向上偏移的趋势，正攻角使回转体弹道具有逆时针旋转并向下弯曲的趋势，且攻角的绝对值越大，偏移量越大。当入水角度 $\theta=90°$ 时，入水攻角的存在导致回转体入水时具有水平方向的速度分量。正攻角时回转体具有与波浪速度方向一致的水平速

度,负攻角时则与之相反。因此,在垂直入水时,正攻角使回转体质心运动轨迹向波浪传播速度方向偏转,负攻角时与之相反。比较图 7-28(a)和(b)可以发现,垂直入水时质心运动轨迹对入水攻角的敏感性高于入水角度为 30°时,攻角的变化会对入水弹道产生明显影响。同时,从图中可以看出,与在静水中入水时相比,在相同入水攻角情况下,在波浪向上平衡位置处迎浪入水时弹道的偏转幅度更大。这是因为,波浪中带攻角入水时,弹道不仅受到攻角方向及大小的影响,同时受到入水位置处流体质点运动速度和方向的影响。在向上平衡位置处入水时,回转体右侧流体质点具有与波浪传播方向相反的水平速度分量,这在一定程度上加剧了弹道偏转的程度。

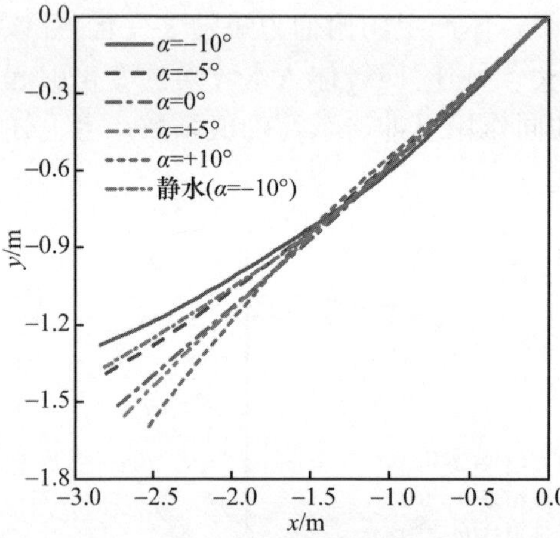

(a) 入水角度为30°

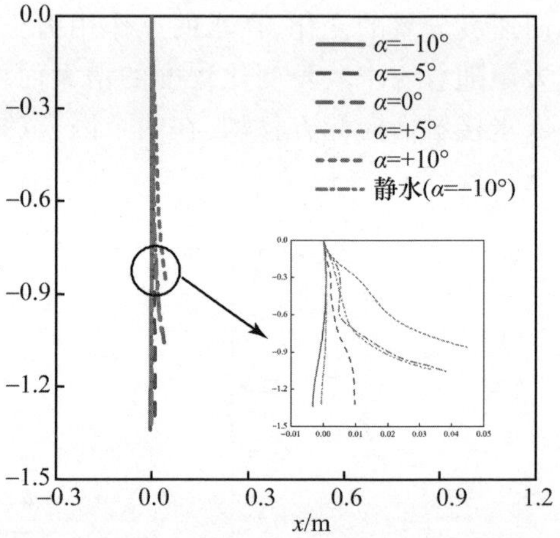

(b) 入水角度为90°

图 7-28 回转体在不同初始入水攻角下质心运动轨迹

图 7-29 为回转体在不同初始入水攻角下速度及俯仰角速度时间历程曲线。从图 7-29(a)中可以看出,回转体在波浪中垂直入水时,入水速度衰减幅度随着入水攻角从负值到正值逐渐增大而减小。相同攻角下,在波浪向上平衡位置处迎浪入水时速度的衰减量与在静水中相比更大。图 7-29(b)反映了回转体在波浪向上平衡位置处以 $\theta=60°$倾斜入水时俯仰角速度的变化曲线。可以看出,回转体俯仰角速度峰值随着攻角的增大而逐渐增大。当攻角 $\alpha=+10°$时,在波浪中的回转体俯仰角速度峰值明显大于在静水中的值。这说明,越大的正攻角导致回转体更大的速度及俯仰角速度变化,且波浪的存在使回转体的入水运动状态更加趋于不稳定。

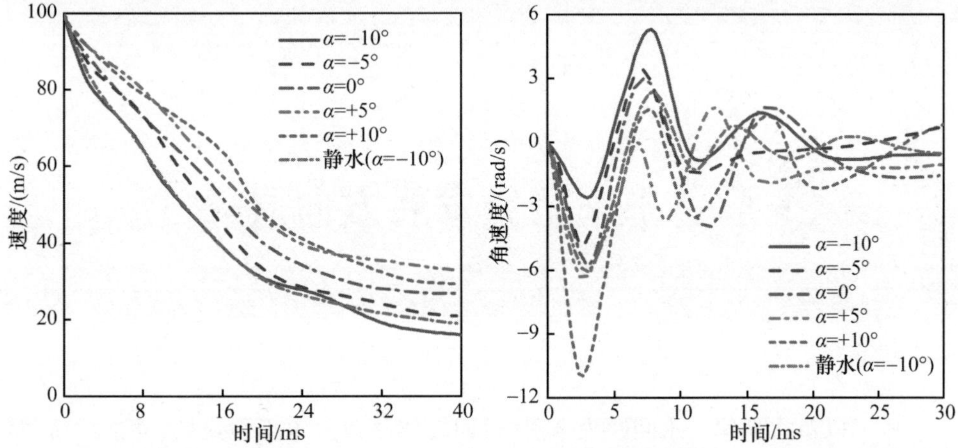

(a) 速度（θ=90°）　(b) 俯仰角速度（v_0=100m/s，θ=60°）

图 7-29　回转体在不同初始入水攻角下速度及俯仰角速度时间历程曲线

第8章　未来研究发展方向展望

本书以鱼雷高速入水问题为牵引，对回转体高速入水空泡流场、冲击载荷、缓冲降载以及波浪环境影响等相关内容进行了系统的阐述，作者认为还有以下几个方面可以开展进一步的研究，以扩充鱼雷高速跨介质技术研究体系。

(1) 回转体高速入水高精度高效数值计算方法研究。本书中将空投鱼雷与火箭助飞鱼雷抽象简化为回转体结构，主要介绍了回转体高速入水过程中的空泡流场变化、冲击载荷特性及壳体结构响应。在真实的鱼雷结构中，除了壳体结构外，还包含内部的各大子系统及各种仪器设备，可能对鱼雷实际入水过程中的冲击载荷特性与结构响应特性产生不可忽视的影响，这是本书中未涉及的，也是回转体高速入水精确数值计算的难点所在。鱼雷内部的仪器设备在数值计算模型中难以实现精确的建模，若采用较为精细的网格进行计算，将产生难以接受的时间成本，因此需要提出一种适用于鱼雷内部仪器设备的等效建模标准，以提高数值计算的效率。同时，本书讨论的范围仅针对回转体高速入水的初期阶段，在回转体高速入水后期，入水空泡的溃灭也将对回转体的入水特性产生一定的影响，因此需要进一步开展更为深入的研究，探讨回转体高速入水全过程的空泡流场变化与冲击载荷特性，以更好地指导工程装备研制。最后，高速入水问题属于复杂的流固耦合问题，数值计算需要大量的计算机资源和时间成本，为了提高数值计算的效率及准确性，需要开展新型计算理论与求解方法研究，如当前已有学者在 ALE 方法的基础之上，开发了 S-ALE 方法，该方法采用了新的求解策略，能够在确保数值计算精度不降低的情况下，大大减少数值计算的时间。

(2) 回转体高速入水新型高效缓冲降载技术。针对回转体高速入水缓冲降载技术，本书详细介绍了缓冲头帽的降载原理、强度设计准则，并分析了不同参数对缓冲头帽降载性能的影响规律。随着鱼雷技术的不断发展，鱼雷的重量、尺度及结构外形也在不断地发生变化，传统的缓冲头帽在面对新型鱼雷的降载问题时，具有一定的局限性，难以完美地契合新型鱼雷的降载需求，因此需要开展回转体高速入水新型高效缓冲降载技术研究。针对鱼雷尺度的增大及重量的提高,传统降载材料降载性能有限,研发新型多孔吸能材料能够有效地提升缓冲头帽的降载性能。当前泡沫铝、铝蜂窝等多孔结构已在航天器着陆中得到广泛应用,但在鱼雷高速入水缓冲降载中应用甚少。为进一步提高鱼雷高速入水结构安全性,可开展新型多孔轻质材料降载技术研究,设计材料内部的微观孔隙结构以提高抵抗冲击变形能力,或对内部微观孔隙结构进行吸能物质填充,以增强整体结构吸能效果。同时,复合材料具有强度高、质量轻等优点,开展复合材料在回转体高速入水方面的应用研究,有助于提升鱼雷的整体性能。

(3) 复杂海洋环境对回转体高速入水特性影响机制。针对海洋环境对回转体高速入水特性的影响机制,本书介绍了波浪环境对回转体高速入水冲击载荷与弹道特性的影响,所涉及的波浪为简单规则波,与实际海洋环境中的波浪存在一定差异,可以进一步开展研究,探究复杂波浪环境对回转体高速入水冲击载荷特性与弹道变化特性的影响机制。进一步地,研究极地环境下回转体高速入水问题同样具有重要的现实意义。在极地环境下,鱼雷高速入水时可能与整冰或浮冰场发生碰撞,造成鱼雷的结构损坏,研究回转体与冰面碰撞过程中的冲击载荷特性与结构响应特性,并采取相应的防护措施,有利于提高鱼雷在极地环境中的生存能力。

参考文献

[1] LEE M, LONGORIA R G, WILSON D E. Cavity dynamics in high-speed water entry[J]. Physics of Fluids, 1997, 9(3): 540-550.

[2] CHUANG S L. Experiments on slamming of wedge-shaped bodies[J]. Journal of Ship Research, 1967, 11(3): 190-198.

[3] ARISTOFF J M, TRUSCOTT T T, TECHET A H, et al. The water entry of decelerating spheres[J]. Physics of Fluids, 2010, 22(3): 032102.

[4] 王中, 石小龙, 李建芬, 等. 助飞鱼雷总体技术[M]. 北京: 国防工业出版社, 2023.

[5] PIRO D J, MAKI K J. Hydroelastic analysis of bodies that enter and exit water[J]. Journal of Fluids and Structures, 2013, 37: 134-150.

[6] KOROBKIN A A. A linearized model of water exit[J]. Journal of Fluid Mechanics, 2013, 737: 368-386.

[7] 张效慈, 顾懋祥, 程贯一. 平头旋转壳撞水水弹性试验的研究[J]. 实验力学, 1989, 4(4): 388-394.

[8] 吴三灵, 李科杰, 张振海, 等. 强冲击试验与测试技术[M]. 北京: 国防工业出版社, 2010.

[9] 管迪华. 模态分析技术[M]. 北京: 清华大学出版社, 1996.

[10] 骞永博. 冲击响应谱试验技术研究[D]. 西安:西北工业大学, 2007.

[11] SMALLWOOD D O. An improved recursive formula for calculating shock response spectra[J]. Shock and Vibration Bulletin, 1981, 51(2): 211-217.

[12] 王军, 孙丰, 陈舸, 等. 水下爆炸载荷作用下 MK46 鱼雷结构动态响应分析[J]. 鱼雷技术, 2013, 21(4): 293-298.

[13] 徐宣志, 欧阳吕伟, 严忠汉. 鱼雷力学[M]. 北京: 国防工业出版社, 1992.

[14] 杨世兴, 李乃晋, 徐宣志. 空投鱼雷技术[M]. 昆明: 云南科技出版社, 2001.

[15] 胡时胜, 刘剑飞, 王梧. 硬质聚氨酯泡沫塑料本构关系的研究[J]. 力学学报, 1998, 30(2): 151-156.

[16] 王永虎. 空投雷弹入水冲击响应分析及相关技术研究[D]. 西安:西北工业大学, 2008.

[17] 王济, 胡晓. MATLAB 在振动信号处理中的应用[M]. 北京: 中国水利水电出版

社, 2006.

[18] 王世虎. 硬目标侵彻中的加速度信号研究[D]. 北京:北京理工大学, 2010.

[19] 黄家蓉, 刘瑞朝, 何翔, 等. 侵彻过载测试信号的数据处理方法[J]. 爆炸与冲击, 2009, 29(5): 555-560.

[20] 尤翔程. 高阶波与波浪力计算分析[D]. 大连:大连理工大学, 2006.

[21] MONAGHAN J J, LATTANZIO J C. A refined particle method for astrophysical problems[J]. Astronomy and astrophysics, 1985, 149: 135-143.

[22] MONAGHAN J J. Smoothed particle hydrodynamics[J]. Annual Review of Astronomy and Astrophysics, 1992, 30(1): 543-574.

[23] MONAGHAN J J, GINGOLD R A. Shock simulation by the particle method SPH[J]. Journal of Computational Physics, 1983, 52(2): 374-389.

[24] MONAGHAN J J, PONGRACIC H. Artificial viscosity for particle methods[J]. Applied Numerical Mathematics, 1985, 1(3): 187-194.

[25] LATTANZIO J C, MONAGHAN J J, PONGRACIC H, et al. Controlling penetration[J]. SIAM Journal on Scientific and Statistical Computing, 1986, 7(2): 591-598.

[26] MONAGHAN J J. On the problem of penetration in particle methods[J]. Journal of Computational Physics, 1989, 82(1): 1-15.

[27] CAMPBELL J, VIGNJEVIC R, LIBERSKY L. A contact algorithm for smoothed particle hydrodynamics[J]. Computer Methods in Applied Mechanics and Engineering, 2000, 184(1): 49-65.